Christa Vaas-Schlegel
und Bruno Vaas,
meinen Eltern,
in Dankbarkeit gewidmet

KOSMOS REPORT

Rüdiger Vaas

DER TOD KAM AUS DEM ALL

Meteoriteneinschläge, Erdbahnkreuzer und der Untergang der Dinosaurier

FRANCKH-KOSMOS

Mit 58 zum Teil vierfarbigen Abbildungen und 21 erläuternden Zeichnungen

Umschlaggestaltung: Atelier Reichert, Stuttgart, unter Verwendung der Zeichnung eines Iguanodons von Marianne Golte-Bechtle und einer Fotografie des Halleyschen Kometen, aufgenommen am 13. 3. 1986 von der Europäischen Südsternwarte in La Silla/Chile

Die Deutsche Bibliothek – CIP-Einheitsaufnahme

Vaas, Rüdiger:
Der Tod kam aus dem All: Meteoriteneinschläge,
Erdbahnkreuzer und der Untergang der Dinosaurier / Rüdiger
Vaas. – Stuttgart: Franckh-Kosmos, 1995
(Kosmos-Report)
ISBN 3-440-07005-0

Der Autor:
Rüdiger Vaas, Jahrgang 1966, Studium der Biologie, Philosophie und Germanistik in Stuttgart, Hohenheim und Tübingen. Seit 1986 ist er als Wissenschaftsjournalist für verschiedene Zeitungen und Zeitschriften tätig. Seine Veröffentlichungen befassen sich überwiegend mit Astronomie und Kosmologie, Gehirnforschung und Philosophie. Darüber hinaus hält der Autor auch Vorträge und Seminare zu diesen Themen.

© 1995, Franckh-Kosmos Verlags-GmbH & Co., Stuttgart
Alle Rechte vorbehalten
ISBN 3-440-07005-0
Lektorat: Karin Pfeffer
Herstellung: Heiderose Stetter
Printed in Italy/Imprimé en Italie
Satz: Utesch Satztechnik GmbH, Hamburg
Druck und buchbinderische Verarbeitung: Printer Trento S.r.l., Trento

Inhalt

Wenn längst wir nicht mehr sind,
Wird sich dies Weltrad drehen,
Wenn unsre Spuren längst
im Sand der Zeit verwehen.
Einst waren wir noch nicht –
Und's hat nichts ausgemacht;
Wenn einst wir nicht mehr sind –
Wird's auch noch weitergehen.

Omar Chaijam
(persischer Dichter,
Mathematiker
und Astronom,
11. Jahrhundert)

Prolog: Inferno in Sibirien

Es ist 7.14 Uhr Ortszeit an der Steinigen Tunguska, einem Neben-
fluß des Jenissei in Mittelsibirien. Man schreibt den 30. Juni 1908. Schon
seit einer Weile ist der Tag über der sumpfigen Taiga angebrochen, da zerreißt, von Südosten kommend, plötzlich ein gleißender Feuerball den
wolkenlosen Himmel – bläulich-weiß und heller als die Sonne. Eine lo-
dernde Flammenzunge, so berichten Augenzeugen aus dem dünn besiedelten Gebiet später, schießt über die Landschaft. Gefolgt wird sie von
einer gewaltigen Explosion, krachenden Donnerschlägen und Orkan-
böen, die in der 60 Kilometer südlich gelegenen Handelsniederlassung
Wanawara Fenster zersplittern lassen und Menschen durch die Luft wer-
fen. „Die Hitze war so groß, daß ich nicht mehr sitzen bleiben konnte –
das Hemd am Rücken wurde mir beinahe versengt", erinnert sich später
der Bauer S. B. Semenow, der sich dort gerade vor seinem Haus befand.
„Ich sah einen riesigen Feuerball, der einen großen Teil des Himmels be-
deckte. Ich konnte ihn nur einen Augenblick beobachten. Danach
wurde es dunkel, und gleichzeitig fühlte ich eine Explosion, die mich
von meinem Sitz schleuderte. Eine Zeitlang verlor ich das Bewußtsein,
und als ich zu mir kam, hörte ich ein Dröhnen, das das ganze Haus er-
schütterte." Anderswo werden Tiere wild und brüllen vor Angst. Die
enorme Druckwelle fegt Pferde zu Boden. Und Menschen stürzen
schreiend und weinend aus den Häusern, weil sie das Ende der Welt befürchten. Sogar in der 600 Kilometer entfernten Bahnstation Kansk er-

zittern noch Fenster und Türen. Selbst Reisende in der Transsibirischen Eisenbahn können die Erscheinung beobachten. Der Zug wird so heftig erschüttert, daß der Lokführer auf offener Strecke anhält, weil er befürchtet, der Zug sei entgleist. Eine Feuersäule und dunkle Rauchschwaden steigen 20 Kilometer hoch in den Himmel und können weithin beobachtet werden. Brände wüten, und später prasselt schwarzer Regen nieder, gesättigt von der Fontäne aus Schmutz- und Trümmerteilchen, die durch den Sog der Detonation in die Luft gewirbelt worden waren. Am unmittelbaren Ort der Katastrophe selbst befinden sich glücklicherweise gerade keine Menschen. Aber mehrere hundert Rentiere, die die einheimischen Tungusen dort halten, fallen der Detonation und dem Feuer ebenso zum Opfer wie zahlreiche Hütten und Vorratslager.

In Irkutsk am Baikalsee, 900 Kilometer weiter südlich, werden erdbebenartige Erschütterungen registriert, desgleichen in St. Petersburg und Moskau, über 4000 Kilometer entfernt. Auch das Deutsche Seismographische Institut in Jena zeichnet die Beben auf, und selbst in London und Washington schlagen die Seismometer noch aus. Die Vibrationen sind wahrscheinlich mehrmals um die Erde gelaufen, ebenso wie die Luftdruckschwankungen, die fünf Stunden nach dem Ereignis in England erfaßt werden. Es sollte fast zwanzig Jahre dauern, bis man diese Messungen mit der Explosion über Sibirien in Zusammenhang bringt. Dabei sind noch mehrere Tage danach über weiten Teilen Europas rätselhafte atmosphärische Erscheinungen bei den Sonnenauf- und -untergängen zu beobachten. Der Abendhimmel glüht in außergewöhnlichen, an Nordlichter erinnernde Farben. Und um Mitternacht leuchten Wolken so hell, daß man Zeitung lesen kann und die Vögel zwitschern.

Aufgrund politischer Wirren, dann des Ersten Weltkriegs und der russischen Revolution sowie des außerordentlich beschwerlichen Zugangs in die abgelegene Region finden zunächst keine Untersuchungen statt. Erst 1921 wird der estnische Mineraloge Leonid A. Kulik beauftragt, der Sache nachzugehen, muß aber seine Expedition im gleichen Jahr ohne Ergebnis abbrechen. 1927 gelangt er schließlich in das sumpfige Gelände des Tunguska-Beckens, protokolliert zahlreiche Augenzeugenberichte und stößt dann auf ein über 2000 Quadratkilometer großes Gebiet der Verwüstung. Auf einer Fläche von zehn Kilometern Durchmesser ist der Wald völlig verbrannt. Über dieser Stelle muß sich die Explosion ereignet haben. Im Umkreis von 30 Kilometern gibt es nur kahle, verkohlte Baumstämme, die wie Telegraphenmasten in den Himmel ragen. Noch weiter entfernt liegen die Bäume radial vom Zentrum

nach außen gerichtet am Boden. Selbst meterdicke Stämme sind geknickt wie Streichhölzer. Ein Krater läßt sich entgegen Kuliks Erwartungen jedoch nirgends ausmachen.

Was war an jenem Tag über der sibirischen Taiga geschehen? Wilde Spekulationen rankten sich bald um die Katastrophe. Sie reichten von einer Kollision mit Antimaterie oder einem Schwarzen Miniloch (einem hypothetischen Relikt aus der Urzeit des Universums, das kleiner als ein Atomkern wäre, aber so schwer wie ein Hochhaus) bis zu natürlichen Wasserstoffbomben und dem Absturz eines außerirdischen Raumschiffs, welches, um möglichst wenig Menschen zu gefährden, von seinen Piloten vielleicht sogar in einem letzten Verzweiflungsakt in das abgelegene Gebiet gesteuert wurde, bevor die Triebwerke explodierten. Realistischer, aber nicht weniger spannend, ist eine andere Erklärung: Es war höchstwahrscheinlich ein Meteorit, der damals in der Luft zerrissen wurde und Energien gleich einer kleinen Atombombe entfesselte!

Selbst mehrere Kilometer vom Zentrum der mysteriösen Tunguska-Explosion entfernt wurden die meisten Bäume wie Streichhölzer umgeknickt. Die Aufnahme stammt von der ersten Expedition aus dem Jahr 1927.

11

Wie groß die Bedrohung durch solche Brocken aus dem Weltall wirklich ist, wurde erst in den letzten Jahren so richtig deutlich. Davon handelt dieses Buch. Nach einem näheren Blick auf die Natur und Herkunft der unheimlichen Geschosse soll von dem bombastischen Feuerwerk und seinen Folgen berichtet werden, das sich erst kürzlich vor unserer kosmischen Haustüre abgespielt hat. Wäre der Bombenhagel, bestehend aus über zwanzig Fragmenten eines zerbrochenen Kometen, im Juli 1994 nicht auf den Planeten Jupiter niedergegangen, sondern auf die Erde, dann hätte das die menschliche Zivilisation in ihren Grundfesten erschüttert und wahrscheinlich auf ein steinzeitliches Niveau zurückgeworfen. Dennoch ist dieses astronomische Jahrhundertereignis in seinem Ausmaß kaum vergleichbar mit den globalen Katastrophen, die über die Äonen hinweg unseren Planeten immer wieder in ein Trümmerfeld verwandelten und blutige Spuren in die Stammesgeschichte des Lebens eingraviert haben. Vieles deutet darauf hin, daß auch die Dinosaurier einem dieser verheerenden Massenaussterben zum Opfer gefallen sind. Möglicherweise tickt sogar eine gewaltige Uhr hinter den Außenbezirken des Sonnensystems und sendet immer wieder ihre tödlichen Boten auf den Weg. Vor Gefahren aus dem Weltraum sind wir auch in Zukunft nicht gefeit. Mehrere Beobachtungsprogramme haben nun damit begonnen, die Erdbahnkreuzer, von denen ein beträchtlicher Teil des Risikos ausgeht, ins Visier zu nehmen. Und Experten entwerfen bereits Pläne, wie man den nächsten Einschlag am besten abwehren könnte. Andererseits gibt es in letzter Zeit zunehmend mehr Anzeichen dafür, daß Planetoiden und Kometen auch einen entscheidenden Einfluß auf die Weiterentwicklung des Lebens hatten, dessen Entstehung vielleicht sogar erst ermöglichten. Immer wieder haben sie die irdische Bühne freigefegt oder die Kulissen neu geordnet. Sie sind Akteure, die das Geschick dieses Planeten wesentlich mitbestimmen. Grund genug also, um die kosmischen Vagabunden und ihre dramatischen Auftritte etwas näher kennenzulernen – und damit letztlich unsere eigene Rolle in diesem Schauspiel auf einer kleinen Oase irgendwo im grenzenlosen Universum.

Gefährliche Kleinkörper im Sonnensystem

Himmlische Feuerwerke und irdische Wunden

Vor ungefähr 4,6 Milliarden Jahren bildete sich das Sonnensystem, unsere kosmische Heimat. Entstanden ist es aus dem Kollaps einer sich drehenden Gas- und Staubwolke. Aufgrund der Rotation wurde diese relativ rasch zu einer Scheibe abgeplattet, die sich an unterschiedlichen Stellen zu verdichten begann. Im Verlauf von wenigen Millionen Jahren hat sich der größte Teil der Masse im Scheibenzentrum zusammengeballt und einen neuen Stern geformt. In seinem Inneren verschmelzen aufgrund der enormen Temperaturen und Drücke Wasserstoffkerne zu Heliumkernen und erzeugen so Energie. Dieser Stern ist unsere Sonne. Aber auch andere Bereiche des Urnebels konnten sich verdichten. Die anfangs mikroskopisch kleinen Staubteilchen verklebten zu größeren Partikeln, kollidierten mit anderen, zerbrachen wieder, verklebten erneut und zogen weitere an, so daß sich mit der Zeit immer größere Klumpen formten. Im Verlauf von ein paar Dutzend Millionen Jahren wuchsen diese sogenannten Planetesimale zu stattlichen Brocken. Aufgrund ihrer Schwerewirkung konnten sie sich nun immer besser andere, kleinere Planetesimale einverleiben. Auf diese Weise entstanden die uns heute bekannten neun Planeten Merkur, Venus, Erde, Mars, Jupiter, Saturn, Uranus, Neptun und Pluto.

Geburt im Weltraum

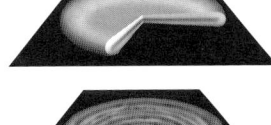
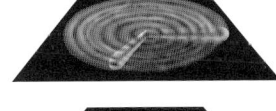
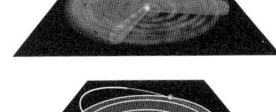
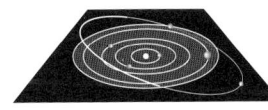

So könnte sich unser Planetensystem gebildet haben.

Kosmische Karambolagen und der Ursprung des Mondes

Die Befürchtung, auch heute noch könnten die großen Planeten zusammenstoßen, entbehrt jeder Grundlage. Aufwendige Berechnungen haben ergeben, daß das Sonnensystem noch in vielen Millionen Jahren stabil sein wird. Früher mußte es aber zu gigantischen Kollisionen gekommen sein. Anders läßt sich beispielsweise kaum erklären, warum die Rotationsrichtung der Venus umgekehrt orientiert ist wie bei den anderen Planeten und weshalb die Drehachse des Uranus um 98 Grad gegen die Senkrechte zur Umlaufbahn gekippt ist – er rollt förmlich um die Sonne. Auch der überdimensionale Eisenkern des sonnennächsten Planeten Merkur gab lange Rätsel auf. Mit diffizilen Computersimulationen gelang es amerikanischen Wissenschaftlern dann aber zu zeigen, daß er aus einem frontalen Zusammenstoß eines Proto-Merkurs mit einem Protoplaneten entstanden sein könnte, der zwar nur ein Sechstel so schwer, aber noch immer größer als unser Mond gewesen ist. Bei diesem Volltreffer mit vielleicht 20 Kilometern pro Sekunde sind unter der enormen Wucht des Aufpralls die Gesteinsmäntel der beiden Protoplaneten verdampft und in den Weltraum geblasen worden. Ihre Eisenkerne verschmolzen daraufhin und umkleideten sich mit einem Teil der silikatreichen Trümmermassen; der größere Rest davon aber fiel innerhalb weniger Jahrmillionen in die Sonne.

Die heutigen Planeten sind also sehr wahrscheinlich das Produkt einer harten Selektion in der Vorzeit – nur die mit den stabilsten Bahnen haben „überlebt". Alle anderen sind durch Zusammenstöße der Protoplaneten (und davon soll es einst mehrere Dutzend gegeben haben!) zerstört oder durch nahe Passagen auf ungefährlichere Orbitale gebracht worden.

Auch der Ursprung des Erdmondes wird mittlerweile auf eine Kollision zurückgeführt. Zuvor war lange darüber spekuliert worden, ob der Mond einst von der Erde hätte eingefangen werden können, ob er sich infolge ihrer raschen Rotation gleichsam abzuspalten vermochte oder ob er sich gemeinsam mit ihr aus einer Verdichtung im Urnebel hätte bilden können. Doch keine dieser drei Hypothesen war ohne weiteres vereinbar mit den himmelsmechanischen Gesetzen und Randbedingungen, dem kleinen Eisenkern des Mondes und den Bodenproben, die die Astronauten bei den Apollo-Flügen sammelten. Letztere zeigten sowohl eine enge Verwandtschaft des Mondgesteins mit dem der Erde als auch einige charakteristische Abweichungen. Alle diese Befunde können mühelos mit einem Streifschuß erklärt werden (Relativgeschwindigkeit: fünf Kilometer pro Sekunde), den die Urerde vor über 4,4 Milliarden Jahren abbekommen hat; ihre Ausformung aus dem Urnebel war damals noch gar nicht beendet. Der Eisenkern des anderen Urplaneten (der vermutlich etwas größer als Mars gewesen ist und etwa 15 Prozent der Erdmasse besaß) blieb dabei in der Proto-Erde stecken, während sein Mantel sowie ein Teil des Erdmantels ins All geschleudert wurden. Aus diesem Trümmergürtel hat sich dann unser Mond neu gebildet. Für die spätere Entwicklung des Lebens waren diese Ereignisse durchaus nicht von Nachteil. Ohne Mond würde sich die Erde langsamer drehen, so daß ein Tag vielleicht – wie auf der Venus – ein ganzes Jahr dauerte; und ohne Mond könnte die Neigung der Erdachse chaotischen Veränderungen unterworfen sein, was zu drastischen Klimaschwankungen führen würde. Ohne den Einfluß des Mondes wäre die Entwicklung des Lebens – wenn überhaupt – ganz anders verlaufen, und den Menschen hätte es vermutlich gar nicht gegeben.

Die Bildung der Erde war im großen und ganzen vor 4,5 Milliarden Jahren abgeschlossen. Die Entstehung der äußeren Planeten Jupiter bis Pluto dauerte länger. Doch damit war noch nicht alle Urmaterie des Sonnensystems verbraucht. Noch immer trieb eine stattliche Masse im Raum zwischen den Sonnentrabanten umher – von zahllosen, nur ein paar Tausendstelmillimeter großen Staubkörnchen bis hin zu Brocken mit einem Durchmesser von einigen hundert Kilometern. Ein Teil dieser Relikte entwich aus dem Sonnensystem und zieht wohl noch heute durch die Finsternis zwischen den Sternen. Ein anderer Teil aber stürzte im Lauf der Zeit auf die Planeten und ihre Monde. Insbesondere innerhalb der ersten Jahrmilliarde der Geschichte des Sonnensystems waren solche Vorgänge sehr häufig. Man spricht geradezu von der Phase des heftigen Bombardements. Viele Spuren dieser Kollisionen sind erhalten geblieben. Besonders die Krater auf unserem Mond und auf dem Planeten Merkur, aber auch auf zahlreichen Begleitern der Gasriesen Jupiter bis Neptun geben ein deutliches Zeugnis von diesem kosmischen Bombenhagel. Anderswo, besonders auf Erde und Venus, haben klimatische und geologische Umwälzungen diese Spuren längst getilgt. Vor ungefähr 3,8 Milliarden Jahren ist die turbulente Jugendphase des Sonnensystems dann allmählich zu Ende gegangen.

Doch noch immer ist der Raum zwischen den Planeten nicht völlig leergefegt. Abermilliarden von Relikten aus der Frühzeit des Sonnensystems ziehen nach wie vor ihre Bahnen. Die meisten befinden sich zwischen Mars und Jupiter sowie jenseits der äußeren Planeten. Aber manche kreuzen auch den Weg unserer Erde.

Und immer wieder werden einige ins innere Sonnensystem gelenkt und pirschen sich – in aller Regel vollkommen unbemerkt – gefährlich nahe an die Erde heran. Bisweilen zu nahe...

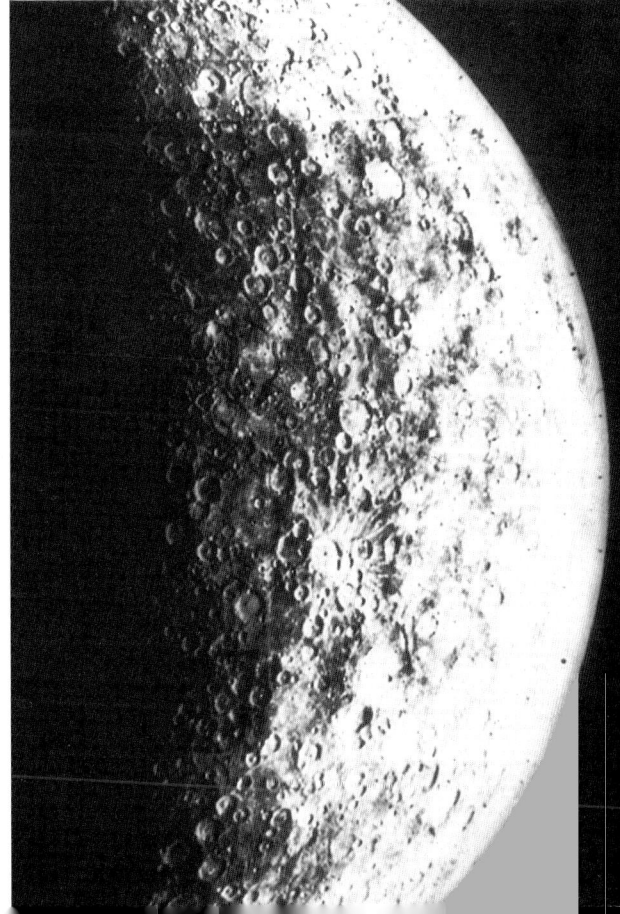

Der kraternarbige, sonnennächste Planet Merkur gleicht von außen unserem Mond. Der ungewöhnlich große Eisenkern in seinem Inneren paßt jedoch nicht in dieses Bild.

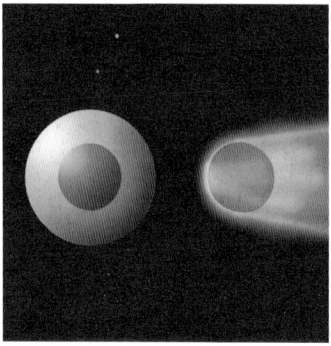 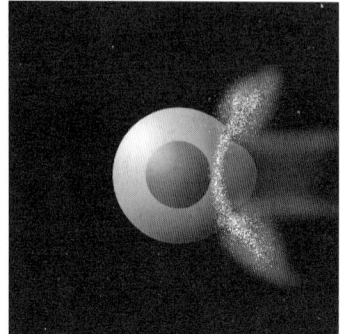 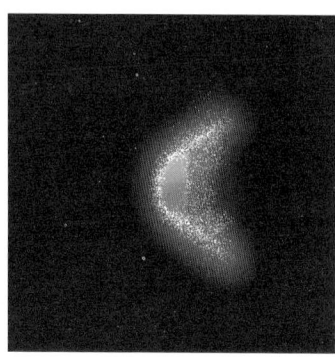

Staub aus dem All

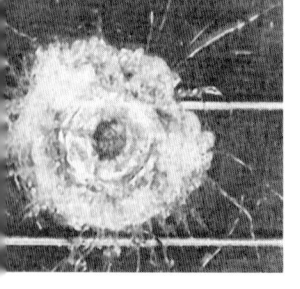

Zeugen des Weltraumstaubs sind beispielsweise Hunderte von mikroskopischen Kratern auf den Solarzellen von Satelliten. Die meisten sind kleiner als ein Millimeter. Der hier abgebildete stammt von der europäischen Weltraumplattform Eureca.

Daß Steine aus dem Weltraum fallen, setzte sich in der abendländischen, wissenschaftlichen Auffassung erst im 19. Jahrhundert durch. Dabei lassen sich in jeder sternklaren Nacht zahlreiche Leuchtspuren am Himmel ausmachen, Meteore genannt. Doch diese Phänomene galten lange als Wettergeschehnisse. Heiße Gase, aufsteigende Dämpfe aus Gestein und Metall, sollten der Erde entwichen sein, sich in den höheren Bereichen der Atmosphäre wieder verdichtet haben und dann ähnlich wie Hagelkörner wieder herabgestürzt sein, so wurde behauptet. Ausdünstungen der Erde wurden auch für die spektakulären Feuerkugeln verantwortlich gemacht, die man im 17. und 18. Jahrhundert über weiten Gebieten Westeuropas beobachtet hatte. Sogar im Namen schlug sich diese Hypothese nieder: Meteor kommt vom griechischen Wort *metéoron*, was so viel wie Himmels- oder Lufterscheinung bedeutet.

Erst 1794 bewies der deutsche Physiker Ernst Florens Friedrich Chladni, daß Meteore keineswegs zum Bereich der Meteorologie gehörten, sondern auf Irrläufer aus dem All zurückzuführen sind. Er hatte nicht nur die Bahnen der Leuchtspuren vermessen und berechnet, daß sie der Schwerkraft unterliegen, also keinesfalls bloß Gase sein konnten, sondern auch einige Brocken untersucht, denen eine himmlische Herkunft zugeschrieben wurde. Er erkannte, daß sie nicht mit irdischen Gesteinen gleichzusetzen waren.

Heute besteht kein Zweifel mehr daran, daß es sich bei Meteoren, auch Sternschnuppen genannt, um verglühende Staubkörnchen aus dem Weltraum handelt. Die allermeisten davon sind nur ein bis zehn Millimeter groß und zwischen einem Milligramm und zwei Gramm schwer. Je nach Geschwindigkeit, die zwischen 11 und 72 Kilometern pro Sekunde liegen kann, verdampfen sie in Höhen von siebzig bis über

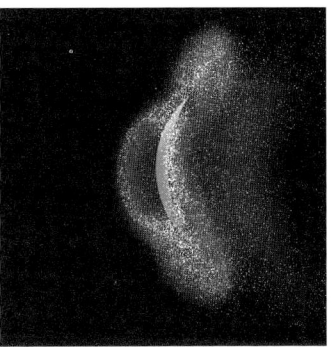 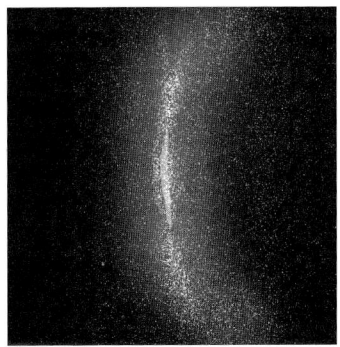 

hundert Kilometern infolge der starken Reibungshitze vollständig. Das dauert nur eine Zehntel- bis eine Sekunde.

Mikrometeoriten sind Partikel kleiner als ein Millimeter. Ihre Spuren lassen sich nur im Fernrohr beobachten oder mittels Radioteleskopen oder Radar nachweisen. Auf Mikrometeoriten geht aber der Großteil der Materie zurück, die aus dem Weltall auf die Erde rieselt. Diesen Massezuwachs haben Wissenschaftler von der Universität von Washington in Seattle erst kürzlich genauer berechnet. Sie stützten sich dabei auf die Anzahl der mikroskopischen Krater, die das Bombardement der Kleinstteilchen auf dem LDEF-Satelliten (Long Duration Exposure Facility) hinterlassen haben. Er war zu Forschungszwecken in eine 331 bis 480 Kilometer hohe Erdumlaufbahn gebracht und nach fast sechs Jahren von einem Spaceshuttle wieder eingefangen und zur Erde zurücktransportiert worden. Eine 1,2 Quadratmeter große, dem Weltraum zugewandte Fläche zierten mehr als 550 Einschlagsspuren mit Durchmessern über 0,1 Millimeter. Daraus läßt sich errechnen, daß der Massezuwachs unseres Planeten durch kosmische Mikromaterie rund 40 000 Tonnen pro Jahr beträgt. Dieses Ergebnis steht in guter Übereinstimmung mit früheren Abschätzungen, die auf Iridiummessungen im antarktischen Eis und Osmiumbestimmungen im Tiefseeschlamm basierten (Iridium und Osmium kommen im Weltraumstaub häufig vor).

Die Simulation in einem Supercomputer zeigt, wie ein Vorläufer des Merkur frontal auf einen masseärmeren Urplaneten prallt. Dargestellt sind die Phasen 1 Minute vor und 2, 8, 42 und 172 Minuten nach der Kollision. Während das silikathaltige Mantelgestein größtenteils weggesprengt wird, bleiben die beiden Eisenkerne zurück und verschmelzen zu einem Kern (letztes Teilbild).

Doch der Staub aus dem All ist nicht alles, was die Erde einsammelt. Längerfristig betrachtet macht er nur etwa die Hälfte des Massezuwachses aus. Die andere Hälfte stammt von – manchmal sehr großen – Steinen, die vom Himmel fallen. Solche Körper heißen Meteoriten. Mitunter sind

Meteoriten – Steine, die vom Himmel fallen

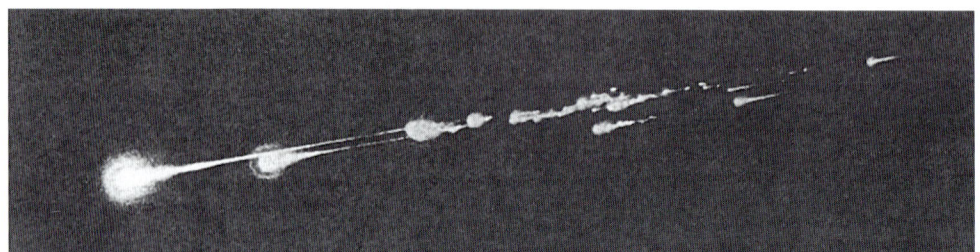

Am 9. Oktober 1992 zerbrach über West Virginia ein Bolid in mindestens 70 Brocken.

Der schwerste bekannte Eisenmeteorit fiel 1920 in Namibia auf die Erde. Er wiegt 55 Tonnen und ist drei Meter lang.

Einige große Meteoritenschauer				
Fallort des Meteoriten-schauers	Datum	Zahl der Bruchstücke	Gesamt-gewicht (kg)	Schwerster einzelner Brocken (kg)
L'Aigle, Frankreich	26. 4. 1803	3 000	40	9
Pultusk, Polen	30. 1. 1868	180 000	2 000	1
Sikhote-Alin, Sibirien	12. 2. 1947	8 500	100 000	1 745
Allende, Mexiko	8. 2. 1969	5 000	4 000	110
Jilin, China	8. 3. 1976	200	4 000	1 770

sie sogar zum Objekt religiöser Verehrung geworden: etwa der schwarze Stein der Kaaba in Mekka, der schon aus vorislamischer Zeit bekannt ist, und der Omphalos in Delphi, der „Nabel der Erde". Jedes Jahr, so schätzt man, stürzen mehr als 19 000 Meteoriten von jeweils über hundert Gramm auf unseren Planeten – die meisten allerdings fallen – noch dazu völlig unbemerkt – ins Meer oder auf unbesiedelte Gebiete.

Nur einige tausend insgesamt hat man bisher gefunden, davon die meisten in der Antarktis, wo sie auf den Eisfeldern lange Zeit geradezu konserviert worden sind. Das erste Mal, daß ein Meteorit aufgrund der Berechnung seiner Flugbahn aufgespürt werden konnte, war im Jahr 1916 bei dem hessischen Ort Treysa. Kein anderer als Alfred Wegener, der Vater der Kontinentalverschiebungshypothese, vollbrachte diese Leistung. Das Ergebnis seiner Mühe war ein 63 Kilogramm schwerer Eisenbrocken. Im Vergleich zu dem mit 55 Tonnen bislang größten Meteoritenfund überhaupt vier Jahre später in Namibia handelte es sich dabei freilich um ein Leichtgewicht.

Noch größere Meteoriten werden durch die Atmosphäre kaum mehr abgebremst. Wenn sie nicht schon während des Flugs zerbersten und als kleiner Schauer auf den Boden prasseln, schlagen sie einen Krater in die Erde, der um so größer ist, je größer, kompakter und schneller dieser Meteorit war.

Die größten bislang gefundenen Meteoriten (Auswahl)

Fundort und -jahr der Meteoriten	Masse (Tonnen)
Eisenmeteoriten	
Hoba bei Tsumeb, Namibia (1920)	54,4
Cape York (Ahnighito), Grönland (1894)	33,1
Mbosi, Ostafrika (1930)	26
Bacubirito, Sinaloa, Mexiko (1902)	24,4
Williamette, Oregon, USA (1902)	14,18
Chupaderos, Mexiko (1852)	14,1 + 6,8
Mundrabilla, Australien (1966)	12,0
Morito, Mexiko (um 1600)	9,97
Bendego, Brasilien (1748)	5,4
Cranbourne, Australien (1854)	3,5
Steinmeteoriten	
Jilin, China (1976)	1,770
Furnas Co, Colorado, USA (1948)	1,073
Long Island, Kansas, USA (1891)	0,564
Paragould, Arkansas, USA (1930)	0,408
Knyahinya, Ukraine (1855)	0,308
Ensisheim, Elsaß, Frankreich (1492)	0,127

Kleiner Merkzettel wichtiger Begriffe

Der Begriff **Meteorit** bezeichnet sowohl ein Objekt, das sich in einer Ellipsenbahn um die Sonne bewegt und größer als ein Molekül, aber kleiner als ein Planet ist, als auch einen aus dem Weltraum stammenden Körper, der beim Durchdringen der Erdatmosphäre aufgrund seiner großen Masse nicht völlig verdampft ist und daher die Erdoberfläche erreicht hat; größere Meteoriten hinterlassen dabei Krater, die mitunter Durchmesser von vielen Dutzend Kilometern haben können. Meteoriten sind in der Regel Bruchstücke von **Planetoiden** (= Asteroiden) oder **Kometen** (im Extremfall sogar kleinere Planetoiden oder Kometenkerne als Ganzes), also Relikte aus der Frühzeit des Sonnensystems.

Meteor heißt die Leuchtspur eines in der Atmosphäre verglühenden Meteoriten (**Sternschnuppe**). Sehr auffällige Meteore, die die maximale Helligkeit der Venus erreichen oder übertreffen, werden auch als Feuerkugeln oder **Boliden** bezeichnet. Teile davon können mitunter den Boden erreichen.

Meteorströme, auch Meteorschauer oder Sternschnuppenschwärme genannt, sind zu beobachten, wenn die Erde ein Gebiet mit hoher Meteoritendichte passiert, sich also durch Wolken meteoritischen Staubs bewegt. Dieser stammt meist von einem (zerfallenen) Kometen und hat sich entlang dessen Bahn verteilt. Die Meteorströme werden nach den Sternbildern benannt, in denen die Radianten liegen – jene Orte, wo die meisten Meteore scheinbar in die Atmosphäre eintreten. Zum Beispiel liegt der Radiant der Perseiden im Sternbild Perseus. Sie haben ihr Maximum um den 12. August und sind wahrscheinlich auf den Kometen Swift-Tuttle zurückzuführen. Berühmt sind auch die Eta-Aquariden (Maximum am 4. Mai) und die Orioniden (21. Oktober), die auf den Halleyschen Kometen zurückgehen.

Durchschnittliche Häufigkeit und Elementanteile der drei grundlegenden Meteoritenarten

Meteoriten-typ	Häufigkeit in Prozent		Mittlere Zusammensetzung in Prozent der Gesamtmasse					
	im All	der Funde	Eisen	Nickel	Silizium	Magnesium	Sauerstoff	Cobalt
Eisen	5	66	90,8	8,5	–	–	–	0,6
Stein	93	26,5	15,6	1,1	20,6	15,8	42,0	–
Stein-Eisen	2	7,5	55,5	5,4	8,0	12,3	18,6	–

Kohle, Stein und Eisen aus dem Weltraum – die Klassifikation von Meteoriten

Alle auf der Erde gefundenen Meteoriten lassen sich grob in **Stein-** und in **Eisenmeteoriten** einteilen, je nachdem, ob sie hauptsächlich aus Silikaten oder Eisen und Nickel bestehen. Steinmeteoriten gibt es im Weltall viel mehr als Eisenmeteoriten, auf der Erde werden sie wegen ihres unauffälligeren Aussehens aber weitaus weniger häufig entdeckt. Hinzu kommt noch eine seltene Mischform, die **Stein-Eisen-Meteoriten**. Diese drei Klassen unterscheiden sich ziemlich stark in ihrer chemischen Zusammensetzung und werden anhand feinerer Merkmale (innere Struktur, mineralogische Anteile) jeweils noch in weitere Gruppen und Untergruppen unterteilt.

Bei Steinmeteoriten lassen sich **Chondriten** und **Achondriten** unterscheiden. Chondriten sind unauffällige, dunkelgraue, aber besonders urtümliche Meteoriten. Sie enthalten in der Regel kugelförmige, bis zu einem Zentimeter große Mineral- beziehungsweise Gesteinseinschlüsse, die sogenannten Chondren (griechisch *chondros* = Körnchen), die bei den Achondriten fehlen. Chondren deuten auf Inhomogenitäten im Urnebel hin, aus dem das Sonnensystem entstanden ist. Außerdem erfordert die Entstehung der Chondren eine kurzzeitige Aufheizung auf rund 1600 Grad. Die Ursachen dafür kennt man nicht; vielleicht sind vorübergehende starke Strahlungsausbrüche der Sonne oder Blitze im Urnebel dafür verantwortlich. **Kohlige Chondriten** sind die wohl bemerkenswerteste Untergruppe der Steinmeteoriten. Sie haben einen Kohlenstoffanteil von bis zu fünf Prozent.

Der älteste bekannte Meteorit auf der Erde ist ein Chondrit, der in schwedischem Kalkstein aus dem Ordovizium (460 Millionen Jahre) gefunden wurde. Der zweitälteste dürfte ein Eisenmeteorit sein, der in der Sowjetunion in einem Kohleflöz entdeckt worden ist. Sein Alter wird auf etwa 300 Millionen Jahre geschätzt. Viele Meteoriten aus der Antarktis dürften seit 70 000 Jahren auf dem Eis gelegen haben. Die allermeisten bekannten Meteoriten sind aber erst vor relativ kurzer Zeit auf die Erde gestürzt.

Krater

Geologen unterscheiden zwischen einfachen und komplexen Kratern. Einfache Krater bestehen bloß aus einer nahezu kreisförmigen Mulde mit parabolischem Querschnitt und einem aufgeworfenen Wall, dem Kraterrand. Auf der Erde werden sie durch Wind und Wetter relativ rasch ausradiert oder mit der Zeit unter Sedimenten begraben. Der noch am besten erhaltene Krater auf unserem Planeten liegt in Arizona und hat einen Durchmesser von 1,2 Kilometern. Er ist höchstens 50 000 Jahre alt und war der erste, der eindeutig auf einen Meteoriteneinschlag zurückgeführt werden konnte. Der Maximaldurchmesser von einfachen Kratern beträgt, je nach Art des Gesteins im Untergrund, zwei bis vier Kilometer. Größere Krater, zum Beispiel das Steinheimer Becken in Süddeutschland (3,8 Kilometer), besitzen einen Zentralberg. Noch größere sind außerdem von zwei oder mehr Ringen umgeben. Diese komplexe Struktur rührt daher,

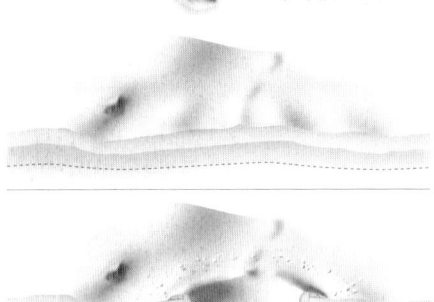
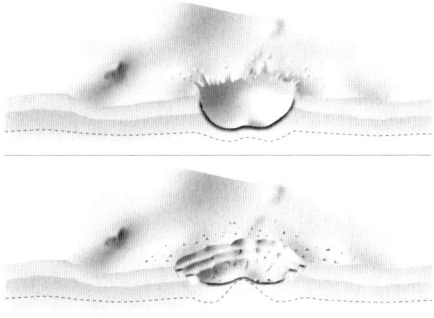

Die zentrale Erhebung eines Kraters entsteht aus rückfederndem Boden und bildet sich bereits, bevor die ringförmigen Ränder nachsacken. Der endgültige Kraterdurchmesser ist größer als das Loch unmittelbar nach dem Einschlag.

daß der mit ungeheurer Wucht zusammengepreßte Boden nach dem Einschlag zurückfedert und sich aufwölbt. Im Zentrum des 100 Kilometer weiten Manicouagan-Kraters in der kanadischen Provinz Québec soll die Aufwärtsbewegung sage und schreibe zehn Kilometer betragen haben. Schlagartig wurde hier vor etwa 212 Millionen Jahren hundert- bis tausendmal mehr Energie freigesetzt als weltweit bei sämtlichen Erdbeben eines ganzen Jahres. Noch gewaltiger waren die Ereignisse, die den Sudbury-Komplex in Kanada und die Vredefort-Struktur in Südafrika erzeugt haben. Die Berge der Mehrfachringe sind zwar längs erodiert. Doch konnte aus der Verteilung der Spuren von Sudbury-Schmelzgesteinen kürzlich auf drei konzentrische Ringe geschlossen werden, deren äußerster einen Durchmesser von 160 Kilometern hat.

Die Ries(en)-Katastrophe

Eine Vorstellung von den ungeheueren Gewalten, mit denen sich ein Meteorit in den Boden rammen kann, vermag die liebliche Gegend bei Nördlingen, zwischen Ulm und Nürnberg auf der schwäbisch-fränkischen Alb gelegen, heute kaum noch zu vermitteln. Und doch ist hier vor knapp 15 Millionen Jah-

ren mit einem Schlag eine blühende Landschaft ausgelöscht worden.

Mit einer Geschwindigkeit von mehr als 70 000 Kilometern pro Stunde muß damals ein rund tausend Meter großer Steinmeteorit in die Atmosphäre eingedrungen sein. Als greller Feuerball schoß er innerhalb von Sekunden aus westlicher Richtung herab und bohrte sich mit immer noch 40 000 Kilometern pro Stunde ins Juragebirge hinein. Nach nur drei Hundertstelsekunden kam er als hochkomprimiertes Gas mehr als einen Kilometer unter der Oberfläche zum Stillstand und explodierte. Inzwischen hatte sich im Krateruntergrund eine Stoßwelle mit einer Geschwindigkeit ausgebreitet, die der ihres Verursachers nicht nachstand. Erst in einer Tiefe von fünf bis sechs Kilometern blieb die Erdkruste unversehrt. Dann brach der Gesteinsdampf mit einer ungeheueren Gewalt nach oben aus. Kurzfristig herrschte ein Druck von vielleicht zehn Millionen Bar und eine Hitze von 30 000 Grad. Nun spuckte die Erde die verdampften, geschmolzenen oder zerborstenen Gesteine heraus. Teile davon wurden binnen einer Minute bis zu zwanzig Kilometer hoch in die Atmosphäre geschleudert.

Nach kaum vier Zehntelsekunden war der Krater auf einen Durchmesser von vier und eine Tiefe von zwei Kilometern angewachsen.

Der 1,2 Kilometer weite und 170 Meter tiefe Meteor-Krater in Arizona ist aufgrund des trockenen Wüstenklimas und seines jungen Alters noch sehr gut erhalten. Vor ungefähr 50 000 Jahren prallte hier ein vielleicht 30 Meter großer und 150 000 Tonnen schwerer Nickel-Eisen-Meteorit mit 15 Kilometern pro Sekunde auf die Wüste und verschob etwa 300 Millionen Tonnen Gestein.

Rechts:
Blick vom Südwesten
auf das 3,5 Kilometer
große, in Süddeutsch-
land gelegene Steinhei-
mer Becken mit seinem
Zentralberg.

Zwanzig Sekunden später war er schon 15 Kilometer weit und 4,5 Kilometer tief. An seinem Rand türmten sich die Auswurfmassen bereits mehrere hundert Meter hoch auf. Nun federte auch der Boden zurück und schnellte um drei Kilometer empor. Dann prasselten schon die in die Luft geschleuderten Gesteinstrümmer auf die Erde zurück und bildeten im Umkreis von fünfzig Kilometern eine geschlossene, 30 bis 40 Meter mächtige Decke. Die Glutwolke fiel in sich zusammen, legte sich auf die tote Landschaft und steckte in Brand, was noch Feuer fangen konnte. Gewaltige Gesteinsschollen rutschten vom Rand des Kraters nach innen und verbreiterten diesen auf 20 bis 25 Kilometer. Zehn Minuten nach dem Einschlag waren alle schnellen Bewegungen zur Ruhe gekommen. Die bei dieser Ries(en)-Katastrophe entfesselten Energien lagen in einer Größenordnung von 1,2 Millionen gleichzeitig gezündeten Hiroshima-Bomben und hatten 6500 Quadratkilometer Land verwüstet. Im Umkreis von 100 Kilometern gab es fast kein Leben mehr. Wäre dasselbe Ereignis 15 Millionen Jahre später erfolgt, würde in Mitteleuropa jetzt wohl niemand mehr wohnen.

So entstand das Nördlinger Ries. Wolkenbrüche lösten bald bergsturzartige Schuttströme aus, die den Krater 60 Meter hoch auffüllten. Später bildete sich ein See, der nach Jahrmillionen wieder ablief (in die heutige Donau). Wind wehte schließlich fruchtbaren Löß herbei, der das Ries später zu einer Kornkammer Bayerns werden ließ. Vierzig Kilometer südwestlich liegt das bereits erwähnte Steinheimer Becken. Es geht auf denselben Meteoriten zurück, von dem kurz nach dem Eintritt in die Atmosphäre offenbar ein kleineres Stück abbrach, das den Boden etwas früher erreichte.

Daß unser Planet an der Stelle des Nördlinger Rieses einen kosmischen Treffer einstecken mußte, war seit 1904 wiederholt vermutet worden. Doch auch hier hielt sich die Vulkanismustheorie hartnäckig, obwohl nirgendwo die Schlacken der Lavaströme nachzuweisen waren, die dann hätten entstehen müssen. Rätsel aufgegeben hat auch das graue, leichte, tuffähnliche Gestein mit den charakteristischen dunklen Einsprengseln. Dabei handelt es sich um erstarrte Fetzen von auf- oder angeschmolzenen Trümmern des Grundgebirges, das unter den Sedimentschichten liegt. Dieses sogenannte Schwabengestein – die wissenschaftliche Bezeichnung dafür lautet Suevit – gibt es in dieser Form nirgends sonst als beim Nördlinger Ries. Als 1960 dann zwei amerikanische Geologen, Eugene Shoemaker und Edward Chao, darin das Mineral Coesit nachwiesen, paßte plötzlich alles zusammen, und die kosmische Natur des Rieses war bewiesen. Coesit war nämlich erst Anfang der fünf-

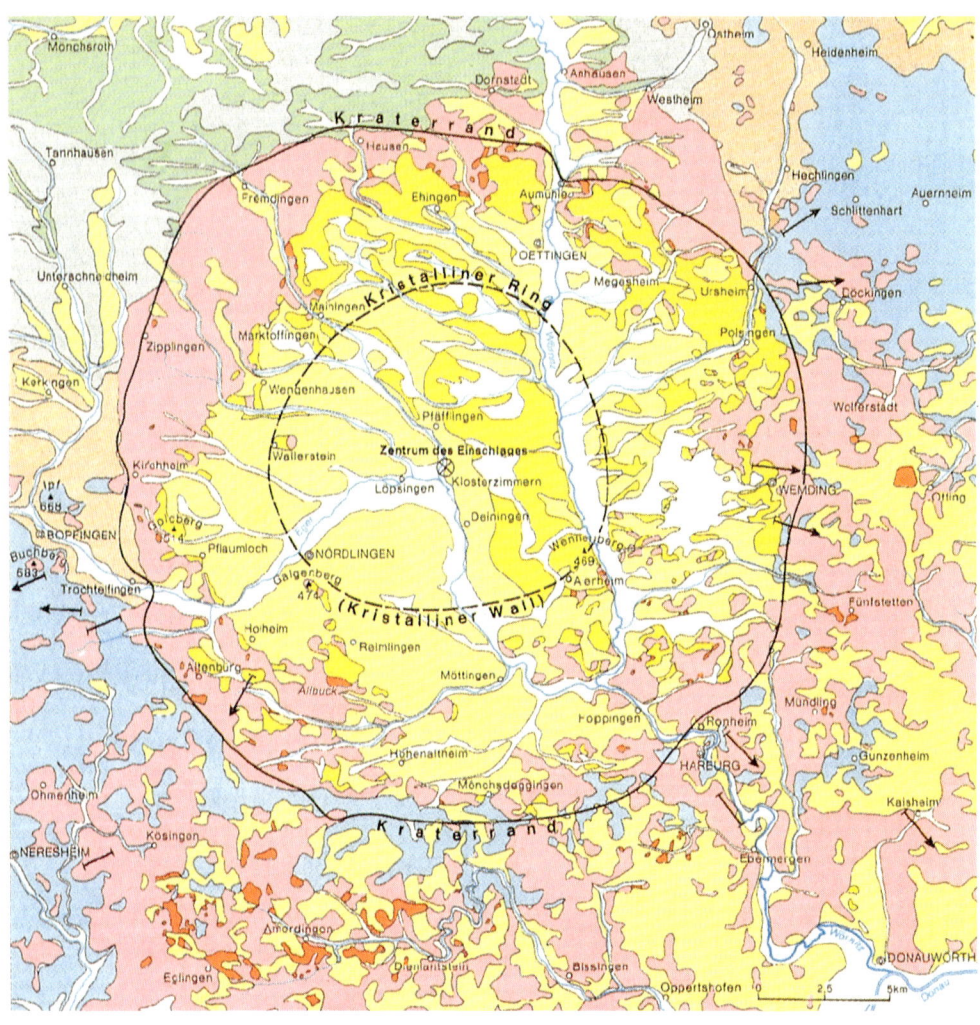

Der von einem „kristallinen Wall" begrenzte Zentralkessel des Nördlinger Rieses hat einen Durchmesser von elf Kilometern.

ziger Jahre in den USA bei unterirdischen Atomversuchen erzeugt und entdeckt worden. Seine Bildung erforderte Drücke von mindestens 20 000 Bar. Damit schied ein vulkanischer Ursprung endgültig aus. Das Schwabengestein mußte bei den brachialen Gewalten eines Meteoriteneinschlags entstanden sein. Die fladen- und tropfenförmigen dunkleren Einschlüsse stammen aus tiefer liegenden Bereichen, die als zähflüssiger Steinbrei in die Luft geschleudert wurden, rasch erstarrt und dann in die feinkörnige graue Masse zurückgefallen und eingebettet worden waren. Eine Forschungsbohrung 1973 enthüllte weitere Details. So konnten die geschilderten Vorgänge Stück für Stück rekonstruiert werden. Die Geschichte des Nördlinger Rieses ist heute die am besten erforschte Kraterbildung und hat daher Vorbildcharakter für das Verständnis vieler anderer, ähnlicher Prozesse.

Ein Planet voller Narben

Die meisten Krater auf der Erde sind von der Erosion längst ausradiert, mit jüngeren Ablagerungen überdeckt oder im Gefolge der Kontinentalverschiebungen allmählich verschluckt worden. Gebilde von der Größe des Nördlinger Rieses, dessen Zentralkessel einen Durchmesser von rund elf Kilometern hat, der vermutlich das Relikt des eigentlichen Aussprengkraters darstellt, sind daher nach 120 Millionen Jahren kaum mehr zu erkennen. So verwundert es nicht, daß rund 50 Prozent aller bekannten Krater jünger als 200 Millionen Jahre sind. Ungefähr 150 kosmische Narben auf unserem Planeten sind bislang schon gefunden worden. Das ist etwa die Hälfte der 300, die auf dem Festland vermutet werden (700 weitere soll es statistischen Überlegungen zufolge unter den Ozeanen geben). Insbesondere die größeren sind stark verwittert. Um die 30 Krater sollten über 40 Kilometer groß sein. Davon kennt man allerdings gerade ein Viertel.

Die meisten der bislang nachgewiesenen Krater liegen in Europa, Nordamerika und Australien. Das kommt aber nur daher, daß anderswo längst nicht so intensiv gesucht wurde. Immerhin bestehen mit modernster Satellitentechnologie jetzt bessere Aussichten, auch längst verschüttete Strukturen über die Schwerkraft- und Magnetfeldanomalien, die sie hervorrufen, aufzuspüren. Entsprechende neue Computerbilder werden immer wieder veröffentlicht.

Blick vom Kraterrand in den Wolf-Creek-Krater in Westaustralien. Er ist 850 Meter groß, 49 Meter tief und rund eine Million Jahre alt.

Meteoriten – Boten aus einer fernen Vergangenheit

Mit Meteoriten stehen uns nicht nur Körper von anderen Welten zur Verfügung, sondern auch Boten aus einer fernen Vergangenheit. Im Vergleich zu dem Gestein von Erde und Mond, das durch geologische Prozesse, durch Verwitterung, Schmelzvorgänge und Umwandlungen schon stark verändert ist, tragen Meteoriten noch viele uralte Indizien in sich, aus denen sich wichtige Informationen über den Ursprung und die Entwicklung des Sonnensystems sowie über den Zustand und die Eigenschaften des interplanetaren Raums gewinnen lassen. Anhand des Anteils an radioaktiven Spurenelementen konnte nachgewiesen werden, daß die ältesten Meteoriten sich vor mehr als 4,5 Milliarden Jahren gebildet haben müssen, als das Sonnensystem eben erst entstand. Sie können also Aufschluß über jene Prozesse geben, denen wir letztendlich unsere Existenz verdanken.

Doch Meteoriten, insbesondere die kohligen Chondriten, beherbergen noch exotischere Relikte. Sorgfältige Untersuchungen von Spurengasen, die in Graphitkörnchen eingeschlossen sind, haben nämlich ergeben, daß bestimmte Sorten von Atomen nicht aus dem Sonnensystem stammen können. Die Edelgase Neon-22 (ein Zerfallsprodukt des radioaktiven Natrium-22) und Xenon scheinen direkt aus Roten Riesensternen und Sternexplosionen zu stammen, Deuterium hingegen aus interstellaren Molekülwolken. Offenbar sind in Chondriten auch Graphitpartikel aus dem Weltraum eingebaut worden, die in die Urwolke, aus der das Sonnensystem entstand, hineingetrieben waren. Möglicherweise wurde der Urwolkenkollaps sogar erst durch eine Sternexplosion ausgelöst. Nicht alle Spuren aus der Vorgeschichte unserer kosmischen Oase sind also getilgt worden. Was noch vor nicht allzu langer Zeit als vermessener Traum erschienen wäre, ist dank einer akribischen Spurensuche Wirklichkeit geworden: heute können wir Sternenstaub in den Händen halten.

Meteoriten vom Mars

Es entbehrt nicht einer gewissen Ironie: unter großem finanziellen und technischen Aufwand wurden ein paar hundert Kilogramm Mondgestein zur Erde gebracht, und Bodenproben vom Mars scheinen allen Plänen zum Trotz noch immer in weiter Ferne – doch das begehrte Material braucht auf der Erde bloß aufgelesen zu werden. Seit Anfang der achtziger Jahre wurden nämlich mehr als ein Dutzend Meteoriten gefunden (die meisten in der Antarktis), die vom Mond stammen müssen, wie Analysen ihrer Zusammensetzung und Vergleiche mit den Apollo-Proben gezeigt haben. Und die mittlerweile elf bekannten SNC-Meteoriten (benannt nach drei Fundorten: Shergotty in Indien, Nakhla in Ägypten und Cassigny in Frankreich) sind sehr wahrscheinlich sogar aus der Marsoberfläche geschlagen worden. Sie sind meist viel jünger als andere Meteoriten (um die 1,7 Milliarden Jahre) und auch mineralogisch und hinsichtlich ihrer Element- und Isotopenhäufigkeiten verschieden. Außerdem entspricht die Zusammensetzung der Edelgase, die in Gasblasen der SNC-Meteoriten eingeschlossen sind, weitgehend den Verhältnissen in der Marsatmosphäre.

Daß Mond- oder Marsgestein in den Weltraum geschleudert und später von der Erde aufgesammelt werden kann, erschien lange Zeit undenkbar. Um die entsprechenden Entweichgeschwindigkeiten zu erzielen (2,4 beziehungsweise 5,0 Kilometer pro Sekunde für Mond und Mars), wären Drücke von mindestens 440 beziehungsweise 1500 Kilobar notwendig. Die Meteoriten weisen aber Schockspuren von nur maximal 200 Kilobar auf. Experimente von Andrew J. Gratz, William J. Nellis und Neil A. Hinsey (Universität von Kalifornien in Livermore) konnten jedoch vor kurzem zeigen, daß ein Meteoriteneinschlag tatsächlich Gesteinstrümmer unter solchen Bedingungen ins All zu schleudern vermag. Die Forscher hatten mit künstlichen Einschlägen im Labor experimentiert und die Druckverhältnisse sowie die aus der Zielfläche fortgesprengten Bruchstücke studiert. Dabei zeigte sich, daß die Mond- und Marsmeteoriten vom Oberflächenabschlag dicht an der Einschlagsstelle stammen müssen. Dort komprimiert die Druckwelle, die in den Boden läuft, das Gestein nicht, sondern fegt es nach oben weg – und das auch noch mit der höchsten Geschwindigkeit aller herausgesprengten Trümmerstücke. Ein großer Teil der Energie wird hier nicht in Schockpressung umgewandelt, sondern als Bewegungsenergie abgeführt. Deshalb entstanden keine großen mechanischen Schäden an den Meteoriten. Mit diesen Ergebnissen in Einklang steht auch, daß sich herausgesprengte Fragmente des Nördlinger Rieses bei Sankt Gallen in der Schweiz nachweisen lassen, immerhin 200 Kilometer entfernt.

Computersimulationen von Brett Gladman, Joseph Burns und Pascal Lee (Cornell-Universität) haben kürzlich ergeben, daß 80 bis 90 Prozent des Materials, das von großen Einschlägen auf dem Mond ins All gesprengt wird, in Sonnenumlaufbahnen gerät. Je nachdem, wie schnell es aus der lunaren Oberfläche herausgesprengt wurde, stürzen innerhalb von zehn Millionen Jahren zwischen 25 und 50 Prozent davon wieder auf den Mond zurück oder fallen auf die Erde. Trümmer, die von Anfang an in eine Erdumlaufbahn geraten sind, treffen sogar binnen weniger

Als Isotope bezeichnet man zwei oder mehr Sorten desselben chemischen Elements beziehungsweise Atoms mit unterschiedlicher Neutronenzahl und somit auch Masse.

29

Jahrzehnte auf unseren Planeten. Die anderen Bruchstücke verteilen sich in einigen Jahrmillionen im inneren Sonnensystem und stürzen dann schließlich auch auf Planeten oder Planetoiden.

Die Marsmeteoriten sind also billige Bodenproben von einem anderen Planeten. Wahrscheinlich sind sie bei einem einzelnen Ereignis vor höchstens 200 Millionen Jahren ins All geschleudert worden. Mehrere Krater kommen als Kandidaten in Frage, doch kann erst durch Erkundungen vor Ort eine Entscheidung fallen. Immerhin verraten die Meteoriten allerhand über die Geschichte des Roten Planeten selbst. Zum Beispiel muß das Klima dort früher wärmer gewesen sein (0 bis 80 Grad). Einst dürfte sich flüssiges Wasser mit reichlich gelöstem Kohlendioxid an der Oberfläche befunden haben. Und der Rote Planet hat ein anderes Sauerstoffisotopenverhältnis als Erde und Mond, was ein weiteres Argument dagegen ist, daß sich der Erdmond so weit außen im Sonnensystem wie Mars gebildet hatte und später eingefangen wurde.

Die Entdeckung, daß Steine von Mond und Mars auf der Erde liegen, war eine der großen Überraschungen der Meteoritenforschung. Die Herkunft der allermeisten Meteoriten ist damit allerdings nicht geklärt. Viele Fragen sind hier noch immer offen. Unbestritten ist aber, daß die meisten Meteoriten Splitter von Planetoiden und Kometen sind – Vagabunden und Irrläufern im Sonnensystem.

Planetoiden – Lückenfüller zwischen den Planeten

Unscheinbare Relikte

Dort, wo manche Astronomen aufgrund der Planetenbahngrößen schon länger eine Lücke im Sonnensystem gewittert hatten, entdeckte Giuseppe Piazzi in Palermo in der Neujahrsnacht von 1801 ein Objekt, das er Ceres nannte. Mit rund 1000 Kilometern Durchmesser ist es, wie wir heute wissen, der größte Vertreter in einem ziemlich breiten, nach außen hin dicker werdenden Band oder Gürtel aus Milliarden von Kleinkörpern. Sie werden Planetoiden oder Asteroiden (mitunter auch Kleinplaneten) genannt. Sie ziehen ihre Bahnen hauptsächlich in einer Sonnenentfernung zwischen 2,1 und 3,3 Astronomischen Einheiten, also zwischen Mars und Jupiter.

Die Gesamtmasse des Planetoidengürtels beträgt nur ungefähr ein Tausendstel von der unserer Erde. Im Gegensatz zu früheren Spekulationen handelt es sich dabei nicht um die Trümmer eines einstigen Planeten (mit dem sich seine Bewohner womöglich ins All gesprengt hatten), sondern um Relikte aus der Frühzeit des Sonnensystems. Dieser Urmaterie ist es nicht gelungen, sich zu einem großen Sonnentrabanten zu verdichten. Der störende Schwereeinfluß des riesigen Proto-Jupiters hat das verhindert und einen Teil des Raums förmlich freigefegt. Dadurch sind viele der Planetesimale aus dem Sonnensystem hinausgeschleudert worden oder auf andere Protoplaneten gestürzt. Auch heute noch lassen sich große Lücken im Planetoidengürtel ausmachen, sogenannte Resonanzzonen, in denen es keine stabilen Bahnen gibt. Außerdem sind, wie Computermodelle zeigen, größere Planetesimale hier immer wieder miteinander kollidiert und dadurch zerbrochen.

> Eine **Astronomische Einheit** bezeichnet den mittleren Abstand der Erde von der Sonne. Das sind 149,6 Millionen Kilometer. Selbst das Licht, das mit knapp 300 000 Kilometern pro Sekunde die höchste Geschwindigkeit überhaupt hat, braucht für diese Strecke 8,3 Minuten. Ein **Lichtjahr** – die Strecke, die das Licht in einem Jahr zurücklegt – beträgt 9,46 Billionen Kilometer.

Die meisten Planetoiden haben Bahnen, die nur ein wenig stärker geneigt und etwas länglicher sind als die der Planeten. Sie bewegen sich in der Regel auch in der gleichen Richtung um die Sonne wie diese. Viele Planetoiden haben Orbits nicht nur mit ähnlichen Halbachsen, sondern auch mit ähnlichem Neigungswinkel gegen die Erdbahn und ähnlicher Exzentrizität. Sie werden zu Familien zusammengefaßt, die – wie zum Beispiel die Eos-, Koronis- und Themis-Familie – mehr als hundert bekannte Mitglieder umfassen. Sie gehen sehr wahrscheinlich auf katastrophale Zusammenstöße größerer Mutterkörper zurück. Auch die Staubbänder, die mit dem Infrarotsatelliten IRAS entdeckt worden sind, scheinen von solchen Kollisionen zu stammen. Eines reicht sogar bis zur Erdbahn.

Man schätzt die Anzahl der Planetoiden mit über einem Kilometer Durchmesser auf rund eine Million. Für ein Zehntel so großer Körper wächst dieser Wert um das Hundertfache. Neunzig Prozent aller Planetoiden ist kleiner als 60 Kilometer. Die größten Brocken sind aufgrund ihrer eigenen Schwerkraft wahrscheinlich kugelförmig. Sie haben sich bei ihrer Entstehung wohl auch so stark erwärmt, daß das Gestein aufgeschmolzen ist und einen metallischen Kern sowie einen geschichteten Mantel ausbilden konnten. Kleinere Planetoiden scheinen dagegen eine unregelmäßige Gestalt zu besitzen, wie aus ihrem Rotationslichtwechsel zu schließen ist. Ihre Umdrehungsperioden streuen stark. Der Mittelwert liegt bei etwa 10 Stunden. Planetoid 1566 Ikarus rotiert in 2,27 Stunden und damit fast so schnell, wie es physikalisch gerade noch möglich ist, ohne daß ihn die Zentrifugalkraft zerreißt. 288 Glauke dagegen braucht 47 Tage für eine Umdrehung.

Ein Gürtel aus Milliarden von Planetoiden umkreist die Sonne zwischen Mars und Jupiter. Eingezeichnet sind auch die Bahnen einiger prominenter Kleinkörper, die gewissermaßen aus der Reihe tanzen, ferner die Trojaner bei den stabilen Librationspunkten auf der Jupiterbahn.

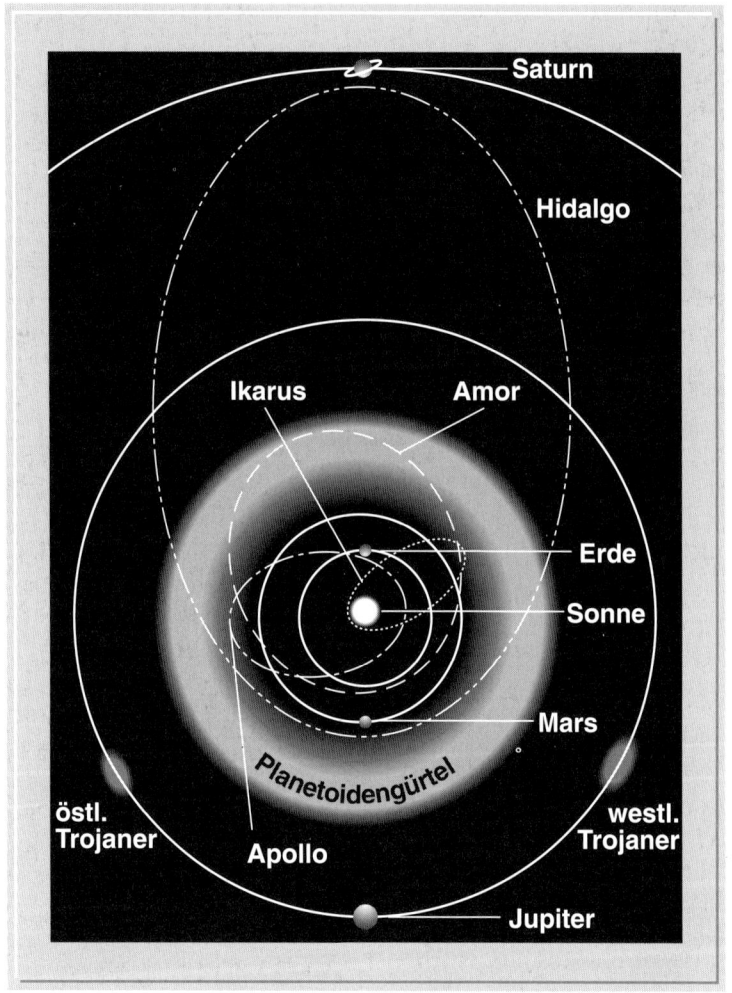

Auf Planetoidenjagd

Bis Ende 1994 sind rund 6200 Planetoiden in der Reihenfolge ihrer genauen Bahnbestimmung numeriert worden. Das heißt, man kennt ihre Bahndaten so genau, daß die Objekte jederzeit wiedergefunden werden können. Darüber hinaus werden viele tausend Planetoiden kurz beobachtet, gehen aber rasch wieder verloren. Alle Daten werden im Minor Planet Center in Cambridge, Massachusetts, archiviert. So gelingt es ab und zu, neue Sichtungen mit einem alten Bekannten zu identifizieren, was die Chancen einer exakten Bahnberechnung enorm erhöht.

Anfangs wurde nach den Kleinplaneten gesucht, indem man bestimmte Himmelsregionen mit dem Teleskop durchmusterte und mit den Sternkarten verglich. Das brauchte viel Zeit. So wurden die ersten vier Planetoiden zwar innerhalb weniger Jahre gefunden (Ceres 1801, Pallas 1802, Juno 1804 und Vesta 1807), der nächste aber erst 1845. Weitaus effizienter wurde die Suche, als Max Wolf an der Sternwarte Heidelberg die Photographie in die Astronomie einführte. Heute ist es üblich, Himmelsareale systematisch mit weitwinkligen Schmidt-Teleskopen und -Kameras und neuerdings auch mit elektronischen Detektoren abzulichten. Auf den Langzeitaufnahmen treten dann Planetoiden infolge ihrer Relativbewegung zum Sternenfeld als Strichspuren hervor. Das Teleskop wird dabei der scheinbaren Sternbewegung nachgeführt, so daß die Erddrehung gerade kompensiert wird. Um sehr lichtschwache Objekte genauer zu erfassen, kann man dann die Nachführung des Teleskops auch ihrer Eigenbewegung anpassen.

Gegenwärtig werden in jedem Monat mehrere hundert Planetoiden aufgespürt. Allerdings können die meisten nicht so rasch wiedergefunden werden, daß eine Bahnbestimmung möglich ist. Der Löwenanteil der Entdeckungen geht auf nur ein knappes Dutzend Sternwarten zurück. Neben den Observatorien auf der Krim, dem Mount Palomar in Kalifornien, dem Kitt Peak in Arizona, dem chilenischen Berg La Silla (Standort der Europäischen Südsternwarte), dem australischen Siding-Spring-Observatorium und Teleskopen in Japan nimmt seit 1981 alljährlich auch die Thüringer Landessternwarte in Tautenburg eine Spitzenposition ein. Freimut Börngen hat dort mit der Schmidt-Kamera des 2-m-Universalspicgelteleskops bis zum Jahresende 1994 genau 2874 bislang nicht bekannte Planetoiden entdeckt. Definitiv bezeichnet worden sind davon immerhin 68 Objekte. Ihre Bahndaten sind also gesichert, weshalb ihnen auch ein richtiger Name zusteht, den festzulegen jeweils dem Entdecker vorbehalten ist. So verewigte Börngen unter anderem 30 Komponisten und setzte auch 20 geographische Namen aus Deutschland an den Himmel. Früher wurden die Namen meist aus der Mythologie entlehnt und sollten zudem weiblich sein, was zu so absurden Schöpfungen wie Mozartia führte. Mittlerweile erlaubt die Internationale Astronomische Union IAU beinahe alles und hat sich 1991 mit der Taufe von 5000 IAU auch selbst ein Denkmal errichtet. So kreuzen heute unter anderem auch 2001 Einstein und 2309 Mr. Spock durchs Sonnensystem.

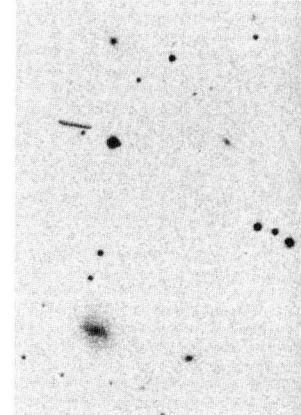

Der Planetoid 2424 Tautenburg, aufgenommen am 2./3. November 1973, erscheint hier als knapp ein halbes Grad lange Strichspur.

Diese Aufnahme des Planetoiden 5904 Württemberg stammt vom 31. Oktober 1992. Der Planetoid ist der Punkt links der Bildmitte.

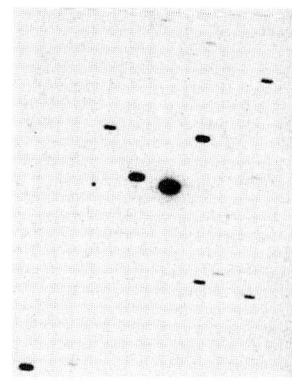

Rendezvous mit zwei Kleinplaneten

Erstmals genauer wurden Planetoiden Anfang der neunziger Jahre in Augenschein genommen. Die im Oktober 1989 gestartete amerikanische Raumsonde Galileo, die den Jupiter und seine Monde erforschen soll (Ankunft dort im Dezember 1995), flog auf ihrer gewundenen Reise durchs Sonnensystem auch an zwei Kleinplaneten vorbei, 951 Gaspra und 243 Ida. Beide gehören zu den silikatreichen Körpern im inneren Planetoidengürtel, die etwa zwanzig Prozent des Sonnenlichts reflektieren (die kohlenstoffreicheren am äußeren Rand reflektieren dagegen nur

Galileos Vorbeiflug an dem Planetoiden Gaspra, mehr als 410 Millionen Kilometer von der Erde entfernt. Weil sich die Hauptantenne nicht ausklappen ließ, mußte der Funkkontakt über eine kleine Hilfsantenne aufrechterhalten werden. So dauerte es Monate, bis die wichtigsten Meßergebnisse zur Erde überspielt waren.

fünf Prozent). Die Begegnung mit Gaspra erfolgte am 29. Oktober 1991 mit einem geringsten Abstand von 1600 Kilometern und einer Relativgeschwindigkeit von rund acht Kilometern pro Sekunde. Der von dem russischen Astronomen Grigory Neujmin 1916 entdeckte und nach einem Kurort bei Jalta benannte Planetoid kreist in einer Entfernung von 2,21 Astronomischen Einheiten alle 3,3 Jahre einmal um die Sonne. Er entpuppte sich als ein unregelmäßig geformter, im Mittel zwölf Kilometer großer Splitter. Wahrscheinlich wurde er bei einer Kollision vor vielleicht 200 Millionen Jahren von einem viel größeren Mutterkörper abgeschlagen. Die größte Überraschung war freilich die Entdeckung, daß Gaspra ein Magnetfeld besitzt. Damit hatte niemand gerechnet. Es ist der erste Nachweis eines Magnetfeldes bei einem Planetoiden überhaupt. Und die Feldstärke auf Gaspras Oberfläche ist ungewöhnlich groß, vergleichbar mit der auf der Erde. Möglicherweise war das Feld schon im Mutterkörper vorhanden, falls dieser größere Anteile von Eisen und Nickel besaß. Tatsächlich zeigen Spektralanalysen, daß Gaspra ungewöhnlich metallisch ist.

Am 28. August 1993 besuchte Galileo dann Ida (geringster Abstand: 2400 Kilometer, Relativgeschwindigkeit: 12,4 Kilometer pro Sekunde). Dieser Planetoid, 1884 von dem österreichischen Astronomen Johann Palisa entdeckt und nach jenem Gebirge auf Kreta benannt, wo in der griechischen Mythologie der junge Zeus vor seinem Vater versteckt gehalten wurde, läuft in 4,8 Jahren in einer Entfernung von 2,86 Astronomischen Einheiten um die Sonne. Er ist fünfmal größer als Gaspra, dichter mit Kratern gespickt, aber ebenfalls von irregulärer Gestalt. Eine bis zu 30 Kilometer breite Kerbe bot sogar Anlaß zu der Vermutung, daß Ida aus der sanften Kollision zweier Körper hervorgegangen ist, die aneinander klebenblieben.

Auch Ida hielt eine große Überraschung parat. Die Auswertungen der im Februar 1994 empfangenen Aufnahmen zeigten einen kleinen Mond, der Ida in einer Entfernung von etwa 100 Kilometern umrundet. Er ist mittlerweile Daktyl getauft worden nach den Daktylen von Ida, die in der mythologischen Überlieferung auf den jungen Zeus aufgepaßt haben. Himmelsmechanisch gesehen ist es praktisch ausgeschlossen, daß Ida diesen ungefähr kugelförmigen Brocken eingefangen hat. Auch eine Entstehung aus einer gemeinsamen Urwolke erscheint nicht möglich, weil zufällige Zusammenstöße mit anderen Planetoiden einen so kleinen Körper innerhalb von 100 Millionen Jahren zerstört oder vertrieben hätten. Außerdem ist Ida selbst ein Fragment eines größeren Mutterkörpers. Von dessen Zerbrechen vor höchstens einer Milliarde Jahren zeugen wohl

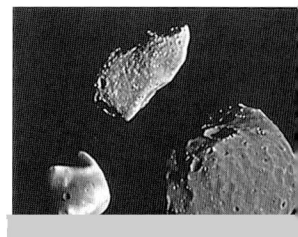

Ein unförmiger Splitter: der Planetoid Gaspra (oben im Bild) ist 18,2 x 10,5 x 9,9 Kilometer groß und rotiert einmal in sieben Stunden um seine Achse. Der größte Krater hat einen Durchmesser von 900 Metern. Unten zum Vergleich die beiden Marsmonde Deimos (links) und Phobos (rechts) im gleichen Größenmaßstab. Auch sie gelten als Planetoiden und wurden von unserem Nachbarplaneten in ferner Vergangenheit eingefangen.

35

noch die bis zu 300 Meter breiten und 20 Meter tiefen Gräben auf Idas Oberfläche, die als unverheilte Risse interpretiert werden. Da Daktyls Farbe und Helligkeit Ida ähnlich sehen, könnte der Kleinmond einst aus dem Planetoiden herausgesprengt worden sein, wäre dessen Schwerefeld aber nicht entkommen (beziehungsweise hätte sich analog zum Erdmond in dem Orbit erst neu gebildet). Plausibler ist, daß Daktyl zusammen mit Ida und einer Reihe anderer Planetoiden, die alle eine Familie mit ähnlichen Bahnparametern bilden, Fragmente eines Mutterkörpers

Eine Riesenkartoffel mit Mond: der Planetoid Ida ist 58 Kilometer lang, hat eine Rotationsperiode von 4 Stunden und 38 Minuten und mehr und größere Krater als Gaspra. Er wird von einem 1,6 x 1,2 Kilometer großen Mini-Mond umlaufen, Daktyl (im kleinen Bild vergrößert dargestellt).

darstellen und seither gemeinsam durchs All reisen. Solche Zusammenschlüsse sind wohl keine Seltenheit, da zehn bis zwanzig Prozent aller Planetoiden zu Familien gehören. Vielleicht hat Ida dabei so viele Splitter abbekommen, daß seine Kraterdichte (mehr als 600 Stück mit über 100 Meter Durchmesser sind gezählt worden) ein zu hohes Alter vortäuscht. Aus Daktyls Orbit konnte kürzlich sogar Idas Dichte abgeleitet werden. Sie beträgt nur knapp 3 Gramm pro Kubikzentimeter, was gegen die Vermutung spricht, daß Ida größere Anteile an Nickel und Eisen enthält. Um so rätselhafter erscheinen damit aber Hinweise, daß auch Ida ein Magnetfeld besitzen könnte.

Gaspra und Ida haben zahlreiche neue Fragen aufgeworfen. Vielleicht lassen sich einige durch das NEAR-Projekt (Near Earth Asteroid Rendezvous) beantworten. Es sieht vor, 1996 eine kleine Raumsonde zu Eros zu schicken, die dort 1999 in eine Umlaufbahn einschwenken und den erdnahen, etwa 30 Kilometer großen Planetoiden ein Jahr lang begleiten soll, um seine Größe, Form, Masse, Zusammensetzung und Oberflächenstruktur (mit einer Auflösung von nur einem Meter!) zu vermessen.

Die Herkunft der Meteoriten

Daß zwischen Planetoiden und Meteoriten ein Zusammenhang besteht, wird schon lange vermutet. Trotzdem erwies es sich als außerordentlich schwierig, nähere Einzelheiten herauszufinden. Immerhin sind die rund zehntausend Meteoriten, die in den weltweiten Sammlungen aufbewahrt werden, teilweise so ähnlich, daß man davon ausgeht, daß sie von höchstens 50 bis 60 verschiedenen Ursprungskörpern stammen, wenn nicht sogar weniger.

Bei der Beantwortung der Frage nach der Herkunft der Steinmeteoriten wurde 1993 ein erster Erfolg erzielt. Viele der Achondriten scheinen letztendlich auf 4 Vesta zurückführbar zu sein, das heißt, sie sind Splitter von Splittern von Vesta. Dieser mit seinen 525 Kilometern Durchmesser drittgrößte Planetoid und die mehr als ein Dutzend Mitglieder der Vesta-Familie – vier bis acht Kilometer große Brocken, die alle von einem gemeinsamen Mutterkörper stammen, von dem Vesta das größte Relikt ist – haben ganz ähnliche spektrale Eigenschaften. Sie sind typisch für basalthaltige Oberflächen und gleichen den Spektren vieler Achondriten. Als Kandidat für einige der Chondriten dagegen wurde der sieben Kilometer große Planetoid 3628 Božněmcová ausfindig gemacht. Auch er dürfte seinerseits wiederum nur ein Bruchstück eines einstmals größeren Körpers sein.

Wie aber gelangen die Splitter vom Planetoidengürtel auf Erdkurs? Dafür scheinen Instabilitätszonen maßgeblich verantwortlich zu sein, die als größere Lücken im Gürtel in Erscheinung treten. Insbesondere bestimmte Resonanzzonen mit Jupiter scheinen als Transferregionen zu fungieren, von wo aus Materie rasch auf Bahnen umgelenkt werden kann, die den Erdorbit kreuzen. Berüchtigt sind vor allem die 2:1- und die 3:1-Resonanz. Objekte auf diesen Bahnen kreisen genau zwei- beziehungsweise dreimal um die Sonne, wenn Jupiter eine Umrundung zurückgelegt hat. So können sie dem Riesenplaneten immer am selben Ort direkt gegenüberstehen, was eine stetige Störung ihrer Bahn zufolge hat. In solchen instabilen Regionen ist es möglich, daß schon die geringsten Einflüsse weitreichende Folgen nach sich ziehen. Man spricht hier vom deterministischen Chaos. Befindet sich ein Körper in solchen Bereichen oder gerät er dort hinein, ist seine Bahnexzentrizität nicht mehr voraussagbar. So kann es immer wieder geschehen, daß durch Kollisionen erzeugte Splitter oder aber ganze Planetoiden auf Erdkurs gebracht werden – und zwar teilweise im Verlauf von wenigen hunderttausend Jahren.

Deterministisches Chaos – die Welt als Würfelspiel

Kleinste Störungen können sich in komplexen, durch nichtlineare Gleichungen beschriebenen Systemen lawinenartig aufschaukeln. Dies wird als **Schmetterlingseffekt** bezeichnet. Der Name rührt daher, daß schon der Luftwirbel, der durch den Flügelschlag eines Schmetterlings in China erzeugt wird, zwei Wochen später einen Hurrikan in der Karibik auslösen (oder verhindern) könnte. Er ist auch der Grund dafür, warum sich viele Prozesse rechnerisch nur über kurze Zeiten modellieren lassen, nicht nur das Wetter und andere Turbulenzen in Flüssigkeiten und Gasen, sondern beispielsweise auch Bewegungen von Doppelpendeln (die zwei Gelenke haben), manche chemischen Reaktionen sowie Verkehrsstaus und Räuber-Beutetier-Beziehungen, überhaupt viele biologische Vorgänge: sowohl Hormonspiegelschwankungen als auch das krankhafte Herzflimmern oder die normale Aktivität des Gehirns, schließlich sogar Aktienkurse und politische Revolutionen. Kleine Ursachen können große Wirkungen entfalten. Der Zufall ist also mindestens ebenso wichtig wie die Naturgesetze selbst, wirkt aber nicht gegen diese, sondern im Verein mit ihnen. Die Welt gleicht einem Würfelspiel. Selbst die an und für sich ganz einfachen Bewegungen der Himmelskörper werden über längere Zeiträume aufgrund der gegenseitigen Störungen oft chaotisch. Das heißt zunächst nur unberechenbar, denn bei nichtlinearen Gleichungen können selbst kleinste Unterschiede in den Anfangswerten rasch zu ganz anderen Ergebnissen führen. Für die Bahnen bestimmter Monde wie Hyperion, Dione und Enceladus ist dies schon in Zeiträumen von wenigen Jahren der Fall, für Planetenorbits erst in Jahrmillionen. Mitunter kann der Schmetterlingseffekt aber auch zu instabilen Störungen führen. Genau das scheint Modellrechnungen zufolge der Fall zu sein, wenn Planetoiden aufgrund von Resonanzeffekten oder Kollisionen plötzlich ihre Bahnen verlassen und mitunter auf krummen Wegen ins innere Sonnensystem gelangen und womöglich auf einem Planeten abstürzen.

Umfangreiche Computersimulationen haben diese Vorstellung bestätigt. Im Rechner wurden gleichsam Millionen Brocken von Planetoiden abgesprengt und deren Bahnen über Jahrmillionen verfolgt. Besonders der 200 Kilometer große Planetoid 6 Hebe scheint ein Kandidat für Meteoriten zu sein, die die Erde erreichen können. Groben Abschätzungen zufolge sollte Hebe im Mittel einmal alle 20 Millionen Jahre mit einem ein Kilometer großen Planetoiden zusammenstoßen, worauf ein 100 Kilometer großer Krater entsteht und eine Billion Tonnen Material herausgesprengt werden. Davon könnte ein Tausendstel innerhalb weniger Jahrmillionen auf Erdkurs geraten. Auch der Meteorit von Pribram, der 1959 in der Tschechoslowakei gefunden wurde und dessen Bahn zu berechnen gelungen ist, könnte ein Hebe-Splitter sein.

Die Wahrscheinlichkeit von Planetoidenkollisionen in naher Zukunft hat ein japanischer Supercomputer ermittelt. Danach wird in den kommenden 100 Jahren alle vier Tage eine Begegnung von zwei der über 4500 berücksichtigten Planetoiden mit einer Entfernung unter 0,01 Astronomischen Einheiten stattfinden und einmal im Jahr unter 0,001 Astronomischen Einheiten. Die engste Begegnung wird zwischen den Planetoiden 445 und 1764 in nur 15000 Kilometern Abstand erfolgen. Hochgerechnet legen die Ergebnisse einen Zusammenstoß alle 100 Millionen Jahre nahe.

Komet Halley im Jahr 1910. Die Aufnahme wurde mit einem Computer bearbeitet und eingefärbt, um Details deutlicher zu machen.

Kometen – aufgeblasene Weltraum-Vagabunden

Die Planetoiden sind nicht die einzigen Relikte, die seit Urzeiten durchs Sonnensystem kreuzen. Auch die Kometen zählen dazu. Ihr Auftauchen ist von Himmelsbeobachtern schon seit über 2000 Jahren dokumentiert worden. Recht treffend als Schweif-, Haar- oder Schwertsterne bezeichnet (das griechische Wort *kometes* heißt langhaariger Stern) galten sie, da ihr plötzliches Auftauchen und ihre Andersartigkeit die berechenbare, regelmäßige Ordnung der Gestirne durchschnitt, meist als Unglücksboten oder Verursacher von Kriegen und Seuchen. Im Mittelalter wurden sie sogar als Donnerkerzen und Zuchtruten Gottes angesehen, deren Auftauchen ein Strafgericht über die sündige Menschheit ankündigen sollte. Solche Befürchtungen sind aber unsinnig. Es sollte sich nämlich bald herausstellen, daß Kometen bloß aufgeblasene Himmelskörper sind, die wie alle anderen auch, stur den physikalischen Gesetzen gehorchen.

Tycho Brahe war es, der 1577 durch präzise Parallaxenmessungen beweisen konnte, daß Kometen erheblich weiter entfernt sind als der Mond. Es mußte jedoch noch mehr als ein Jahrhundert verstreichen, bis

Zuchtruten Gottes

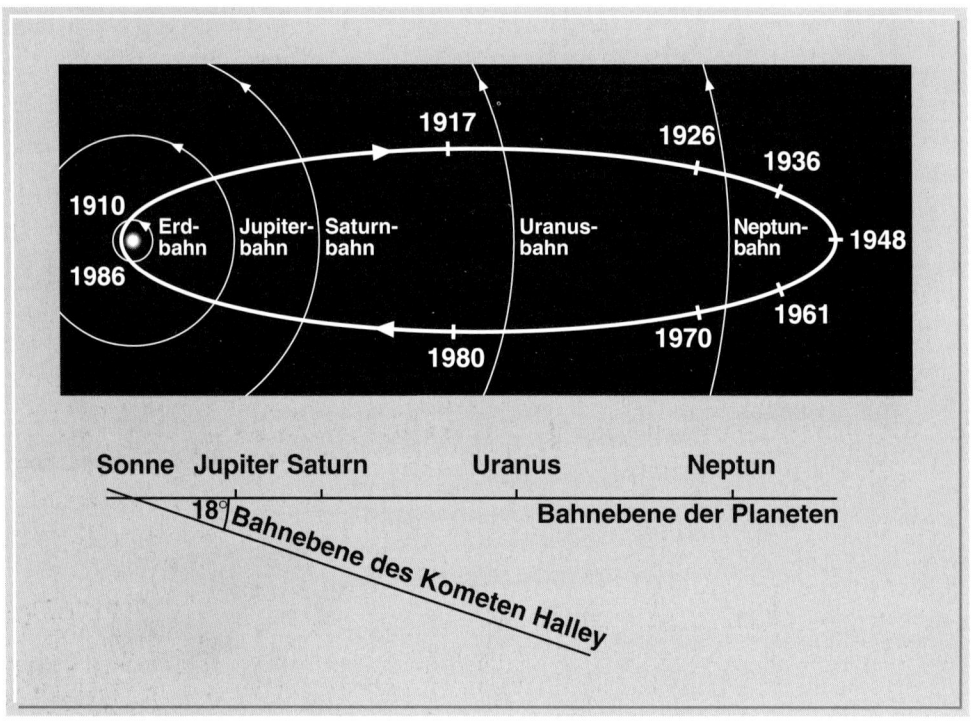

Die Bahn des Halleyschen Kometen ist eine langgestreckte, 18 Grad gegen die Erdbahnebene geneigte Ellipse. Der größte Sonnenabstand beträgt 5,25 Milliarden Kilometer, der kleinste 88 Millionen Kilometer. Am 18. Februar 1986 war der Komet zum letzten Mal in Sonnennähe. Mit seiner Wiederkehr ist im Sommer 2061 zu rechnen.

Edmond Halley erstmals eine Bahnberechnung mit Hilfe des von seinem Freund Isaac Newton eben erst formulierten Gravitationsgesetzes gelang. Halley hatte die helle Kometenerscheinung von 1682 studiert und sorgfältig alle ihm zugänglichen Beobachtungsdaten analysiert. Ihm war dabei aufgefallen, daß die von Johannes Kepler 1607 und Apianus (Peter Bienwitz) 1531 beschriebenen Kometen auf ganz ähnlichen Bahnen liefen. Er schloß daraus, daß sich die drei Erscheinungen auf ein und denselben Kometen zurückführen ließen. Dieser sollte, so seine wagemutige Prognose, 1758 wieder auftauchen. Dies war dann tatsächlich der Fall. Zu Ehren und zur Erinnerung an den großen Astronomen nannte man den Schweifstern fortan den Halleyschen Kometen. Er bewegt sich auf einer langgestreckten Ellipse, die um 17,8 Grad gegen die Erdbahnebene geneigt ist und ihn im sonnenfernsten Punkt (Aphel) bis über die Neptunbahn hinausbringt, alle 76 Jahre um die Sonne; der sonnennächste Punkt (Perihel) liegt innerhalb der Venusbahn. Edmond Halley selbst erlebte seinen Triumph nicht mehr; er starb bereits 1742.

Mittlerweile werden mit lichtstarken Fernrohren und auf Photoplatten jedes Jahr mindestens ein, zwei Dutzend Kometen entdeckt. Die meisten bleiben fürs bloße Auge unsichtbar. Zunächst erscheinen sie gewöhnlich als unscharfer Lichtfleck, der oft zur Mitte hin heller wird. Dabei handelt es sich um die sogenannte Koma des Kometen. Sie ist gewissermaßen seine Atmosphäre und gewinnt mit zunehmender Annäherung an die Sonne an Leuchtkraft und Umfang. Bisweilen erstreckt sie sich dann 100 000 Kilometer und mehr in den Raum hinaus. Jeder Komet ist außerdem in eine Wasserstoffwolke gehüllt, die zehnmal größer als die sichtbare Koma ist, aber nur von Raumsonden aus nachgewiesen werden kann.

Im Zentrum der Koma befindet sich der Kern oder Nukleus des Kometen. Er mißt typischerweise ein bis zwanzig Kilometer und kann nur mit den leistungsfähigsten Teleskopen direkt beobachtet werden. Er beginnt gleichsam zu erwachen, wenn seine Sonnenentfernung kleiner als etwa drei Astronomische Einheiten wird – der Komet wird aktiv: Nun werden zunehmend mehr Gas- und Staubmassen vom Sonnenwind (dem vorwiegend aus Protonen, Elektronen und Heliumkernen bestehenden Teilchenstrom unseres Zentralgestirns) davongetrieben. Deshalb sind Kometenschweife immer von der Sonne weggerichtet. Sie können sich über viele Dutzend Millionen Kilometer erstrecken. Der längste, jemals beobachtete Schweif maß sogar 300 Millionen Kilometer. Das entspricht dem Durchmesser der Erdbahn.

Die Gasdichte von Koma und Schweif ist trotz ihrer imposanten Erscheinung außerordentlich gering. In einem Kubikzentimeter kommen

Koma, Schweif und Nukleus

Der Kern des Halleyschen Kometen mißt etwa 16 x 8 x 8 Kilometer, rotiert einmal in zwei Tagen und vier Stunden, hat bis zu 500 Meter hohe Berge und eine Gesamtmasse von mehr als 100 Milliarden Tonnen. Gas- und Staubfontänen reflektieren gleißend das Sonnenlicht und bilden den Schweif.

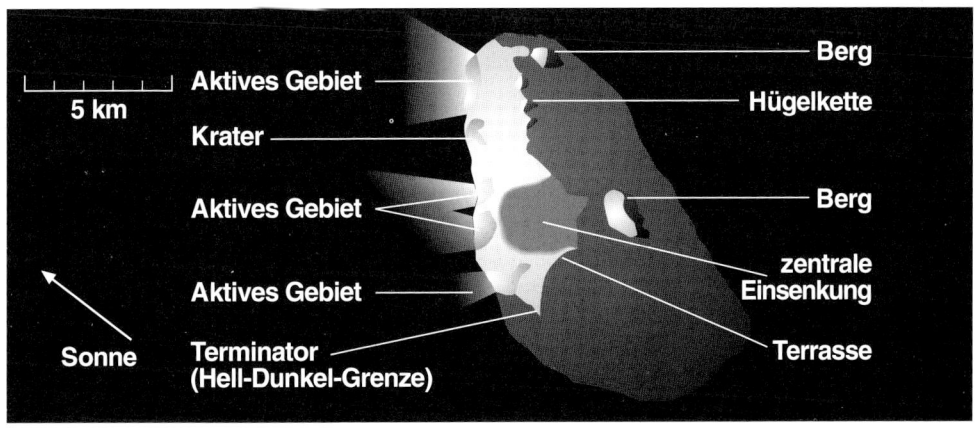

5 km

Aktives Gebiet
Krater
Aktives Gebiet
Aktives Gebiet
Sonne
Terminator
(Hell-Dunkel-Grenze)

Berg
Hügelkette
Berg
zentrale
Einsenkung
Terrasse

Falschfarbenaufnahme des Staubschweifs von Komet Halley am 22. Februar 1986. Zu erkennen sind einzelne Staubströme, die auf eine Rotation des Kerns hinweisen. Der eingeblendete Balken entspricht zwei Millionen Kilometern.

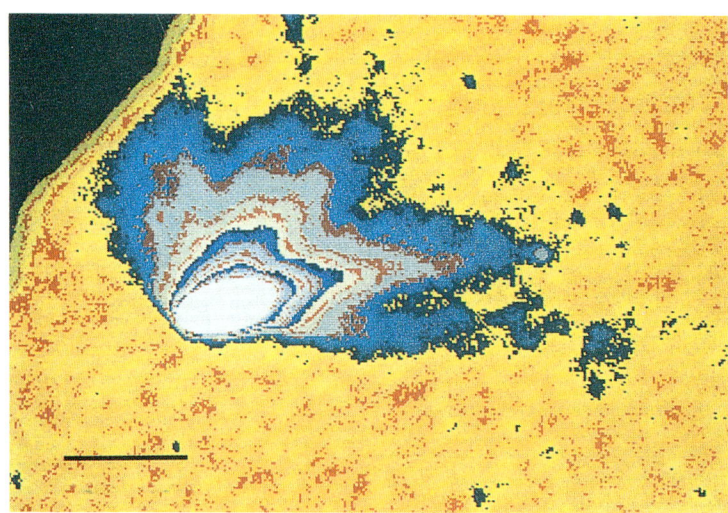

lediglich 10 000 bis eine Million Moleküle (in der Koma) beziehungsweise zehn bis hundert (im Schweif) vor. Das Gas besteht vorwiegend aus Wasser (80 Prozent) und Kohlenmonoxid (rund 10 Prozent), ferner aus Kohlendioxid, Stickstoff, Methan, Ammoniak, Methanol, Formaldehyd und Spuren von Blausäure. Auch Schwefel wurde nachgewiesen, und im Staub Magnesium, Natrium und Eisen.

Schmutzige Schneebälle

Im Jahr 1950 stellte der amerikanische Astronom Fred Lawrence Whipple sein berühmt gewordenes Modell von Kometenkernen vor. Ihm zufolge handelt es sich dabei um große schmutzige Schneebälle – poröse Konglomerate aus Wassereis und anderen gefrorenen Substanzen, die mit Staub und Gesteinsbrocken durchsetzt sind. In Sonnennähe sollte aufgrund der Hitze ein Teil des Eises verdampfen, Staub mitreißen und so Koma und Schweif erzeugen.

Diese Hypothese konnte im Prinzip glänzend bestätigt werden, als der Halleysche Komet 1986 wieder in Sonnennähe kam. Damals war ihm eine kleine Armada von Raumsonden entgegengesandt worden, die ihn aus nächster Nähe erforschen sollten. Die europäische Sonde Giotto raste sogar in einer wahren Kamikaze-Mission mit einer Relativgeschwindigkeit von 68,37 Kilometern in der Sekunde in nur 596 Kilometern Distanz an Halleys Kern vorbei. Dieser, so zeigten die mit einer

Hochleistungskamera gewonnenen Bilder, gleicht einer überdimensionalen Erdnuß, aus der hell angestrahlte Gasfontänen herausstieben – allerdings nur von etwa 10 Prozent der Oberfläche. Die Oberfläche ist pechschwarz. Sie reflektiert nur vier Prozent des Sonnenlichts und ist vermutlich von einer rußhaltigen Kruste bedeckt, die unter anderem aus langkettigen Kohlenwasserstoffen besteht.

**Gasproduktionsraten von Komet Halley im März 1986.
Die angegebenen Moleküle sind teilweise rasch weiter zerfallen.
Der Masseverlust betrug zum Zeitpunkt der Messung insgesamt
rund 18,6 Tonnen Gas pro Sekunde.**

Molekül	Produktionsrate (Moleküle pro Sekunde)	Anteil in Prozent bezogen auf Wasser
Wasser	$1,0 \cdot 10^{30}$	100
Kohlenmonoxid	$1-2 \cdot 10^{29}$	17
Formaldehyd	$5,0 \cdot 10^{28}$	5
Kohlendioxid	$2,7 \cdot 10^{28}$	3
Methan	$2,0 \cdot 10^{28}$	2
Ammoniak	$1-2 \cdot 10^{28}$	1
Blausäure	$9,0 \cdot 10^{26}$	0,1

Im Juli 1992 ist Giotto noch an einem weiteren Kometen vorbeigelenkt worden, Grigg-Skjellerup, und das sogar in lediglich 200 Kilometern Entfernung. Er ist schon stärker gealtert als Halley und produziert hundertmal weniger Gas. Weil Giottos Kamera nach einem Staubkorn-Treffer bei Komet Halley ausgefallen war, konnte die Raumsonde zwar nichts mehr sehen, aber nach wie vor gleichsam schmecken und riechen. So gelang ihr der Nachweis, daß Grigg-Skjellerups Magnetfeld mindestens 270 000 Kilometer in den Raum reicht und die Staubkoma etwa 17 000 Kilometer. Aufgrund der Analyse von nur vier aufgefangenen, zwei bis hundert Mikrometer großen Staubkörnchen – übrigens die kleinsten Körper im Sonnensystem mit Eigennamen: Whopper, Big Mac, Bretzel und Barley (= Gerstenkorn) – und aufgrund von früheren Messungen des Infrarotsatelliten IRAS wird neuerdings sogar vermutet, daß von Kometen dreimal mehr Staub als Gas abströmt. Das hat zu dem Vorschlag geführt, Kometenkerne besser als gefrorene Schmutzbälle denn als schmutzige Schneebälle zu charakterisieren. Dies ist auch ein Hinweis darauf, daß die Wiege vieler Kometen nicht ganz so weit entfernt liegt, wie man früher dachte.

Unserem Ursprung auf der Spur – die Kometenmission Rosetta

Im November 1993 hat die Europäische Raumfahrtagentur ESA den Bau der Raumsonde Rosetta beschlossen, deren Konzeption im Frühjahr 1996 abgeschlossen sein wird. Ihr Name soll an den alten Stein erinnern, der 1799 nahe der ägyptischen Stadt Rosette, 70 Kilometer östlich von Alexandria, entdeckt worden ist und einen in drei Schriften um 195 v. Chr. geschriebenen Text trägt, mit dessen Hilfe es gelungen ist, die bildhafte Lautschrift der Hieroglyphen zu entziffern. Auch die Raumsonde Rosetta soll uralte Relikte entschlüsseln helfen: Kometenkerne sind nämlich die urtümlichsten Objekte im Sonnensystem – archaischer selbst als die primitiven kohligen Chondriten. In ihnen ist die ursprüngliche Materie aus der Geburtswolke wie in einer Tiefkühltruhe noch am besten konserviert.

Rosetta soll im Jahr 2003 mit einer Ariane-5-Rakete in den Weltraum geschossen werden, bei zwei nahen Vorbeiflügen an der Erde nochmals Schwung holen und dann ihr Ziel ansteuern. Als Favorit gilt momentan der kurzperiodische Komet Wirtanen, der im Jahr 2011 zu erreichen wäre. Unterwegs könnte auch ein Blick auf die Planetoiden Ministrole und Skipka geworfen werden. Zunächst soll der in einer Sonnenentfernung von fünf Astronomischen Einheiten noch inaktive Kometenkern auf den Meter genau kartographiert werden. An einem ausgewählten Ort werden dann zwei Instrumentenpakete abgesetzt, die Bodenproben entnehmen und analysieren. (In den achtziger Jahren war sogar vorgesehen, Kometenmaterie zur Erde zu bringen, doch hätte das eine amerikanische Vorläufermission erfordert, die aus finanziellen Gründen gestrichen worden ist.) Die Sonde selbst wird den Kometen mindestens bis zu seinem sonnennächsten Punkt im Jahr 2013 begleiten und studieren, wie er allmählich erwacht und seinen Schweif ausbildet. Die heute an der Mission beteiligten Wissenschaftler werden dann freilich längst im Ruhestand sein und die Arbeit an ihre Nachfolger übergeben haben. So ist Rosetta auch eine Art Generationenvertrag.

Woher kommen die Kometen?

Mehr als 750 Schweifsterne haben Astronomen bislang verzeichnet, wobei aber nur von einem Drittel ausreichend Bahndaten vorliegen. Man unterscheidet kurzperiodische und langperiodische Kometen. Erstere machen etwa 20 Prozent aus und brauchen für einen Sonnenumlauf definitionsgemäß weniger als zweihundert Jahre. Der Komet Encke ist mit 3,31 Jahren der schnellste. Schätzungsweise tausend kurzperiodische Kometen gibt es zur Zeit. Man nimmt an, daß sie infolge von Bahnablenkungen durch den Schwereeinfluß der Planeten, hauptsächlich des Jupiters, aus langperiodischen hervorgegangen sind. Diese dürften vielfach zum ersten Mal ins innere Sonnensystem gelangt sein, und manche werden dann womöglich für immer hinausgeschleudert. Wo aber befindet sich die Wiege der Kometen?

Der niederländische Astronom Jan Hendrik Oort hat 1950 eine Hypothese vorgeschlagen, die auf große Resonanz in der Fachwelt gestoßen ist. Oort hatte die ihm zugänglichen Bahndaten langperiodischer Kometen ausgewertet. Er stellte fest, daß sie über alle Richtungen verteilt ins innere Sonnensystem vorstoßen, nicht nur in der Ebene der Planetenbahnen, und daß sich ungefähr gleich viele im Uhrzeiger- wie im Gegenuhrzeigersinn bewegen. Schätzungen der großen Halbachse ihrer stark elliptischen Bahnen ergaben überdies, daß der äußerste Punkt ihres Orbits 50 000 bis 150 000 Astronomische Einheiten von der Sonne entfernt liegt. Das sind mehr als 7 beziehungsweise 22 Billionen Kilometer oder 0,7 bis 2,2 Lichtjahre! Oort vermutete, daß das Sonnensystem in dieser Distanz von einem gewaltigen Reservoir an Kometenkernen mit Umlaufperioden von ein paar Millionen Jahren kugelschalenförmig umschwärmt wird. Ihm zu Ehren wird es seither als Oortsche Kometenwolke bezeichnet. Oort hat die Anzahl der Nuklei mit 100 Milliarden beziffert; heute geht man allgemein von mindestens dem Zehnfachen aus. Das bedeutet, daß in diesen äußersten Bezirken des Sonnensystems immerhin noch eine Gesamtmasse von der Größenordnung derjenigen unserer Erde verteilt wäre. Russische Wissenschaftler haben sie kürzlich sogar auf das Hundertfache davon veranschlagt.

Wie können Kometen aber von der Oortschen Wolke ins Innere des Sonnensystems gelangen? Einem Vorschlag der Münchner Astronomen Ludwig Biermann und Reimar Lüst von 1978 zufolge könnten alle paar

Durch die nahe Passage eines Sterns können die Bahnen von Kometenkernen in der Oortschen Wolke weit jenseits der äußeren Planeten so gestört werden, daß sie ins innere Sonnensystem geraten. Sie brauchen für einen Umlauf dann aber noch immer einige zehntausend Jahre.

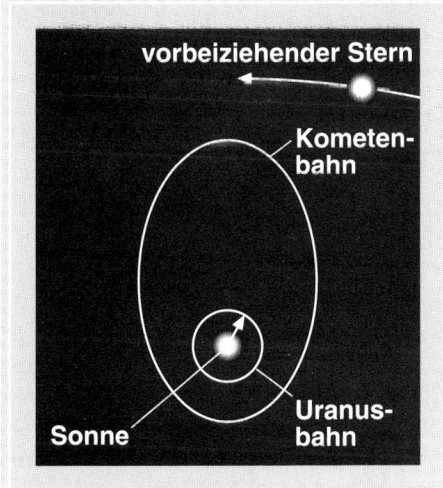

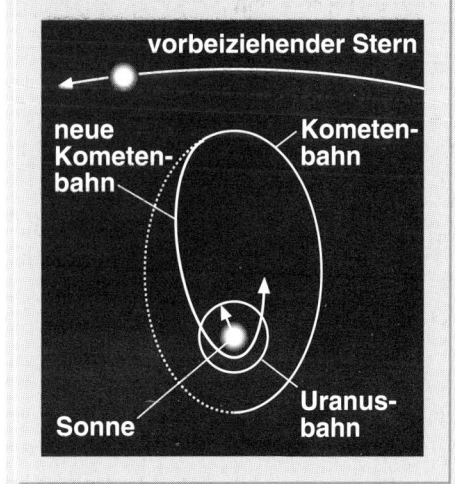

hundert Millionen Jahre mächtige Gaswolken, die zwischen den Sternen treiben, so dicht an den Kometen vorüberziehen, daß einige der eisigen Körper in Richtung Sonne getrieben werden und andere sich dann für immer vom Sonnensystem verabschieden. Eine weitere Möglichkeit ist der Einfluß benachbarter Sterne. Führt ihre Bewegung nahe genug an der Oortwolke vorbei, kommt es darin zu gravitativen Störungen. Jack Hills (Los Alamos National Laboratory) hat 1981 vermutet, daß dadurch sogar regelrechte Kometenschauer ins innere Sonnensystem katapultiert werden könnten.

Nachbarsterne kommen näher

Die zukünftige Bewegung der sonnennächsten Sterne hat Robert A. J. Matthews (Oxford) anhand der besten bis 1994 verfügbaren Daten über ihre Entfernung, Bewegungsrichtung und Geschwindigkeit errechnet. Dabei stellte es sich heraus, daß in den nächsten 50000 Jahren sechs Sterne in der Sonnenumgebung die momentane Distanz von Proxima Centauri unterschreiten, dem zur Zeit nächstgelegenen Stern. Die Sonnenumgebung ist definiert als eine Kugel mit der Sonne im Mittelpunkt und einem Radius von ungefähr 16 Lichtjahren oder 1 Million Astronomischen Einheiten. Diese Region ist ziemlich gut untersucht; zur Zeit sind 58 Sterne in ihr bekannt. Bei den meisten davon handelt es sich um unscheinbare Zwergsterne.

Proxima Centauri ist seit mindestens 32000 Jahren der sonnennächste Stern, als er das Doppelsystem Gliese 65 A/B von dieser Position verdrängte. Er wird seinen Status auch für weitere 33000 ±2300 Jahre halten können und in 26700 Jahren sogar nur noch 3,07 Lichtjahre entfernt sein. Nach ihm wird der Zwergstern Ross 248 der engste Nachbar der Sonne. Neben Proxima und Ross 248 unterbieten in den nächsten 45000 Jahren auch Barnards Pfeilstern, AC + 79°3888 und Alpha Centauri die gegenwärtige Entfernung von Proxima. Mit einer Gesamtmasse vom 2,13fachen der Sonne wird jedoch nur Alpha Centauri einen merklichen gravitativen Einfluß auf unser Sonnensystem haben. Seine Schwerewirkung dürfte die Oortsche Kometenwolke so stark stören, daß dadurch schätzungsweise 200000 Kometen ins innere Sonnensystem getrieben werden und die Erdbahn kreuzen. Ein paar davon könnten die Erde treffen. Bis dahin werden aber noch 20 Millionen Jahre vergehen.

Oorts Hypothese ist bislang direkten Überprüfungen nicht zugänglich. Die schlummernden Kometenkerne sind viel zu dunkel und zu weit entfernt, um momentan selbst mit den leistungsfähigsten Teleskopen aufgespürt werden zu können. Messungen des Infrarotsatelliten IRAS haben aber gezeigt, daß zahlreiche andere Sterne, zum Beispiel Wega und Epsilon Eridani, von ausgedehnten Staubwolken umgeben sind, die als Relikte ihrer Entstehung interpretiert werden und vielleicht sogar Kometenreservoire darstellen. Mehr Aufschlüsse hierzu erhofft man sich durch das Infrarot-Observatorium ISO, das Ende 1995 in eine Erdumlaufbahn gebracht werden wird.

Die sonnennächsten Sterne. Die meisten sind rote Zwergsterne mit geringer absoluter Helligkeit (hohe Magnitudines-Werte).			
Name der Katalogbezeichnung	Entfernung (Lichtjahre)	Spektraltyp	absolute Helligkeit (Mag)
Proxima Centauri	4,22	M5e	15,1
Alpha Centauri A und B	4,35	G2V/K5	4,4/5,8
Barnards Pfeilstern	5,98	M5V	13,2
Wolf 359	7,80	M6eV	16,8
Lalande 21185/BD+36°2147	8,19	M2V	10,5
Gliese 65A und B = Luyten 726-8/LFT144A und UV Ceti	8,75	M6eV/M6eV	15,2/15,8
Sirius A und B	8,69	A1V/A5VII	1,4/11,5
Ross 154	9,29	M4eV	13,3
Ross 248	10,32	M6eV	14,7
Epsilon Eridani	10,76	K2V	6,2
Ross 128	10,94	M5V	13,5
Luyten 789-6/LFT 1729	10,94	M6eV	15,0

Die Herkunft der kurzperiodischen Kometen vermag Oorts Hypothese allerdings nicht zu erklären. Sie bewegen sich größtenteils wie die Planeten um die Sonne (Halley ist eine der seltenen Ausnahmen), und ihre Bahnen sind zur Erdbahnebene meist um weniger als 35 Grad geneigt, jedenfalls nicht zufällig verteilt wie die ihrer langperiodischen Brüder. Dies hat 1951 Gerard Kuiper von der Universität von Chicago dazu bewogen, die Existenz eines weiteren Kometenreservoirs zu fordern, das in der Ebene der Planetenbahnen liegen und schon jenseits des Neptuns ab einer Entfernung von etwa 35 Astronomischen Einheiten beginnen soll. Dieser Kuipergürtel – der in eine flache innere Oortwolke übergeht, wenn man so will – wäre ein unmittelbares Relikt aus der Frühzeit des Sonnensystems und noch dichter bevölkert als die Oortwolke. Die Kometenkerne haben sich nämlich wohl jenseits von Uranus aus den dort vorrätigen flüchtigen Elementen geformt und ziehen in diesen Regionen nach wie vor ihre Bahnen. Viele der eisigen Planetesimalen sollten durch sehr nahe Sternpassagen jedoch noch weiter nach außen gezogen worden sein, wo sie dann die Oortsche Kometenwolke gebildet haben.

Eine vielbeachtete theoretische Bestätigung für den Kuipergürtel haben 1988 Martin Duncan, Thomas Quinn und Scott Tremaine vom Kanadischen Institut für theoretische Astrophysik veröffentlicht. Mit Computersimulationen demonstrierten sie, wie die Bahnen der kurzpe-

Die Oortsche Kometenwolke umgibt das Sonnensystem kugelschalenförmig und gilt als Quelle der langperiodischen Kometen. Beobachtet werden konnte bislang noch keiner der mehrere Milliarden zählenden inaktiven Kometenkerne. Die größten Vertreter des Kuipergürtels sind kürzlich jedoch aufgespürt worden. Manche dieser scheibenförmig verteilten Körper gelangen als kurzperiodische Kometen ins innere Sonnensystem.

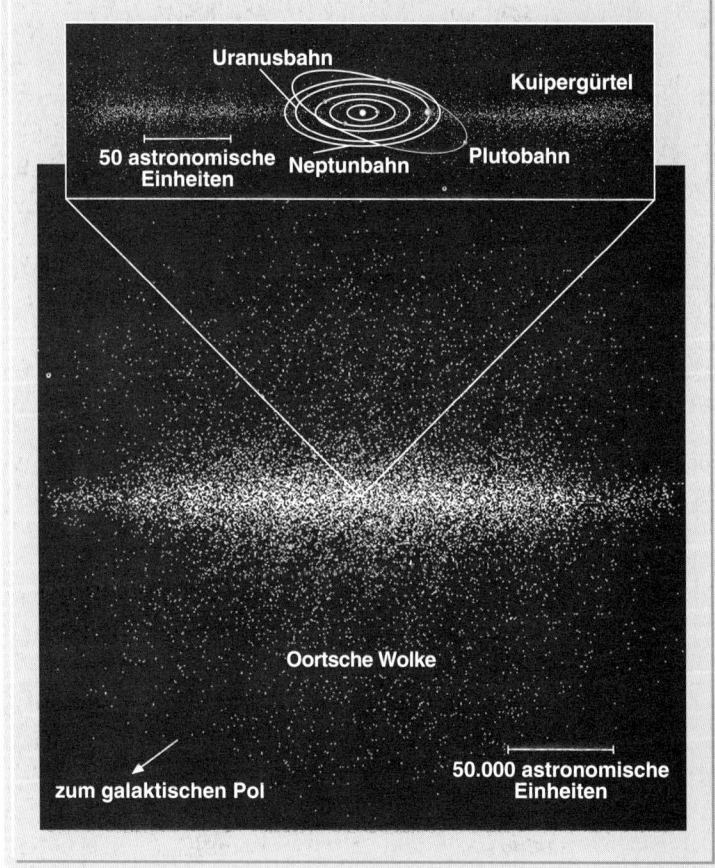

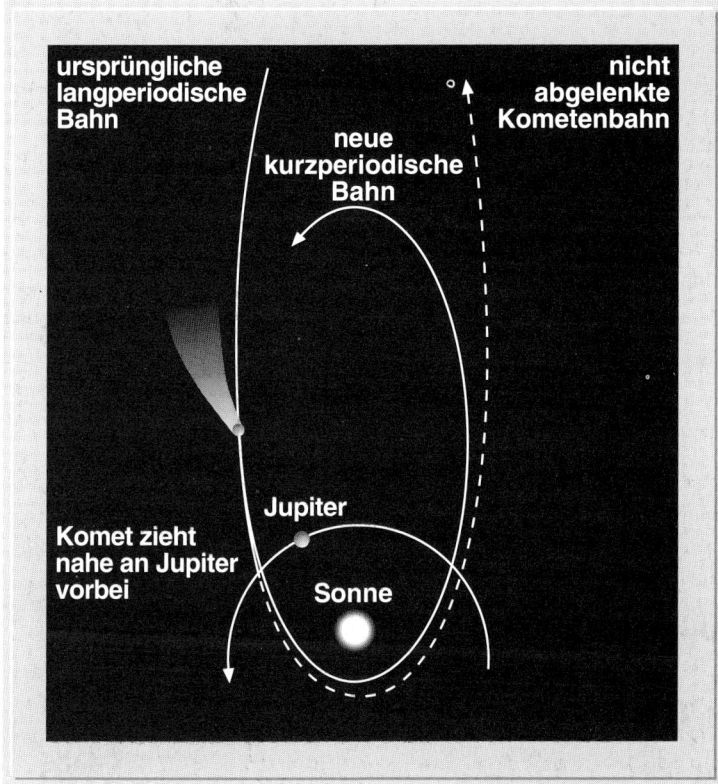

ursprüngliche
langperiodische
Bahn

neue
kurzperiodische
Bahn

nicht
abgelenkte
Kometenbahn

Komet zieht
nahe an Jupiter
vorbei

Jupiter

Sonne

Ein langperiodischer Komet kann durch einen nahen Vorbeiflug an Jupiter (oder einem anderen großen Planeten) so abgelenkt werden, daß er fortan als kurzperiodischer Komet um die Sonne läuft. Zwei Drittel aller Kometen werden bei solchen Begegnungen allerdings aus dem Sonnensystem hinausgeschleudert.

riodischen Kometen erklärt werden können, wenn man die Existenz dieses Kuipergürtels akzeptiert. Wandern Kometen von dort infolge gravitativer Störungen ins innere Sonnensystem, ist es viel wahrscheinlicher als bei langperiodischen Kometen, daß sie durch den Schwerkrafteinfluß von Jupiter oder Saturn in kleinere Ellipsenbahnen um die Sonne (und in Ausnahmefällen sogar um einen der äußeren Planeten!) umgelenkt werden. Das Forschertrio schätzte die Anzahl der Kometenkerne im Kuipergürtel auf 100 Millionen bis 10 Milliarden. George Wetherill (Carnegie Institution in Washington, D.C.) erhielt durch unabhängige Simulationsrechnungen ganz ähnliche Resultate. John Anderson und Myles Standish vom JPL kamen aus der Analyse der Flugbahnen von Pionier 10 und 11 und Voyager 1 und 2 zum Schluß, daß insgesamt höchstens ein paar Erdmassen jenseits von Neptun und Pluto verteilt sein könnten. Denn andernfalls hätten die Bahnen der Raumsonden, die in den siebziger und achtziger Jahren die großen Gasplaneten erforscht haben und das Sonnensystem nun verlassen, durch die gravitative Anziehung geringfügig abgelenkt werden müssen.

Außenseiter des Sonnensystems

Ein erstes empirisches Indiz für die Existenz des Kuipergürtels war 1977 die Entdeckung des zunächst als Planetoiden klassifizierten Objekts 2060 Chiron durch Charles T. Kowal am Mount-Palomar-Observatorium in Kalifornien. Seine Bahn um die Sonne ist um 6,9 Grad geneigt und hat eine Periheldistanz von 8,51 und eine Apheldistanz von 18,88 Astronomischen Einheiten, liegt also fast völlig zwischen den Bahnen von Saturn und Uranus. Seit 1988 hat Chiron einen kleinen Schweif; 1995 wurden auch Anzeichen einer gebundenen, 20 000 Kilometer ausgedehnten Koma publiziert, also einer Gas- und Staubhülle, die durch Chirons Schwerkraft zumindest für Monate oder Jahre festgehalten wird. Dies bedeutet aber, daß das Objekt kein Planetoid, sondern ein Komet ist – und zwar ein Komet mit einem riesigen Nukleus: sein Durchmesser wird neuerdings mit 170 Kilometern beziffert! Kürzlich wurden außerdem Strukturen in dieser Koma festgestellt – wahrscheinlich Gase, die von dem Nukleus herausschießen, oder geysirartige Ausbrüche, ähnlich denen, die Voyager 2 auf dem Neptunmond Triton entdeckt hat. Diese Aktivitäten sind darauf zurückzuführen, daß Chiron 1996 wieder den sonnennächsten Punkt seines 49jährigen Orbits erreicht. Da die Umlaufbahn wegen Jupiter, Saturn und Uranus höchstens ein paar hunderttausend Jahre stabil sein kann, entkam das Objekt wohl erst vor relativ kurzer Zeit aus dem Kuipergürtel und stellt vermutlich eine Art Übergangsstadium zu einem kurzperiodischen Kometen dar.

Weitere, bisher noch als Planetoiden geführte Objekte im äußeren Sonnensystem wurden in den neunziger Jahren entdeckt: 1994 TA mit einem sonnenfernsten Punkt jenseits von Saturn, der nur fünf Kilometer große 1991 DA, der in 41 Jahren von Marsnähe bis über die Uranusbahn hinauswandert, sowie 5145 Pholus (1992 AD) und 1993 HA$_2$ mit einem Aphel jenseits von Neptun. Sie und Chiron werden als Centauren bezeichnet und sind wohl ebenfalls „schlafende" Kometenkerne.

Richtig aufgestoßen wurde die Tür zum Kuipergürtel in der Nacht des 30. August 1992, als Jane X. Luu (Harvard University) und David Jewitt (Universität von Hawaii) mit dem 2,2-m-Reflektor auf dem Berg Mauna Kea (Hawaii) ein rötliches Lichtfleckchen entdeckten, das in den nächsten Tagen seine Position veränderte. Bahnberechnungen ergaben

Georgesmiley (1992 QB$_1$), aufgenommen am 27. September 1992 und einen Tag später (eingekreist), bewegt sich sehr langsam vor dem Hintergrund ferner Sterne und Galaxien. Mit ungefähr 200 Kilometern Durchmesser ist er eines der größten Objekte des schon in den fünfziger Jahren postulierten Kuipergürtels.

bald, daß sich 1992 QB$_1$ wie die vorläufige Bezeichnung lautete, jenseits des Planeten Pluto (mittlerer Sonnenabstand 39,9 Astronomische Einheiten) befindet und etwa 200 Kilometer groß ist. In der Zwischenzeit ist das Objekt Georgesmiley genannt worden, weil der gleichnamige Agent aus John Le Carrés Romanen die Wissenschaftler durch die eintönigen Beobachtungsnächte begleitet hatte.

Doch dabei blieb es nicht. Im März 1993 fanden die beiden Astronomen ein weiteres Objekt ähnlicher Größe und Entfernung. Es heißt nun Karla (ehemals 1993 FW). Und dann folgte Entdeckung auf Entdeckung, wobei nicht nur Luu und Jewitt, sondern auch ein paar andere Wissenschaftler erfolgreich waren. Im Juni 1995 kannte man bereits 27 Objekte. Sie lassen sich anhand ihrer – allerdings noch unzureichend bestimmten – Bahnen in zwei Gruppen einteilen: zehn sind zwischen 40 und 45 Astronomische Einheiten entfernt, elf zwischen 31 und 36. Für die Lücke sind wohl Resonanzeffekte von Neptun verantwortlich (dessen Bahn auch mindestens von einem der Brocken, 1993 SB, gekreuzt wird). Vielleicht stehen einige der näheren Objekte in einer 3:2-Resonanz zu Neptun. Sie würden sich ihm dann nie mehr als 13 Astronomische Einheiten annähern und stabile Bahnen besitzen, so hatten Rechnungen ergeben.

Diese Objekte markieren wohl nur die Spitze eines fernen Eisbergs: die größten Körper in den innersten Ausläufern des Kuipergürtels. Ihre Bahnen stehen in guter Übereinstimmung mit neueren Computersimulationen von Harold Levison (Southwest-Research-Institut, San Antonio, Texas) und Martin Duncan (nun an der Queen's-Universität, Kingston, Ontario). Sie hatten die Bahnen der äußeren Planeten und eintausend „Testteilchen" jenseits davon, 30 bis 50 Astronomische Einheiten entfernt, berechnet. Dabei zeigte sich, daß alle, die näher als 34 Astronomische Einheiten fortgetrieben werden, aber zwei Zonen um 36 und über 40 Astronomische Einheiten entfernt sind, stabile Bahnen erlauben sollten – genau dort, wo sich die entdeckten Objekte auch befinden! Bis zum Frühjahr 1995 fand das Hubble-Weltraumteleskop indirekte Hinweise auf 60 weitere Transplutos an der Nachweisgrenze.

Vorstoß in die Außenbezirke des Sonnensystems

Die Entdeckung der transplutonischen Objekte markiert wohl nur die Spitze des Eisbergs. Kleinere und fernere Körper sind aber zu lichtschwach, um mit den herkömmlichen Mitteln gezielt aufgespürt werden zu können. Trotzdem hat der Kuipergürtel gegenüber der hypothetischen Oortschen Kometenwolke den Vorteil, hundertmal näher und hauptsächlich in der Ebene der Planetenbahnen zu liegen; er enthält möglicherweise auch mehr Objekte. Freeman Dyson (Institute for Advanced Study, New Jersey) hat deshalb kürzlich eine Anregung von Mark E. Bailey wieder aufgegriffen und vorgeschlagen, systematisch nach Sternbedeckungen Ausschau zu halten. Wenn 10 Milliarden Körper über ein Kilometer Durchmesser den Kuipergürtel bevölkern, sollte pro Tag einer vor jedem Stern in der Bahnebene vorüberziehen und diesen für 30 Tausendstelsekunden bedecken. Diese Helligkeitsänderung könnte schon mit einem 30-cm-Teleskop nachgewiesen werden. Taxieren zwei Teleskope von einem unterschiedlichen Ort denselben Stern, würden sich auch Störeffekte durch Vögel, Weltraumtrümmer in Erdumlaufbahnen und andere Vordergrundobjekte leicht eliminieren lassen. Eine ganze Schar computergesteuerter Teleskope wäre sogar in der Lage, den Kuipergürtel regelrecht auszuloten und dabei gleichzeitig noch nach einsamen Planeten zu forschen, die fern von jedem Stern durch den Weltraum ziehen.

Ist Pluto ein Riesenkomet?

Nebenbei bringt der Kuipergürtel die Planetenforscher noch aus einer alten Verlegenheit: die 3:2-Bahnresonanz von Neptun und Pluto, die stark geneigte Rotationsachse von Uranus und der rückläufige, um 20 Grad geneigte Orbit des Neptunmondes Triton lassen sich nur durch Einfang beziehungsweise eine lange zurückliegende Kollision erklären. Dies wäre aber extrem unwahrscheinlich, wenn die Planetesimalen in diesen fernen Bezirken eine Seltenheit darstellen würden.

Die jüngsten Entdeckungen zeigen nun, daß es genug Außenseiter im Sonnensystem geben muß. Möglicherweise müssen sogar Pluto und sein gewaltiger Mond Charon als die größten Mitglieder dieses Kuipergürtels betrachtet werden. Sie wären dann besser als fossile Riesenkometen denn als Doppelplanet anzusehen. Dafür spricht auch, daß die Dichte der beiden Körper viel geringer ist als die der vier erdähnlichen Planeten im inneren Sonnensystem. Zudem scheint Plutos dünne Stickstoffatmosphäre nur in Sonnennähe zu existieren. Weiter außen auf der exzentrischen Bahn friert sie aus und schneit auf Plutos eisige Oberfläche nieder. Sie könnte also nur ein vorübergehendes Anzeichen einer Kometenaktivität darstellen.

Wie die Schweifsterne verlöschen

Kometen verlieren bei jedem Periheldurchgang einen Teil ihrer Masse. Dies ist wohl die Hauptursache von Sternschnuppenströmen und solchen Meteoren, die vorwiegend aus lockerem Material bestehen und nicht bis zum Erdboden vordringen können.

Irgendwann müssen die Schweifsterne erlöschen. Man schätzt, daß sie nach 100 bis 1000 Umläufen ausgebrannt oder besser: ausgegast sind. Die Lebensdauer der kurzperiodischen Kometen dürfte deshalb höchstens einige 10 000 bis 100 000 Jahre betragen. Dann lösen sie sich unter Umständen völlig auf, so daß nur noch Gas und diffuser Staub auf ihren Bahnen übrigbleiben.

Der Komet Halley zum Beispiel verliert pro Sonnenumlauf schätzungsweise 250 Millionen Tonnen Masse, was auf eine Lebenserwartung von noch rund 200 000 Jahren schließen läßt. Viele Kometen dürften aber vorher schon in kleinere Stücke zerbrechen. Dies konnte schon in mehr als zwei Dutzend Fällen beobachtet werden, zuletzt 1994 bei den Kometen Machholz 2 und Harrington. Andere werden bloß inaktiv, wobei ein kleiner dunkler Körper zurückbleibt, der einem Planetoiden gleicht. 3200 Phaeton könnte ein solcher verloschener Schweifstern

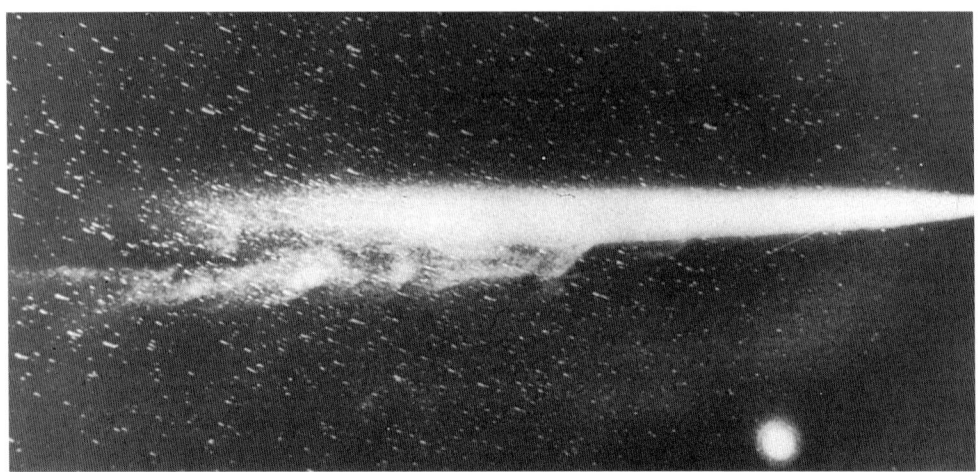

Ein Bruchstück hat sich vom Halleyschen Kometen abgelöst, wie aus der Unregelmäßigkeit im Schweif zu schließen ist. So wird der Raum zwischen den Planeten mit Staub angereichert, der in der Erdatmosphäre verglühen und zu Sternschnuppenschwärmen führen kann.

sein. Er wurde 1983 entdeckt, kommt der Sonne bis auf 0,14 Astronomische Einheiten nahe, während sein Aphel weit außerhalb der Marsbahn liegt. Sein Orbit ist um 22,1 Grad gegenüber der Erdbahn geneigt und ähnelt verblüffend dem der Geminiden, die sich Mitte Dezember als auffällige Meteorströme bemerkbar machen. Allerdings scheint der fünf Kilometer große Brocken neueren Beobachtungen zufolge aufgrund seiner Helligkeit und der nur vierstündigen Rotationsperiode doch aus Gestein zu bestehen, was gegen einen toten Kometenkern spricht. Es gibt jedoch noch eine andere Möglichkeit, wie Kometen ihr Dasein beenden können. Mit gemischten Gefühlen ist die Menschheit unlängst Zeuge eines solchen feurigen Finales geworden.

Absturz auf Jupiter – Finale des Kometen Shoemaker-Levy 9

Eine kosmische Perlenkette sorgt für Aufregung

Was zunächst als Fehler auf der Photoplatte erschien, die Carolyn und Eugene Shoemaker und David H. Levy am 24. März 1993 mit dem 46-cm-Schmidt-Teleskop auf dem Mount-Palomar-Observatorium belichtet hatten, entpuppte sich bei genauerem Hinsehen als die sonderbarste, aber auch wichtigste Entdeckung, die die drei Kometenjäger jemals gemacht hatten. Wie Perlen auf einer Schnur waren da mehrere lichtschwache Objekte entlang einer 164 000 Kilometer langen Strecke in Jupiternähe aufgereiht. Bei einigen ließ sich ein kurzes Schweifchen aus Staub erkennen – es mußte sich offensichtlich um einen zerbrochenen Kometen handeln. Wie üblich wurde er nach den Entdeckern benannt: Komet Shoemaker-Levy 9. (Er ist die neunte Entdeckung des Teams, wobei Carolyn Shoemaker insgesamt bereits 30 Kometen gefunden hat.)

Bahnbestimmungen ergaben bald, daß diese Kometenfragmente mindestens seit 1971 um den Riesenplaneten kreisen, und zwar auf einem sehr exzentrischen Orbit mit einer Umlaufzeit von 2,05 Jahren und einer maximalen Jupiterentfernung von 36 Millionen Kilometern. Ihr Mutterkörper konnte nicht durch den Zusammenstoß mit einem Planetoiden zerstört worden sein, denn dadurch wären die Trümmer in alle Richtungen zerstreut worden. Statt dessen, so ergaben Rückrechnungen der Bahnparameter von Brian Marsden (Harvard-Smithsonian Center für Astrophysik, Cambridge, Massachusetts) und davon unabhängig von Donald K. Yeomans und Paul Chodas (JPL), mußte der Komet bei einer starken Annäherung an Jupiter um den 8. Juli 1992 herum zerbrochen sein. Damals kam er bis auf 1,6 Jupiterradien an das Planetenzentrum heran (1 Jupiterradius = 71 400 km) und unterschritt somit deutlich die Roche-Grenze des Gasriesen (2,7 Jupiterradien). Innerhalb dieser Grenze sind die Gezeitenkräfte stärker als der gravitative Zusammenhalt eines Körpers, so daß sie diesen zerreißen. Die Trümmer ordnen sich Modellrechnungen zufolge auf einer Linie schräg zur Flugbahn an, genau so, wie es die Aufnahmen zeigten. Außerdem wurde Staub vor und hinter den Kernen nachgewiesen (dem vielleicht zahlreiche nur metergroße Brocken beigemischt waren). Ob der Staub durch die Spaltung entstand oder der Überrest einer schon zuvor existierenden Koma war, läßt sich nicht mehr herausfinden.

Die eigentliche Überraschung kam aber erst, als Marsden, nachdem er zweihundert verschiedene Beobachtungen analysiert hatte, am 22. Mai 1993 bekanntgab, daß Shoemaker-Levy 9 sich auf Kollisions-

Wie eine Perlenkette zog Komet Shoemaker-Levy 9 durchs All. Die kleine Aufnahme stammt vom 28. März 1993, kurz nach der Entdeckung der 165 000 Kilometer langen Kette. Das Mosaikbild unten hat das Hubble-Weltraumteleskop Ende Januar 1994 gemacht. Es zeigt 20 Fragmente mit ihren individuellen Schweifchen. Hier ist die Länge der Kette bereits auf 605 000 Kilometer angewachsen.

Der letzte Weg des Kometen Shoemaker-Levy 9 in einer schematischen, nicht maßstabsgerechten Darstellung.

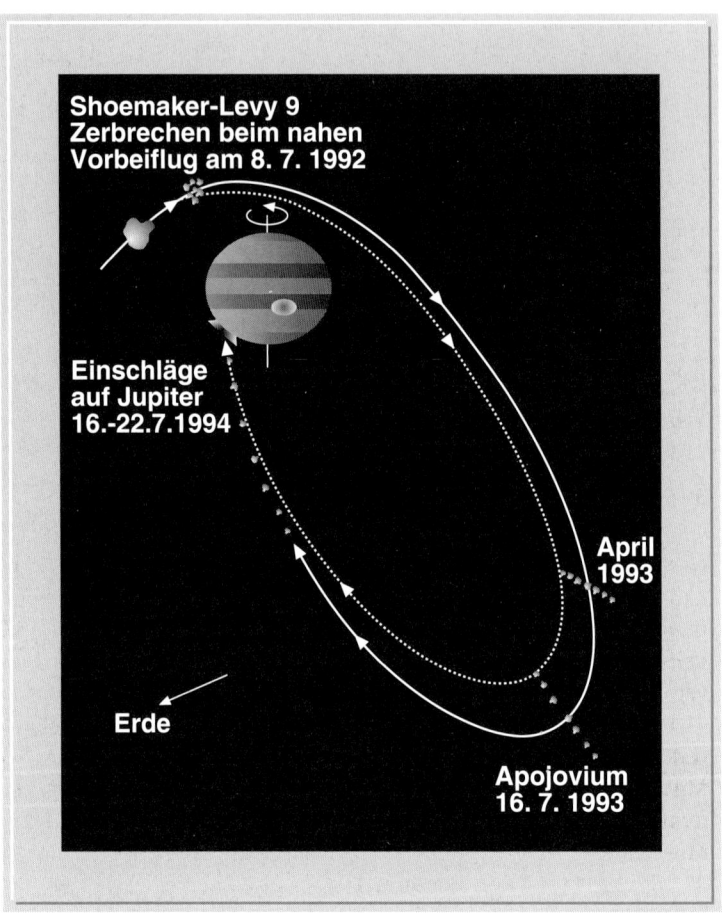

Shoemaker-Levy 9
Zerbrechen beim nahen
Vorbeiflug am 8. 7. 1992

Einschläge
auf Jupiter
16.-22.7.1994

April
1993

Erde

Apojovium
16. 7. 1993

kurs mit Jupiter befand. Das elektrisierte Astronomen in aller Welt, denn niemals zuvor war ein Kometenaufschlag beobachtet worden. Was würde geschehen?

Auch noch nie gab es in der Geschichte der Astronomie einen Zusammenstoß von Körpern im Sonnensystem, von dem man bereits über ein Jahr im voraus wußte, also Zeit zur Vorbereitung hatte. Was würde sich wie herausfinden lassen? Solche Fragen standen bald im Brennpunkt mehrerer Konferenzen, Symposien und Arbeitstreffen, auf denen auch das bislang wohl größte astronomische Beobachtungsprogramm aller Zeiten geplant wurde.

Als entscheidender Faktor galt von Anfang an die innere Struktur und vor allem die Ausdehnung der einzelnen Subkerne. Je größer sie waren, um so tiefer würden sie in die Jupiteratmosphäre eindringen, bevor sie verglühten, und um so eindrucksvoller sollten dann auch die sichtbaren Auswirkungen davon sein. Aufnahmen des Hubble-Weltraumteleskops ergaben eine obere Grenze von 2,5 Kilometern. Manche Wissenschaftler gingen zunächst von einem Durchmesser der hellsten Fragmente von bis zu zehn Kilometern aus. Andere errechneten aus den Beobachtungsdaten und Computersimulationen lediglich 500 Meter. Einige vermuteten, daß die Kometenkerne eher Brosamen als großen Brocken glichen – Anhäufungen von schmutzigen Schneebällen mit Ausmaßen von jeweils einigen hundert Metern. Als man später entdeckte, daß mehrere Nuklei in Stücke brachen oder ganz verschwunden sind und daß das Schwerefeld Jupiters kurz vor der Kollision Materie aus den übriggebliebenen Kernen riß, wurde schließlich sogar befürchtet, daß nur noch Staubwolken auf den Gasplaneten hinabrieseln würden. Während Optimisten noch hofften, daß auch ein Schwarm kleinerer Projektile imposante Leuchterscheinungen in Jupiters Gashülle erzeugen würde, erwarteten Skeptiker fast keine beobachtbaren Effekte, weil die Einschlagsenergie größtenteils verpuffen würde.

So hatte man über die Folgen des Kometenabsturzes im Vorfeld viel gerätselt. Unumstritten war eigentlich nur, daß das Ereignis, rund 780 Millionen Kilometer (5,2 Astronomische Einheiten) von der Erde entfernt, entgegen manchen Behauptungen von Wichtigmachern für die Menschheit vollkommen ungefährlich war.

Spekuliert wurde unter anderem, ob die Einschläge zu neuen Wirbelstürmen in der Jupiteratmosphäre führen könnten ähnlich den bis zu 2000 Kilometer großen ovalen Weißen Flecken. Aufwendige Simulationen mit Supercomputern sagten sogar ausgeprägte Oberflächeneffekte auf der Atmosphäre voraus – vergleichbar mit den konzentrischen Wellen, die entstehen, wenn man Steine ins Wasser wirft. Daraus wäre vieles über die Eigenschaften der Gashülle und die aufgewühlten Witterungsvorgänge zu lernen. Ein Teil der Einschlagsenergie wird zudem in Schockwellen transformiert und ins Jupiterinnere geleitet, ähnlich wie sich seismische Wellen bei Erdbeben ausbreiten. Sie könnten den ganzen Planeten wie eine Glocke schwingen lassen und Aufschluß über seinen Aufbau geben. Schließlich erschien auch die Entstehung eines weiteren Staubrings um den Riesenplaneten denkbar.

Das größte astronomische Beobachtungsprogramm der Geschichte

Die Entstehung der Kometenkette ist darauf zurückzuführen, daß die Gezeitenkräfte beim letzten Vorbeiflug an Jupiter den ursprünglichen Kern zerrissen haben. Ein Teil der Brocken verklumpte vielleicht nachträglich wieder.

Ende Januar 1994 war es bereits möglich, die Einschlagszeiten auf plus/minus 40 Minuten genau vorauszuberechnen. Bald wurde klar, daß sich die Einstürze leider auf der erdabgewandten Nachtseite von Jupiter abspielen würden, allerdings nur knapp. Aufgrund seiner schnellen Rotation (ein Jupitertag dauert nur knapp zehn Stunden) kämen die betroffenen Gebiete aber nur wenige Minuten später ins Blickfeld. Immerhin, so hoffte man, könnte das Aufleuchten der verglühenden Kometentrümmer indirekt sichtbar werden, wenn es an nahen Jupitermonden – besonders Io und Amalthea – reflektiert wird. Der Nachweis einer solchen Helligkeitszunahme um freilich nur ein Prozent würde allerdings kein Kinderspiel sein. Mehrere Forschergruppen wollten dennoch ihr Glück versuchen.

Im April begannen die exakten Positionsbestimmungen der Kometenkette, die immer präzisere Vorhersagen erlaubten, kurz vor den Einschlägen beinahe auf die Minute genau. Dies war für die bestmögliche Koordination und Effizienz der Beobachtungskampagnen und die Datenauswertung von großer Bedeutung. Insgesamt 21 Fragmente waren mittlerweile mit dem Weltraumteleskop und anderen Observatorien photographiert und in ihrer Reihenfolge mit den Buchstaben A bis W (ohne I und O) bezeichnet worden. Zuletzt verteilten sie sich über eine Strecke von mehr als 300 000 Kilometer. Mindestens zwei brachen auseinander, und ein paar der Fragmente tanzten schließlich sogar aus der Reihe.

Dann war es endlich soweit. Innerhalb einer knappen Woche, vom 16. bis zum 22. Juli 1994 durchschnittlich alle sieben Stunden, schossen

Bombardierung eines Planeten

die Kometentrümmer in die Jupiteratmosphäre. Alle Einschläge erfolgten auf der Südhalbkugel des Gasplaneten, ungefähr beim 44. Breitengrad, manche fast an derselben Stelle. Sowohl die Skeptiker als auch die Optimisten bekamen teilweise recht. Einige Fragmente verschwanden, bevor sie Jupiter erreichten (J, P1). Die Folgen anderer waren schwierig oder gar nicht zu beobachten (B, F, N, P2, Q2, T, U, V). Aber manche hinterließen Spuren, die halb so groß wie die Erde waren (A, C, D, E, Q1, S, W) oder sogar die Ausmaße unseres Planeten übertrafen (G, H, K, L, R). Die entstandenen dunklen Flecken konnten selbst schon mit Amateurfernrohren ab fünf Zentimeter Öffnung wahrgenommen werden. Das hatte auch die kühnsten Erwartungen übertroffen. Die Trümmer besaßen also eine ganz unterschiedliche Größe beziehungsweise Beschaffenheit.

Die Astronomen hatten eine Beobachtungskampagne ohne Beispiel vorbereitet. Glücklicherweise war ja ausreichend Zeit gewesen, um sich auf die größte Kollision von Himmelskörpern vorzubereiten, die in der Geschichte der Astronomie jemals beobachtet worden war. Auf allen Kontinenten standen Teleskope bereit; über hundert waren im Einsatz. Nahezu jede größere Sternwarte richtete wenigstens ein Instrument auf den Riesenplaneten. Sogar in der Antarktis betrieben Wissenschaftler des Yerkes-Observatoriums und der Universität von Chicago ein 60-cm-Teleskop, SPIREX genannt (Südpol Infrarot-Explorer), das aufgrund der Polarnacht rund um die Uhr eingesetzt werden konnte. In der Erdumlaufbahn war vor allem das Weltraumteleskop gefordert, das manche Kometenkerne noch wenige Stunden vor dem Einschlag zu photographieren vermocht hatte. Auch die Raumsonden Ulysses (795 Millionen Kilometer von Jupiter entfernt) und Voyager 2 (6,1 Milliarden Kilometer entfernt) lauschten im UV- und Radiobereich auf etwaige Einschlagsfolgen, allerdings vergeblich. Den Logenplatz hatte jedoch Galileo. Die Sonde befand sich zwar noch 240 Millionen Kilometer von Jupiter entfernt (und 640 Millionen Kilometer von der Erde), hatte aber als einziges Instrument eine direkte Sicht auf die Einschlagsorte.

Hunderte von Wissenschaftlern hatten im Verlauf jener Juliwoche vielleicht eine Million Aufnahmen und Tausende von Spektren gewonnen. Bis die umfangreichen Datenmengen auch nur einigermaßen vollständig ausgewertet sind, wird noch einige Zeit vergehen. Trotzdem hat sich mittlerweile, nachdem man an der Informationsflut, den teilweise verwirrenden Details und den vielen Ungereimtheiten zunächst beinahe verzweifelt war, ein einigermaßen konsistentes Bild der Ereignisse ergeben.

Explosionen im Datennetz

Shoemaker-Levy 9 hat nicht nur Explosionen auf dem Jupiter erzeugt, sondern auch auf der Erde, freilich nur, was den Umlauf von Daten betrifft. An der Universität von Maryland war ein spezielles elektronisches Informationssystem eingerichtet worden *e-mail exploder* genannt, das die neuesten Informationen sofort an alle 250 angeschlossenen Arbeitsgruppen verteilte. Alle interessierten Laien, die zum *Internet* Zugang hatten, über das weltweit Computer insbesondere von Universitäten und anderen Forschungseinrichtungen verbunden sind, waren damit ebenfalls sofort auf dem laufenden. Vier Datenzentralen hatte man als Sammel- und Koordinationsstellen ausgewählt: das Space Telescope Science Institute in Baltimore, das Goddard Space Flight Center sowie das Jet Propulsion Laboratory der amerikanischen Weltraumbehörde NASA und die Europäische Südsternwarte in Garching bei München. Aufgrund des enormen Informationstransfers kam es zu regelrechten Verkehrsstauungen auf der Datenautobahn – die Übertragungsgeschwindigkeit ließ mitunter merklich nach und brach stellenweise sogar zusammen. Im Verlauf von zwei Wochen hatten bereits über zwei Millionen Benutzer ins Netz eingespeiste Bilder angefordert und betrachtet. Obwohl das Ganze zuweilen recht chaotische Ausmaße annahm, war doch niemals zuvor in der Wissenschaftsgeschichte ein so rascher und demokratischer Informationsaustausch gewährleistet gewesen.

Lichtblitze

Mit einer Geschwindigkeit von ungefähr 60 Kilometern pro Sekunde hatten sich die Kometentrümmer Jupiter genähert. Als erstes maßen ein paar der leistungsfähigsten Infrarotteleskope auf der Erde bei einigen Einschlägen ein schwaches Leuchten – und zwar noch vor dem eigentlichen Treffer! Die

Ursache dafür war möglicherweise ein Meteorsturm von verglühendem Staub und kleinen Splittern aus der Kometenkoma in den obersten Bereichen der Jupiteratmosphäre. Dann traf das Kometenfragment auf tieferliegende Schichten der Atmosphäre und begann sie aufzuheizen. Zur Überraschung der Wissenschaftler waren es auch hier die irdischen Observatorien, die diesen Anfang der Bolidenphase in Form eines schwachen Infrarotblitzes verfolgen konnten, obwohl die Stelle noch hinter Jupiters Horizont verborgen lag. Vermutlich wurde die Strahlung an dem einfallenden Kometenstaub reflektiert oder an Jupiters Gashülle gebrochen, so daß sie auf die uns zugewandte Seite gelangte. Als der Komet tiefer in die Gashülle eindrang, war die Erscheinung verschwunden.

Nun sprachen die Meßgeräte der Raumsonde Galileo an: ein paar Sekunden lang im ultravioletten, einige Dutzend Sekunden lang im sichtbaren und, etwas verzögert, eine Minute lang im infraroten Bereich des elektromagnetischen Spektrums. Aufgrund der geringen Datenübertragungsrate wegen Galileos defekter Hauptantenne konnte zwar nur ein Teil der Informationen zur Erde überspielt werden. Aber mit verschiedenen Tricks, etwa der Gefängnisgitter-Methode (alle achtzig Bildzeilen wurden jeweils zwei Zeilen übertragen) erzielte man dennoch eine prächtige Ausbeute.

Nach anfänglichen Meinungsverschiedenheiten zwischen den Wissenschaftlern wird dieser Helligkeitsanstieg mittlerweile als die eigentliche Bolidenphase interpretiert. Mit weniger als einem Prozent von Jupiters Gesamthelligkeit sind die Meteorerscheinungen freilich viel schwächer als erwartet ausgefallen. Deshalb gibt es auch keine guten

Der Einschlag des W-Fragments von Komet Shoemaker-Levy 9 auf Jupiter. Das Aufleuchten stammt vom Verglühen des wahrscheinlich nur wenige hundert Meter großen Brockens. Die von der Raumsonde Galileo aufgenommenen Bilder liegen jeweils 2,5 Sekunden auseinander.

Hinweise auf die erhofften Reflexionen an den Oberflächen naher Jupitermonde. Der Hauptgrund dafür ist wohl, daß Jupiters Wasserstoffatmosphäre wesentlich schlechter zum Leuchten angeregt werden kann als der Stickstoff in der irdischen Lufthülle. Dies hatten Theoretiker schlichtweg übersehen, als sie ihre aus Meteorbeobachtungen auf der Erde extrapolierten Prognosen aufstellten.

Feuerbälle

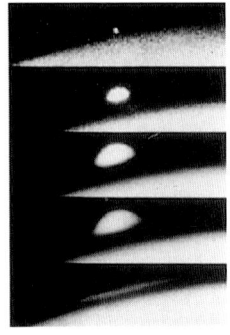

Die Trümmerwolke des G-Einschlags am 18. Juli 1994 stieg 3000 Kilometer über Jupiters äußere Atmosphärenschicht empor und wurde schon vom Sonnenlicht angestrahlt, als der Jupiterrand noch im Schatten lag. Die Bildfolge stammt vom Hubble-Weltraumteleskop.

Seit dem ersten Aufblitzen war kaum eine Minute vergangen, als die irdischen Infrarotobservatorien einen zweiten, weitaus stärkeren Strahlungsanstieg registrierten. Auch das bewährte Hubble-Weltraumteleskop schoß nun phantastische Bilder.

Die Trümmer von Shoemaker-Levy 9 tauchten maximal 100 bis 200 Kilometer in Jupiters Atmosphäre ein. Dann, nach nur wenigen Sekunden, zerschellten sie förmlich an der Mauer aus Gas vor ihnen. Daraufhin schossen glühende Schwaden empor, Feuerbälle von teilweise ungeheuren Energien. Sie dürfen nicht mit den verglühenden Meteoriten beim Eintritt in die Erdatmosphäre verwechselt werden, sondern sind die aufsteigenden heißen Gasblasen aus der mit Jupitermaterial vermischten Kometenmaterie. Sie wurde infolge des Druckgradienten in der Atmosphäre mit einer Geschwindigkeit von rund 20 Kilometern pro Sekunde nach oben geschleudert. Der Weg entlang der Flugbahn bot ihnen den geringsten Widerstand. Zugleich dehnten sich die Feuerbälle rasend schnell aus, worauf der Einschlagkanal der Länge nach explodierte. Dies alles hat nur wenige Minuten gedauert. Der Feuerball des großen G-Einschlags beispielsweise, er war zunächst noch 18000 Grad heiß, war fünf Sekunden später bereits auf 6000 Grad abgekühlt – immer noch so heiß wie die Sonnenoberfläche – und expandierte in der folgenden Minute auf 75 Kilometer Größe, wobei die Temperatur auf 200 Grad fiel.

Eine solche aufgestiegene Explosions- und Trümmerwolke bezeichnet man im Englischen häufig als *Plume*; für diesen Ausdruck, der nicht scharf vom Feuerballstadium zuvor abgegrenzt wird, gibt es im Deutschen bislang keinen treffenden Begriff. Alle beobachteten Plumes erreichten trotz unterschiedlicher Explosionsenergien – und entgegen den Modellrechnungen – jeweils dieselben Höhen: ungefähr 3000 Kilometer über dem 100-Millibar-Niveau der Jupiteratmosphäre. Dann fielen sie innerhalb weniger Minuten wieder herab, „platschten" zu flachen Flundern zusammengepreßt auf die Atmosphäre und sorgten nun im Nahen

Infrarot für ein weiteres bombastisches Schauspiel. Bei diesem Rücksturz wurden die Trümmer sowie die Jupiteratmosphäre nämlich erneut aufgeheizt und strahlten bis zu einer halben Stunde lang so hell, daß manche der empfindlichen Meßgeräte sogar überfordert waren. Gesteigert wurde der Effekt noch dadurch, daß immer mehr von dieser sogenannten Splashback-Region ins irdische Sichtfeld rotierte.

Insgesamt betrachtet sind die Kometeneinstürze durchaus mit dem Tunguska-Ereignis vergleichbar, wo nach der Luftexplosion eines Meteoriten ebenfalls Material weit nach oben geschleudert wurde und dann in der Stratosphäre vorübergehend hängen blieb. Das Trommelfeuer auf Jupiter war jedoch sehr viel heftiger! Bereits das erste Fragment (A) hatte die Sprengkraft von umgerechnet rund 225 000 Megatonnen TNT (wobei eine Megatonne des herkömmlichen Sprengstoffs Trinitrotoluol 4,2 Billiarden Joule Energe freisetzt). B und F zeigten dann zwar nur geringe Effekte, doch C, D, E, H, K, L Q1, R, S und W lagen ebenfalls wieder in der Größenordnung von A. Und G, der spektakulärste Einschlag, brachte es auf 6 Millionen Megatonnen TNT. Das übertrifft die Sprengkraft des gesamten irdischen Nuklearwaffenarsenals um mehr als das Fünfhundertfache! Die Absturzstelle leuchtete kurzfristig so hell wie Jupiter als Ganzes.

Trümmerwolken

Nach den Einschlägen kühlten die höheren Wolkenschichten im Verlauf von ein bis zwei Tagen ab; tiefere Regionen blieben länger warm. Allerdings hinterließen die Ereignisse Spuren, wie sie eigentlich niemand ernstlich erwartet hatte. Im sogenannten Methanband, das heißt im Infraroten bei zwei bis drei Mikrometern Wellenlänge, wo Jupiter sonst sehr dunkel ist, zeigten sich ausgedehnte helle Flecken. Sie mußten sich vermutlich weit oben in der Jupiteratmosphäre befinden. Während unmittelbar nach den Einschlägen die Infrarothelligkeit der Plumes durch ihre hohe Temperatur bedingt war, ist sie in den Tagen danach auf Sonnenlicht zurückzuführen, das von den hochgeschleuderten Aerosolen reflektiert, von Jupiters Atmosphäre weiter unten jedoch absorbiert wird. Im sichtbaren Licht dagegen zeigten sich nun die Schwaden, die mehrere hundert Kilometer über Jupiters Wolkendecke schwebten, als dunkle Flecken. Es handelt sich also dabei nicht um Löcher in der Atmosphäre oder gar Krater, wie fälschlicherweise in der Presse teilweise behauptet wurde. Auf manchen Photos läßt sich sogar die gewöhnliche Wolkenstruktur Jupiters darunter erkennen.

Die Einschlagstelle des G-Fragments, aufgenommen vom Weltraumteleskop am 18. Juli 1994. Oben links eine Stunde 45 Minuten nach dem Einschlag. Der dünne Ring zeigt möglicherweise eine Schockwelle, die sich mit 2000 Kilometern pro Stunde ausbreitete. Der langgestreckte Fleck darin ist die Spur des Einschlags, während die hufeisenförmige Wolke aus den Trümmern des Feuerballs besteht. Der kleine Fleck links stammt vom D-Fragment einen Tag zuvor. Die drei anderen Bilder zeigen die Einschlagspuren am 23. und 30. Juli und am 24. August.

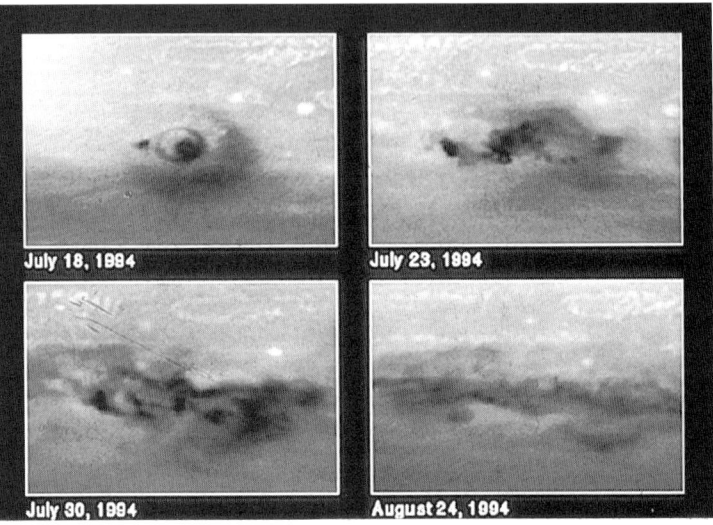

Die dunklen Schwaden sind die Reste von Shoemaker-Levy 9. Sie bestehen aus Kometenstaub und anderen Partikeln, die sich daraus nach dem Einschlag gebildet haben, und werden im Englischen respektlos als *Gunk* bezeichnet, was ungefähr Schmiere bedeutet. Infolge der hohen Temperaturen wurden die Kohlenstoffbindungen der organischen Moleküle im Kometen sofort zerstört (ein Kohlenstoff-Anteil von 20 Prozent ist für diese Objekte typisch). Nach dem Abkühlen der aufgestiegenen Wolke konnten daraus aber stickstoff- und schwefelreiche Kohlenwasserstoffe entstehen. Sie sind im sichtbaren Licht sehr dunkel. Die durchschnittliche Größe der einzelnen Partikel wird auf 0,3 bis 0,6 Tausendstelmillimeter geschätzt.

Neue Atome und Moleküle in der Jupiteratmosphäre

Besonders wichtige Aufschlüsse erhoffte man sich aus spektroskopischen Studien. Die Spektrallinien in der Feuerball- und Plume-Strahlung enthalten ja Informationen sowohl über die Bestandteile der eingeschlagenen Objekte als auch die Jupiteratmosphäre. Die äußeren Wolken des Riesenplaneten bestehen aus Ammoniakeis. Darunter wird eine Zwischenschicht aus Ammoniumhydrosulfid vermutet. In 50–100 Kilometern Tiefe schließlich sollen sich Wassereiswolken befinden.

Tatsächlich wurden zahlreiche Spektrallinien von Atomen und Molekülen nachgewiesen. Mit dem Spektrographen des Weltraumteleskops fand man Ammoniak, Schwefelwasserstoff und zweiatomigen Schwefel. Dieser war vorher im Weltraum nur 1985 im Kometen IRAS-Araki-Alcock entdeckt worden. Ferner wurden Schwefelkohlenstoff und Silizium, aber auch Methanol, Methan und andere Kohlenwasserstoffe identifiziert. Mit dem deutsch-französisch-spanischen 30-m-Radioteleskop auf dem Pico Veleta in der spanischen Sierra Nevada konnten Kohlenmonoxid und Schwefelkohlenstoff nachgewiesen werden. Diese beiden Verbindungen waren bisher auf Jupiter nur in Spuren beziehungsweise noch gar nicht nachgewiesen worden. Das 15-m-James-Clerk-Maxwell-Teleskop auf Hawaii entdeckte bei sieben von zehn Plumes auch Blausäure, die noch nie auf Jupiter gesehen wurde und wohl erst beim Einschlag entstand oder mit dem Kometenkern eingebracht worden war. Das fliegende Kuiper-Airborne-Observatorium der NASA, ein mit Teleskopen bestücktes Flugzeug in der Hochatmosphäre, fand Ethan und Ethin (Acetylen). Die meisten Moleküle werden den Kometentrümmern zugeschrieben; manche sind aber auch aus Jupiters Ammoniumhydrosulfid erzeugt worden, etwa Schwefelwasserstoff. Ferner wurden intensive Emissionslinien von neutralen Metallen in den Spektren entdeckt, insbesondere von Natrium, aber auch von Eisen, Mangan, Magnesium, Kalium und Kalzium. Diese Elemente stammen aus Kometenmaterial, das im Feuerball verdampft ist.

Zunächst war es sehr irritierend, daß keine Spuren von Wasser nachgewiesen werden konnten. Offensichtlich drang der Komet nicht in tiefere Atmosphärenschichten ein, oder er stieß zwar so weit vor, beförderte aber kein Material davon hoch. Trotzdem müßte sich Wasser ausmachen lassen, da Kometenmaterie einen signifikanten Anteil davon besitzt. Zweifel entstanden, ob Shoemaker-Levy 9 überhaupt ein Komet gewesen ist. Dann aber zeigten die Auswertungen der Spektren, die das Kuiper-Airborne-Observatorium gewonnen hatte, daß Wasser nach dem G- und K-Einschlag über 30 Minuten lang in Jupiters Stratosphäre vorhanden war. Umstritten bleibt aber, ob die Wasser-

Jupiter, 779,4 Millionen Kilometer von der Erde entfernt, deutlich mit den Einschlagspuren der Fragmente G und Q gezeichnet.

moleküle direkt von den eingeschlagenen Fragmenten stammten oder erst entstanden sind, als Sauerstoff vom Kometen mit Wasserstoff aus der Jupiteratmosphäre reagiert hat. Außerdem könnte das Wasser doch von der entsprechenden Wolkenschicht Jupiters aufgewirbelt worden sein.

Überraschungen im Radio- und Röntgenbereich

Eine große Überraschung war, daß die Folgen der Kometenabstürze nicht auf Jupiters südliche Hemisphäre beschränkt blieben. Von dem deutschen Röntgensatelliten ROSAT, der seit Juni 1990 in einer Erdumlaufbahn ist, wurden nämlich ebenso wie vom Weltraumteleskop im Ultravioletten auch eindrucksvolle Leuchterscheinungen auf Jupiters Nordhalbkugel beobachtet. Diese Regionen waren offenbar über magnetische Feldlinien mit dem Einschlagsort im Süden verbunden. Die Emission rührte wahrscheinlich von energiereichen Elektronen her, die beim Einschlag freigesetzt wurden und entlang der Feldlinien auf die gegenüberliegende Region gelangten. Ihre Kollision mit den Gasen in den hohen Atmosphärenschichten produzierte dann die Röntgenemission durch sogenannte Bremsstrahlung. Derartige Erscheinungen waren auf Jupiter niemals zuvor beobachtet worden.

Auch im Radiobereich gab es Überraschungen. Normalerweise ist Jupiter nach der Sonne die hellste Radioquelle am Himmel. Im Verlauf des Bombardements kam es zu einer dramatischen Radioaufhellung bei kürzeren Frequenzen, einer Steigerung um 10 bis 45 Prozent im Bereich um ein Gigahertz, die erst nach dem letzten Einsturz wieder abnahm. Niemals zuvor seit Beginn der regelmäßigen Messungen Anfang der siebziger Jahre wurde ein solcher Anstieg verzeichnet. Es handelt sich um Synchrotronstrahlung, wie verschiedene Observatorien in Deutschland, Australien und den USA feststellten. Sie stammt von Elektronen, die beinahe mit Lichtgeschwindigkeit um die Magnetfeldlinien Jupiters spiralisieren.

Ein Planet leckt seine Wunden

Anfangs erstreckten sich die dunklen Flecken in der Jupiteratmosphäre über Gebiete von den Ausmaßen der Erde. Sie sind jedoch keine bleibenden Veränderungen in der Jupiteratmosphäre und hatten auch keine neuen Wirbelstürme ausgelöst. Vielmehr begann der Planet schon bald damit, seine Wunden zu lecken. Drei Prozesse lösten die Flecken allmählich auf: die Stürme in Jupiters Gashülle zerrissen sie, größere Aerosole sanken in tiefere Schichten ab, und die energiereichen UV-Strahlen der Sonne zerbrachen die Moleküle der dunklen Kohlenstoffverbindungen. Manche der Flecken verschwanden schon innerhalb von Tagen (wie B) oder Wochen (etwa A), andere wurden erst im Verlauf von über einem Monat zerstreut (G). Sie waren hervorragende Indikatoren für die Stärke und Richtung der Winde in Jupiters Atmosphäre, die zuvor so nicht gemessen werden konnten. Die Flecken wurden in Ost-West-Richtung auseinandergezogen, aber zum Teil auch etwas nach Norden geweht.

Als Jupiter im Dezember 1994 wieder hinter der Sonne hervorkam und somit nach zweimonatiger Pause erneut beobachtet werden konnte, ließen sich die dunklen Aerosole noch immer nachweisen – nunmehr zu einem langen, schmalen Band auseinandergezogen, das Jupiters gesamte Südhalbkugel umspannte, kaum schwächer als im September. Ein weiteres halbes Jahr später war das Band zumindest im Infraroten immer noch auszumachen. Dem Riesenplaneten werden die Wirkungen des Kometenabsturzes also vermutlich noch eine Weile auf den Leib geschrieben bleiben.

Wie groß waren die Kometensplitter?

Noch immer ist es umstritten, ob die Kometenfragmente weniger als einen Kilometer Durchmesser hatten und deshalb in großer Höhe explodierten, ob sie in Gestalt von Schwärmen noch kleinerer Splitter in die Atmosphäre stürzten, oder ob sie zwar als relativ ausgedehnte kompakte Objekte ankamen, aber aufgrund von Gezeitenkräften kurz vor dem Eintritt in kleinere Bruchstücke zerplatzten.

Aus der Ausdehnung und Dunkelheit der Flecken sowie der Helligkeit der Feuerbälle läßt sich die Masse der größeren Fragmente auf 100 Millionen Tonnen schätzen. Bei einer typischen Nukleusdichte von 0,5 Gramm pro Kubikzentimeter war ein Kometensplitter somit im Durchschnitt 700 bis 800 Meter groß, Shoemaker-Levy 9 als Ganzes dann etwa zwei Kilometer. Dafür sprechen auch neue Computersimulationen und die Tatsache, daß keine seismischen Wellen nachzuweisen waren, die sich nach den Einstürzen mit Schallgeschwindigkeit in der Atmosphäre hätten ausbreiten müssen.

Spektroskopische Untersuchungen mit dem Weltraumteleskop lassen in einer der größeren Trümmerwolken auf das Vorhandensein von beinahe 100 Millionen Tonnen Schwefel schließen. Ein guter Teil dürfte aus tieferen Schichten der Jupiteratmosphäre hochgeschleudert worden sein. Diese Deutung spricht ebenfalls für relativ kleine Fragmente, da die Ammoniumhydrosulfid-Wolken Jupiters etwa 20 Kilometer unter der sichtbaren Wolkendecke liegen. Größere Brocken müßten viel tiefer eingedrungen und später explodiert sein, so daß damit weniger Schwefel nach oben mitgerissen worden wäre. Drei Wochen nach den Einschlägen konnten die Schwefelmassen schließlich nicht mehr nachgewiesen werden.

Auf der Suche nach früheren Kollisionen

Shoemaker-Levy 9 trat nicht als erster von Jupiter eingefangener Komet in die astronomischen Annalen ein. Statistische Abschätzungen ergeben, daß etwa ein Komet pro Jahrhundert in den Bann des Gasriesen gerät und daß sich ständig mindestens einer mit einem Durchmesser von über zwei Kilometern in einem Orbit um Jupiter befinden dürfte. Doch selten kommen die Kleinkörper dem Planeten so nahe, daß sie von dessen Gezeitenkräften zerrissen werden. Immerhin sind zwölf Kraterketten auf Kallisto und drei auf Ganymed als Einschlagspuren von solchermaßen geborstenen Kometenkernen gedeutet worden. Sie haben eine Länge von 200 bis 600 Kilometern und liegen fast alle in Regionen, die Jupiter zugewandt sind. Daraus läßt sich hochrechnen, daß alle 80 Jahre ein Komet in Jupiternähe zerbrechen sollte. Das paßt gut zu der Beobachtung, daß 1886 der periodische Komet Brooks 2 Jupiter auf zwei Planetenradien nahekam, wobei zwei Fragmente absplitterten; eineinhalb Jahre später lösten sich wohl nochmals ein paar kleinere Komponenten, die man 1889 kurz verfolgen konnte.

Hochrechnungen zufolge sollten ein Kilometer große Brocken alle paar Jahrhunderte auf den Jupiter prallen. Wäre es da nicht möglich, daß schon früher solche Effekte registriert wurden? Eine Suche in alten Aufzeichnungen erbrachte tatsächlich ein halbes Dutzend Kandidaten: von Flecken auf Jupiter und Saturn (wo sie noch deutlicher auffallen sollten, aber dreihundertmal seltener sind) wurde verschiedentlich von 1690 bis zum Ausgang des 19. Jahrhunderts berichtet, unter anderem von William Herschel und Giovanni Cassini. Die bemerkenswerteste Erscheinung beschrieb George Biddell Airy 1834 auf Jupiters Südhalbkugel. 1927 verzeichnete E. M. Antoniadi am 18. Juli dunkle Flecken auf Saturn und T. E. R. Phillips fünf Veränderungen am 28. Juli und zehn am 2. August. Auch auf Zeichnungen von 1948 waren ähnliche Darstellungen zu finden. Aber sie könnten alle auf Sichtbarkeitsstörungen oder – wie die legendären Marskanäle – auf optische Täuschungen zurückzuführen sein. Ein kleiner Meteoriteneinschlag auf Jupiter könnte auch ein Aufblitzen gewesen sein, das Voyager 1 bei seinem Vorbeiflug 1979 registriert hatte. Schließlich war 1983 auf dem Mount Palomar eine kurze Helligkeitszunahme des Jupitermonds Io gemessen worden, was sich als Reflex vom Verglühen eines Kometen auf Jupiters erdabgewandter Seite interpretieren ließe. Doch Veränderungen in der Atmosphäre des Planeten wurden damals nicht entdeckt. Fazit: Ein guter Beweis für frühere Kollisionen steht noch aus.

Detaillierteren Computersimulationen zufolge sollten die Kometensplitter jedoch zwei bis drei Kilometer groß gewesen und tiefer in die Atmosphäre eingedrungen sein. Diese Modelle haben zwar Schwierigkeiten, die beobachteten Schwefelmengen zu erklären, kommen aber mit anderen Meßwerten und theoretischen Vorgaben besser zu Rande. Sicherlich werden weitere Überlegungen und Datenauswertungen bald mehr Klarheit schaffen. Da die Modelle stark von den Annahmen über die genaue Beschaffenheit der Jupiteratmosphäre abhängen, werden die Analysen von Galileos Eintauchsonde im Dezember 1995 sicherlich noch einiges zur Klärung beitragen können.

Der Absturz des Kometen Shoemaker-Levy 9 war für die Astronomie ein Jahrhundertereignis – ein spektakuläres Experiment der Natur, aus dem man vieles lernen konnte. Aber dieses faszinierende Schauspiel läßt sich durchaus auch als eine Warnung verstehen. Denn was wäre geschehen, wenn die Kometensplitter nicht Jupiter, sondern die Erde zum Ziel gehabt hätten? Dieser Gedanke ist so abwegig nicht! Tatsächlich weiß man seit einigen Jahren, daß unser Planet von noch viel größeren Bomben aus dem All heimgesucht wurde, gegenüber denen die Fragmente von Shoemaker-Levy 9 noch vergleichsweise harmlos anmuten. Die Geschichte des irdischen Lebens ist von blutigen Einbrüchen durchzogen und stand mehr als einmal knapp vor der völligen Vernichtung. Nicht nur die Dinosaurier gerieten dadurch tief in die Krise …

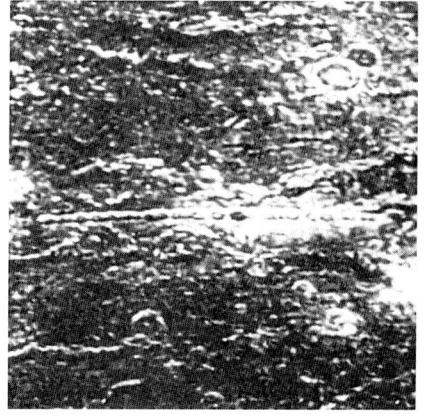

Diese rund 340 Kilometer lange Kraterkette im Walhalla-Basin auf dem Jupitermond Kallisto stammt wahrscheinlich von mehreren unmittelbar nacheinander eingeschlagenen Kometenfragmenten vergleichbar mit denen von Shoemaker-Levy 9.

Der Untergang der Dinosaurier

Letzter Akt des Erdmittelalters

Eine erschütternde Behauptung

Am 6. Juni 1980 veröffentlichten vier Wissenschaftler von der Universität von Kalifornien in Berkeley einen vierzehn Seiten langen Artikel in der angesehenen amerikanischen Fachzeitschrift *Science*. Er brachte nicht nur frischen Wind in die oft hitzigen Diskussionen über eines der rätselhaftesten Ereignisse der Erdgeschichte, sondern, so jedenfalls scheint es heute, auch den entscheidenden Lösungsansatz; und er eröffnete einen neuen Horizont für das Verständnis von der Entwicklung des Lebens auf unserem Planeten. Die Behauptung ist erschütternd, und das keineswegs bloß in einem metaphorischen Sinn: eine kosmische Bombe, der Einschlag eines Meteoriten von mindestens zehn Kilometern Durchmesser, so lautete die Hypothese, soll eine der größten Katastrophen in der Geschichte des irdischen Lebens ausgelöst haben – ein Massenaussterben, das den Untergang der Dinosaurier besiegelte, ohne das aber die Menschen wahrscheinlich niemals entstanden wären.

Als der Vorhang zum letzten Akt des Erdmittelalters (Mesozoikum) fiel und vor 65 Millionen Jahren mit dem Tertiär die erdgeschichtliche Neuzeit (Känozoikum) begann, verschwanden alle damals noch lebenden Dinosaurier schlagartig von der Bühne. Was war geschehen? Die Antwort darauf gleicht einer spannenden Detektivgeschichte. Tatsächlich sind die Spuren förmlich mit Leichen gepflastert. Doch wie und warum die Opfer starben, läßt sich nur schwer erkennen. Bis heute ist der Tathergang noch nicht restlos geklärt.

Urzeitliche Ungeheuer

Seit der britische Paläontologe Richard Owen 1841 auf einem Kongreß in Großbritannien die Dinosaurier in die wissenschaftliche Literatur einführte, beflügelten diese „Schreckensechsen" (so lautet die Übersetzung seiner Wortschöpfung) die Phantasie vieler Forscher und Laien. Das ist auch nicht erstaunlich, macht die schiere Größe die Reptilien doch zu den eindrucksvollsten Landtieren, die jemals auf unserem Planeten weilten. Pflanzenfresser erreichten mit einer Länge von bis zu 30 Metern (Diplodocus) und einer Höhe von bis zu 12 Metern (Brachiosaurus) die Ausmaße eines Mehrfamilienhauses. Manche Fleischberge wie der Apatosaurus (oder Brontosaurus) waren 30 Tonnen schwer. Auch die größten Raubtiere, die jemals über die Erdoberfläche donnerten, sind Dinosaurier gewesen. Mit einer Länge von bis zu 14 Metern von Kopf bis Schwanzspitze sind die nahe miteinander verwandten Gattungen Tyrannosaurus und Tarbosaurus die Rekordhalter unter den Knochenfunden. Wenn sie ihr Maul bis zu einem Meter weit aufrissen, bleckten den Opfern 20 Zentimeter lange Zähne wie Dolche entgegen. Die meisten der weltweit mindestens 1000 verschiedenen Sauriergattungen hatten freilich kleinere Ausmaße. Manche waren sogar kaum größer als ein Fünf-Mark-Stück und wurden deshalb von den Forschern lange Zeit übersehen.

Die bekannten Stammformen der Dinosaurier sind rund 230 Millionen Jahre alt und reichen somit in die erdgeschichtliche Epoche des späten Trias zurück. Ihre Blüte erlebten die Schreckensechsen aber erst in der Jura- und Kreidezeit, vor 195 bis 65 Millionen Jahren. Damals wurden sie zur dominierenden Lebensform auf unserem Planeten. Anhand der mittlerweile über 6000 Knochenfunde läßt sich hochrechnen, daß während des Erdmittelalters jeweils etwa 100 Gattungen von Dinosauriern gleichzeitig existierten. Innerhalb von wenigen Millionen Jahren mußten sie anderen Saurierarten Platz machen. Daraus läßt sich eine ähnliche Evolutionsrate ableiten, wie sie auch für die Säugetiere angenommen wird, die allerdings viel mehr Arten hervorgebracht haben. Wissenschaftlich beschrieben sind allerdings bisher nur etwa 300 Sauriergattungen.

Paläontologen unterteilen die Dinosaurier unter anderem aufgrund unterschiedlicher Beckenformen in zwei große Gruppen: Die **Saurischia** werden von den pflanzenfressenden Fleischbergen, etwa Brachiosaurus (den **Sauropoda**) und den Raubsauriern wie Tyrannosaurus (den **Therapoda**) gebildet. Letztere haben übrigens dieselben Vorfahren wie die Vögel. Zu den **Ornithischia** gehören die Entenschnabelsaurier, Horndinosaurier (wie Triceratops), Stegosaurier und Ankylosaurier, die sich alle von pflanzlicher Kost ernährten. Mit den Dinosauriern verwandt, aber nicht in ihre Gruppe gehörig, sind die Flugsaurier (wie Pteranodon) und verschiedene Meeresreptilien (Ichthyosaurier, Plesiosaurier). Alle diese Ordnungen sind am Ende der Kreidezeit, vor 65 Millionen Jahren, ausgestorben.

Um wenigstens die wichtigsten Rätsel lösen zu können, ist eine akribische Puzzlearbeit nötig. Überall auf der Welt arbeiten Wissenschaftler, um die wenigen, noch übriggebliebenen Hinweise zu bergen und um diese Bruchstücke zu einem widerspruchsfreien Ganzen zusammenzu-

Versteinerte Knochen im amerikanischen Bundesstaat Utah, rund 145 Millionen Jahre alt. Sie stammen unter anderem von Brontosauriern, Pflanzenfressern so groß wie ein Mehrfamilienhaus.

So könnten die Dinosaurier ausgesehen haben, die in der frühen Kreidezeit im heutigen Australien gelebt haben. Damals lag der Kontinent noch innerhalb des südlichen Polarkreises. Diese Reptilien mußten also ihre Körpertemperatur regeln können, um die monatelange Kälte zu überstehen.

fügen. Erschwerend kommt hinzu, daß häufig mehrere Interpretationsmöglichkeiten bestehen. Nicht selten führt das zu heftigen Kontroversen. Diese Auseinandersetzungen zwingen aber dazu, bessere Argumente zu erfinden und natürlich neue Belege zu sammeln. Konkurrenz belebt bekanntlich das Geschäft, auch die Wissenschaft bleibt dadurch beweglich. Das Bild, das die Forscher bislang vom Ende der Kreidezeit zeichnen konnten, läßt noch viele Fragen offen. Aber es ist nun, dank der großen Anstrengungen in den letzten Jahren, immerhin in seinen groben Zügen erkennbar. Und es ist mindestens so packend wie der Verlauf der wissenschaftlichen Ermittlungen, die zu ihm geführt haben.

Auf die Frage nach dem Sauriersterben sind über achtzig Antworten vorgeschlagen worden. Viele davon muten phantastisch und weit herge-

Spekulationen über den Massentod

holt an. Sie alle lassen sich grob in drei Typen von Hauptursachen unterteilen: inner-, zwischen- und außerartliche.

Als intraspezifische oder innerartliche Ursachen wurden Überentwicklung und Degeneration vermutet, also eine regelrechte stammesgeschichtliche Vergreisung. Beispielsweise könnten sich Knochenschäden genetisch angehäuft haben, die Bevölkerungsdichte der Dinosaurier könnte zu groß geworden sein oder ihre sprichwörtliche Dummheit aufgrund der kleinen Gehirne hätte nicht mehr ausgereicht, sich an neue Umweltbedingungen anzupassen. (Ein paar Scherzbolde haben sogar vorgeschlagen, daß die Saurier an Verdauungsstörungen, etwa kollektiven Verstopfungen zugrunde gingen.)

Einer anderen Hypothese zufolge waren Hormonstörungen dafür verantwortlich, so daß Wachstumsstörungen und Sterilität die Folge waren und die Eischalen zu dünn und brüchig (oder zu dick) wurden und somit der Nachwuchs ausblieb (bei einigen wenigen Saurier-Gattungen, etwa den Hypselosauriern, mag das Fossilienfunden zufolge tatsächlich eine Rolle gespielt haben).

Die bisherigen Fossilienfunde lassen für diese Spekulationen allerdings keinen Spielraum. Die Entdeckung von Sauriereiern mit Embryonen und Gelegen ganzer Nistkolonien aus der Oberkreide einerseits, und der Nachweis, daß viele der zuletzt lebenden Tiere die relativ zur Körpergröße größten Gehirne besaßen, beweisen sogar das Gegenteil. Intelligenz zu haben ist zudem sicherlich nicht überlebensnotwendig, wie schon ein Blick auf die Abermilliarden Bakterien lehrt, die seit drei Milliarden Jahren nahezu jeden Winkel der Erde bewohnen, ohne daß sie dafür irgendwelche bemerkenswerten geistigen Fähigkeiten brauchten.

Als interspezifische oder zwischenartliche Ursachen kamen Parasiten und Seuchen in Frage. Diskutiert wurde außerdem, ob sich neue, giftig gewordene Pflanzen ausgebreitet haben (deren Alkaloide die Dinosaurier womöglich nicht schmecken konnten), oder gar die Raupen von Schmetterlingen und Nachtfaltern, die sich zum Ende der Kreidezeit entwickelt und den Pflanzenfressern vielleicht die Nahrung entzogen haben. Dann hätte es im Lauf der Zeit auch für die Fleischfresser keine Mahlzeiten mehr gegeben. Als Alternative wurde vermutet, daß sich die Fleischfresser zu derart effizienten Tötungsmaschinen perfektioniert hatten, daß sie ihre Beute vollständig ausrotteten und daraufhin verhungerten. Einer gewissen Beliebtheit erfreute sich auch die Hypothese von den Kleinsäugern, die sich nachts als Eierdiebe betätigten und so allmählich den Fortbestand der Saurier gefährdeten.

Weder Giftpflanzen noch starke Konkurrenz waren am Aussterben der Dinosaurier schuld.

Alle diese Spekulationen sind vom Standpunkt der Biologie aus betrachtet freilich unsinnig. Sie widersprechen oft schon den bekannten Fakten. Die Gifte der in der Kreidezeit neu entstandenen Blütenpflanzen konnten beispielsweise gar nicht den Untergang der Saurier zur Folge haben, weil diese ihre Glanzzeit erst dreißig Millionen Jahre später erreichten.

Es sind, wenn man von den menschlichen Aktivitäten einmal absieht, ohnehin nur wenige Fälle bekannt, wo eine Art (oder mehrere) eine andere zum Aussterben brachte – und auch dann nur in räumlich begrenzten Regionen, etwa auf Inseln, wenn dort neue Lebensformen einwanderten und alte verdrängten. Zwischenartliche Konkurrenz kann überdies nicht erklären, daß *alle* Dinosauriergattungen verschwanden, die ja in unterschiedlichen ökologischen Nischen und weit über den Globus verstreut lebten.

Heute sind sich die Wissenschaftler weitgehend darüber einig, daß für das Massenaussterben extraspezifische, also äußere Ursachen verantwortlich gewesen sein mußten. Schon Richard Owen hatte übrigens über eine drastische Sauerstoffzunahme und Kohlendioxidabnahme spekuliert, die er als verhängnisvoll für Reptilien ansah. Ähnliche, aber auch genau entgegengesetzte Überlegungen wurden seither immer wieder angestellt; sie stützen sich beispielsweise auf die Untersuchungen von Luftblasen, die in Bernstein eingeschlossen sind, und die Größen der Nasenlöcher...

Äußere Ursachen können allein mit den bekannten Mechanismen der Evolution nicht erklärt werden. Die auf die Dinosaurier beschränkten Diskussionen sind ohnehin viel zu einseitig. Wie man heute weiß, markiert ihr Verschwinden nämlich nur gleichsam den Gipfel des Leichenhaufens. Denn nicht nur sie, sondern 50 bis 75 Prozent aller Lebewesen beziehungsweise Arten fielen der Katastrophe am Ende der Kreidezeit zum Opfer – vielleicht sogar bis zu 90 Prozent der gesamten Biomasse auf der Erde.

Dieser globale Exitus ist besonders gut an Kleinstlebewesen in den Meeren (Plankton), an Blütenpflanzen, Ammoniten, Muscheln, Schnecken und anderen Weichtieren mit Hartschalen dokumentiert. Ihre fossilen Überreste sind in jüngeren Sedimentschichten (zunächst) kaum mehr zu finden. Was aber war die Ursache dafür? Wir werden der Frage auf den Grund gehen.

Einer schon in den 50er Jahren aufgestellten **Die Supernovahypothese**
Hypothese zufolge, die unter anderem auf den be-
deutenden russischen Astrophysiker Josef Samuelowitsch Shklovsky
von der Universität Moskau zurückgeht, könnte eine nahe Supernova
die irdische Tragödie ausgelöst haben. Der Paläontologe Otto Schinde-
wolf in Tübingen hat 1962 ähnliche Überlegungen veröffentlicht. Solche
Explosionen alt gewordener, massereicher Sterne setzen kurzfristig
mehr Energie frei, als die rund 200 Milliarden Sonnen in unserer Milchstraße zusammen. Die Folgen eines derartig spektakulären Finales vor
unserer kosmischen Haustür, zehn bis zwanzig Lichtjahre entfernt,
wären möglicherweise verheerend.

Einige Tage lang würde die Supernova hundertmal heller am Himmel leuchten als der Vollmond, und ihre ultraviolette Strahlung würde
die Erdatmosphäre gespenstisch aufglühen lassen. Die Wärmestrahlung
selbst hätte zwar nur eine Hitzewelle auslösen können, die das irdische
Klima über wenige Wochen zu beeinflussen vermochte. Doch die ener-
giereiche Röntgenstrahlung zog möglicherweise fatale Konsequenzen
nach sich. Nach einer Überlegung hätte sie chemische Reaktionen in der
Erdatmosphäre ermöglicht, die Stickoxide erzeugten. Durch diese wäre
dann die schützende Ozonschicht abgebaut worden, so daß die ultraviolette Sonneneinstrahlung verstärkt auf die Erdoberfläche gelangte
und viele Organismen erblinden oder an Krebs erkranken ließ und sie
schließlich tötete. John Ellis vom Europäischen Zentrum für Elemen-
tarteilchenforschung (CERN) in Genf und David Schramm von der Universität Chicago haben 1995 errechnet, daß eine 33 Lichtjahre entfernte
Supernova den Betrag der kosmischen Strahlung verhundertfachen
würde und 90 Prozent des Ozons zerstören müßte.

Eine andere Abschätzung hob die Gefahr durch die Röntgenstrahlung selbst hervor. Sie hätte sich verdoppelt, wenn die Supernova in einer Entfernung von 16 Lichtjahren ausgebrochen wäre. Zur Zeit beträgt
die Belastung von radioaktiven Elementen in der Erdkruste und energiereichen Strahlen aus dem All durchschnittlich etwa 0,03 rad pro Jahr.
Gefährlich werden 15 rad jährlich. Statistisch gesehen dürfte die Strahlung einmal in 10 Millionen Jahren auf 200 rad ansteigen. Und innerhalb
von 600 Millionen Jahren könnte sich ein Strahlungsblitz von 25 000 rad
ereignen.

Auch radioaktiver Staub mag von den auseinandergesprengten
Sternentrümmern auf die Erde gerieselt sein. Die Supernovaenergien reichen aus, selbst die schwersten Elemente durch Kernverschmelzung zu
erzeugen, sogar Plutonium, von dem man früher dachte, es käme nur als

künstliches, das heißt von Menschen erzeugtes Element vor. Allerdings wurden in den Grenzschichten zwischen Kreide und Tertiär nicht mehr radioaktive Elemente nachgewiesen als in anderen Sedimenten auch.

Carl Sagan von der Cornell-Universität in Ithaka im amerikanischen Bundesstaat New York hat die Wahrscheinlichkeit von Sternexplosionen in einer Entfernung von weniger als 100 Lichtjahren abgeschätzt. Er veranschlagte für das Vorkommen einer solchermaßen benachbarten Supernova einen Zeitraum von 750 Millionen Jahren. Das bedeutet, daß statistisch betrachtet immerhin ungefähr sechs dieser kosmischen Feuerwerke aufleuchteten, seit die Erde existiert. Aber wahrscheinlich ist dieser Wert noch zu hoch gegriffen. Auch in Zukunft sind wir vor solchen Gefahren nicht gefeit. Doch dürfte eine Vorwarnzeit von einigen hunderttausend Jahren bestehen, bis ein verdächtig flackernder roter Riesenstern explodieren wird. Der pulsierende Stern Beteigeuze gilt in dieser Hinsicht gegenwärtig als einer der bedrohlichsten Kandidaten. Doch ist er zu weit weg, um uns unmittelbar zu gefährden.

Kandidaten für eine Supernova – die nächstgelegenen Roten Riesen			
Name des Sterns	Sternbild	Entfernung (in Lichtjahren)	Durchmesser (als Vielfaches der Sonne)
Scheat	Pegasus	160	110
Mira	Walfisch	230	420
Ras Algheti	Herkules	500	500
Antares	Skorpion	500	640
Beteigeuze	Orion	500	650–750 (pulsiert)

Eine globale Klimakatastrophe

Mittlerweile ist die Supernovahypothese außer Mode gekommen. Sie läßt zu viele Fragen offen und kann die meisten Daten, die in den letzten Jahren weltweit zusammengetragen wurden, auch nicht erklären. Die überwiegende Mehrheit der Wissenschaftler ist nun davon überzeugt, daß es sich bei dem Massenaussterben, das das Ende der Kreidezeit markiert, um die Folge einer globalen Klimakatastrophe handelt.

Mit den paläontologischen Untersuchungen erscheint diese Hypothese zunächst nicht einfach belegbar zu sein. Schließlich sind in den Sedimenten keine alten Thermometer vergraben, die noch die damalige Temperatur anzeigen. Man fand dennoch einige Indizien. Zum Beispiel

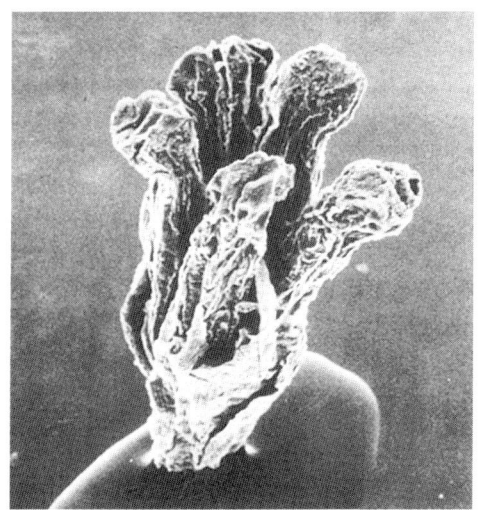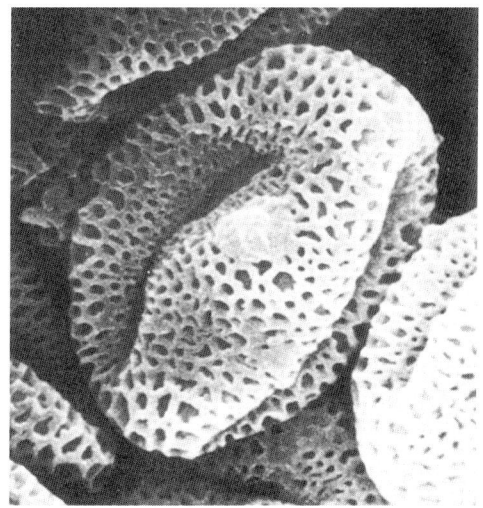

variiert die Häufigkeit der verschiedenen Sauerstoffisotope mit der Umgebungstemperatur. Diese Isotope können in einem übertragenen Sinn daher als Thermometer dienen, mit denen sich die Oberflächentemperaturen der Ozeane in ferner Vergangenheit noch ermitteln läßt. Und Untersuchungen von Fossilien werten tatsächlich den vermehrten Einbau von Sauerstoff-18 gegenüber Sauerstoff-16 in die Skelette und Gehäuse verschiedener Organismen als Hinweis auf geringere Durchschnittstemperaturen.

Außerdem haben Jack Wolfe und Garland Upchurch vom Geologischen Vermessungsamt der USA und andere eine plötzliche, zeitlich beschränkte Zunahme der Anzahl von Farnsporen und eine Abnahme der Pollenhäufigkeit von Blütenpflanzen in den Schichten der Kreide-Tertiär-Grenze gefunden. Sie wurde später auch in Europa und Japan nachgewiesen. Da solche Relikte sehr zahlreich vorliegen und daher im Vergleich zu fossilen Knochen relativ billig gesammelt und rasch konserviert werden können, lassen sich die Ergebnisse statistisch recht zuverlässig auswerten, ohne daß man allzu große Möglichkeiten zufälliger Verfälschungen in Betracht ziehen müßte. Der Rückgang der Blütenpflanzen deutet ebenfalls auf eine drastische Temperaturabnahme hin. Davon waren vor allem die wärmeliebenderen Arten betroffen, und solche, die von Insekten bestäubt wurden. In den Tropen, wo eine Anpassung an Temperaturschwankungen mangels Notwendigkeit in der Regel nicht gegeben ist, starben mehr Blütenpflanzen als in den höheren Breiten. In New

Eine fossile kreidezeitliche Blüte (links) und eines ihrer porösen Pollenkörner (rechts) im Rasterelektronenmikroskop. Die große Anzahl verschiedener Pollen in den Sedimenten erlaubt Rückschlüsse auf Klimaveränderungen. Der Rückgang der Blütenpflanzen und die Zunahme kälteunempfindlicher Farne ist ein Hinweis auf einen drastischen Temperatursturz vor 65 Millionen Jahren.

77

Mexico wurden ungefähr drei Viertel der Arten ausgerottet, in Wyoming etwa die Hälfte und in Zentral-Alberta vielleicht ein Viertel. Farne als anspruchslosere Pionierpflanzen konnten sich diesen Veränderungen dagegen besser anpassen und nahmen deshalb vorübergehend zahlenmäßig stark zu, teilweise von 5 auf 90 Prozent.

Was aber war der Auslöser für diesen plötzlichen Klimawandel? War eine geomagnetische Umpolung dafür verantwortlich? Hatte sich der Neigungswinkel der Erdachse verschoben? Oder gab es gewaltige geologische Umbrüche? Der schon erwähnte Artikel in *Science* bot eine andere Erklärung an.

Spuren aus dem Weltraum

Die Entdeckung der Iridiumanomalie

Ende der siebziger Jahre war Walter Alvarez von der kalifornischen Universität in Berkeley damit beschäftigt, Gesteinsproben aus Kalkformationen in der Bottaccione-Schlucht bei der Stadt Gubbio in Mittelitalien zu sammeln, die sich einst unter tiefen Meeren gebildet hatten. Diese Proben enthielten eine Fülle winziger planktonischer Einzeller mit Gehäusen aus Kalk. Aus den Schalen dieser sogenannten Foraminiferen bestehen übrigens die meisten Kalksteinfelsen. Alvarez entdeckte zu seiner Überraschung, daß die Artenvielfalt der Schalentiere, die kurz vor dem Kreide-Tertiär-Übergang, den er untersuchte, noch sehr groß war, in der Grenzschicht auf eine einzige Art zurückging. Oberhalb des hier nur ein bis zwei Zentimeter breiten Übergangsbereichs, einer rötlichgrauen Tonschicht, nahm der Variantenreichtum wieder rasch zu.

Alvarez brachte die Proben nach Berkeley und beratschlagte sich mit seinem Vater, dem 1988 verstorbenen Astrophysiker und Physik-Nobelpreisträger Luis Alvarez. Dieser schlug vor, den Iridiumgehalt der Tonschicht zu messen. Er hatte nämlich eine Methode entwickelt, mit der sich der Zeitraum bestimmen läßt, innerhalb dessen sich Sedimente abgelagert haben. Unter der Annahme, daß die Rate, mit der mikrometeoritische Materie aus dem Weltall auf die Erde regnet, weitgehend konstant ist, sollte sich die Zeitspanne abschätzen lassen, in der das tonbildende Material abgelagert wurde. Luis Alvarez wählte als eine solche geologische Uhr das Element Iridium, weil es in Meteoriten bis zu zehntausendmal häufiger vorkommt als an der Oberfläche unseres Planeten. Dieses Schwermetall gehört zur selben Gruppe wie Platin und ist sogar noch schwerer. Seine Dichte ist 22mal höher als die des Wassers. In der

Erdkruste ist es so selten, weil es sich bei der Entstehung der Erde zum größten Teil in deren Kern konzentriert und dort mit Eisen legiert hat.

Walter Alvarez gab seine Proben den Nuklearchemikern Frank Asaro und Helen V. Michel aus Berkeley. Diese stellten daraufhin fest, daß die Iridiumkonzentration in der Tonschicht des Kreide-Tertiär-Übergangs über dreißigmal höher ist als in anderen Tonen angrenzender Kalksteinschichten. Normalerweise sedimentiert eine Tonschicht von einem Zentimeter Dicke in vielleicht 13 000 Jahren; hätte sich dieser Iridiumgehalt aber kontinuierlich angesammelt, wären dazu 340 000 Jahre notwendig gewesen, was aller geologischen Erfahrung Hohn spricht. Kurze Zeit später stellte sich heraus, daß in einer vergleichbaren Grenzschicht des dänischen Küstenkliffs Stevns Klint, rund 50 Kilometer südlich von Kopenhagen, die Konzentration an Iridium sogar um das 160fache erhöht war, und an einem Ort in Neuseeland um das 20fache. Das alles läßt sich durch die normale Rate von Meteoritenstaubablagerungen nicht erklären.

Außerirdische Schwermetalle

Falls der Iridiumüberschuß aus irgendwelchen irdischen Quellen stammt, dann müßten sich im Ton auch jene anderen Elemente stärker angereichert haben, die normalerweise mit ihnen gemeinsam vorkommen. Doch die Ergebnisse der Analysen sprechen dagegen. Statt dessen gleicht das Anreicherungsmuster eher der relativen Häufigkeit der Elemente in Meteoriten. Auch andere chemisch ähnliche Metalle wie Ruthenium, Rhodium, Osmium, Platin und Gold kommen in der Kreide-Tertiär-Grenzschicht in höheren Anteilen vor als in anderen Sedimenten – genau wie in Meteoriten. Später hat Miriam Kastner vom Scripps-Institut für Ozeanographie in La Jolla bei San Diego, Kalifornien, sogar festgestellt, daß das Gold-Iridium-Verhältnis im Kreide-Tertiär-Übergang an der Ostküste Dänemarks auf fünf Prozent genau mit dem in den primitivsten Meteoriten übereinstimmt, den kohligen Chondriten. Die Anhäufung der Platinmetalle ist also sicherlich außerirdischen Ursprungs.

Daß das überschüssige Iridium aus Meteoritenmaterie in ozeanischen Reservoiren stammt, von wo es durch irgendeinen chemischen Vorgang vielleicht rasch hätte ausgefällt werden können, schied als Möglichkeit ebenfalls aus. Denn dann hätte man auch in anderen Schichten solche Anreicherungen nachweisen müssen. Überdies fand Charles J. Orth vom Los Alamos Scientific Laboratory mit seinen Mitarbeitern eine

Die Katastrophe hat ihre Spuren im Gestein hinterlassen: unterhalb der Kreide-Tertiär-Grenze (rötliche Tonschicht im Vordergrund) gab es im Meer zahlreiche große Foraminiferen, mikroskopische einzellige Lebewesen mit Kalkschalen. Danach, also oberhalb der Grenze, kommen nur noch wenige, sehr kleine Foraminiferen vor.

ähnliche Iridiumanomalie an der Oberkante von anderen kreidezeitlichen Sedimenten in Raton Basin, New Mexiko. Sie haben einen kontinentalen Ursprung. Hier konnte also gar nichts aus den Ozeanen ausgefällt worden sein, weil dieser Ort damals überhaupt nicht unter Wasser war.

Bald darauf folgten weitere Entdeckungen hoher Konzentrationen an Iridium und verwandten Metallen in Gesteinen sowie in Bohrkernen aus dem Atlantik und Pazifik. Mittlerweile haben über hundert Forscher aus rund zwei Dutzend verschiedenen Labors in 13 Ländern an mehr als hundert Orten rund um den Globus (einschließlich der Antarktis) abnorm hohe Iridiumkonzentrationen an der Kreide-Tertiär-Grenze gefunden – sowohl in der Tiefsee als auch in Sedimenten, die sich am Ende der Kreidezeit auf dem Meeresboden und auf dem Festland abgelagert hatten. Die Werte liegen zum Teil um das 200fache über dem Durchschnitt, schwanken aber beträchtlich. Daraus läßt sich abschätzen, daß damals ungefähr 500 Milliarden Tonnen an außerirdischem Material über die ganze Erdoberfläche verstreut worden waren.

Als nicht weniger wichtig ist der Nachweis anzusehen, daß viele weitere untersuchte Sedimente aus anderen geologischen Epochen keine erhöhten Iridiumwerte aufweisen. Die Iridiumanomalie markiert also tatsächlich ein extrem seltenes, vielleicht sogar singuläres Ereignis.

Als eine mögliche Quelle der Platinelemente schlugen Vertreter der Supernovahypothese zunächst die abgesprengten Trümmer einer Sternexplosion vor. Allerdings dürften sich die schweren Elemente in den Gasfetzen, die von der Erde eingesammelt worden wären, nicht so stark anreichern, daß damit die Iridiumanomalie erklärt werden könnte. Es sei denn, der Stern wäre nur 0,1 Lichtjahre entfernt zerrissen worden. Doch dafür spricht lediglich eine winzige Wahrscheinlichkeit von eins zu einer Milliarde. Allerdings könnte die Erde im Rahmen der Bewegung des Sonnensystems durch die Milchstraße auch durch die Relikte einer Supernova gewandert sein, die viel früher in einem größeren Abstand ausgebrochen war. Darüber hinaus wären dann auch andere Elemente zur Erde gelangt, etwa Spuren von Plutonium-244, die sich in der Kreide-Tertiär-Grenzschicht aber nicht nachweisen lassen. Auch sollten in einer Supernova die beiden Iridiumisotope 191 und 193 mit großer Wahrscheinlichkeit in einem Verhältnis erzeugt worden sein, das von dem im Sonnensystem abweicht. Das ist aber nicht der Fall, auch nicht für das Verhältnis von Osmium-187 zu Osmium-186. Also müssen die Platinelemente aus unserem Planetensystem stammen.

Immerhin könnte ein Gammastrahlenausbruch von einer Sternex-

plosion in der Nähe mikrometeoritisches Material von der Mondoberfläche weggeblasen und zur Erde gefegt haben. So spekulierten Malvin A. Ruderman von der Columbia-Universität und James W. Truran jr. von der Illinois-Universität in Urbana-Champaign. Doch einerseits ist es unklar, ob bei einer Supernova überhaupt Gammastrahlung freigesetzt wird. Und andererseits würde sie wahrscheinlich auch nicht ausreichen, um die erforderlichen Iridiummengen auf diese Weise zur Erde zu blasen. Deshalb bleibt nur ein gewaltiger Einschlag eines Meteoriten vor 65 Millionen Jahren als Erklärung der Iridiumanomalie übrig, so folgerten Luis und Walter Alvarez, Frank Asaro und Helen V. Michel in ihrem *Science*-Artikel von 1980. Malvin Ruderman, Dale A. Russell und Wallace Tucker ließen sich von den Daten der Berkeley-Gruppe auch sofort überzeugen und erklärten die Supernovahypothese, deren stärkste Befürworter sie bis dahin waren, für erledigt.

Wie ein roter Faden zieht sich die stark iridiumhaltige Tonschicht entlang der Kreide-Tertiär-Grenze, hier aufgenommen bei Gubbio in Italien. Sie wurde wie die benachbarten Sedimentgesteine schräg gestellt, als sich der Apennin anhob. Die Münze vom Durchmesser eines Markstücks dient dem Größenvergleich.

Die Wissenschaftler versuchten auch, die Größe und Folgen des eingeschlagenen Objekts

Die Größe des Killers

abzuschätzen. Aus der Masse der Kreide-Tertiär-Grenzschicht errechneten sie einen Meteoritendurchmesser von ungefähr zehn Kilometern mit einer Unsicherheit von etwa drei Kilometern nach oben und unten. Das steht mit Kraterzählungen auf dem Mond und astronomischen Beobachtungen von Planetoiden, die die Erdbahn kreuzen, in gutem Einklang. Schon früher gab es Hochrechnungen, die zeigten, daß alle 100 Millionen Jahre statistisch gesehen ein bis zwei Brocken dieser Größenordnung auf die Erde prallen sollten. Der Krater, den ein solcher Killer aus dem All hinterläßt, muß von gewaltiger Größe sein – er dürfte einen Durchmesser von 100 bis 200 Kilometern haben!

Wenn der Meteorit kein Planetoid gewesen ist, sondern ein Kometenkern, wären seine Ausmaße aufgrund der dann geringeren Dichte sogar noch höher zu veranschlagen.

Auch die Masse des Materials, die der eingeschlagene Körper beim Aufprall auf die Erdoberfläche aus dem Boden sprengte und teilweise (als Staub und durch Verdampfung erzeugte Gase) über den ganzen Globus verbreitete, ist beeindruckend: sie beträgt ein Fünf- bis 200faches des Meteoriten, so haben Hochrechnungen ergeben, liegt also in der Größenordnung von Billionen Tonnen, was einem Volumen von 1000 bis 10 000 Kubikkilometern entspricht. Das jedenfalls ergibt sich aus der Annahme, daß die auf den Einschlag zurückzuführende Kreide-Tertiär-Übergangsschicht weltweit im Mittel ein Zentimeter dick ist.

Bei einer durchschnittlichen Iridiumkonzentration von über einem zehnmillionstel Gramm pro Quadratzentimeter wären mehr als 300 000 Tonnen des Schwermetalls mit dem Meteoriten auf die Erde gelangt – ein Wert, durch den man in Anbetracht des Weltmarktpreises zum Multimilliardär würde.

Aufruhr und Skepsis

Was die Berkeley-Gruppe mit ihrer Hypothese behauptet hatte, geschah zunächst mit der Hypothese selbst: sie schlug ein wie eine Bombe. Während die Presse das Katastrophenszenario begierig aufgriff, verhielten sich die meisten Paläontologen zuerst einmal reserviert oder skeptisch. Dann hagelte es Kritik.

Konnte der Ursprung der Iridiumanomalie nicht auch ganz anders erklärt werden, etwa durch biologische oder geologische Prozesse? Schließlich ist seit langem bekannt, daß Meerestiere bestimmte Elemente anzureichern vermögen, die deshalb in ihnen zum Teil sogar früher nachgewiesen wurden als im Meerwasser selbst. Auch wäre es denkbar, daß einst große Mengen an Kalkstein verwittert sind, so daß einzig das Iridium darin als konzentrierter Rückstand erhalten blieb.

War die Iridiumanomalie überhaupt ernst zu nehmen? Schließlich hatte die Berkeley-Gruppe weder andere Tonschichten noch andere Grenzschichten zwischen geologischen Perioden untersucht. Für Zweifel sorgte kurzfristig auch, daß eine Probe durch den Platinring einer technischen Assistentin verunreinigt worden war, in dem ebenfalls Iridiumspuren enthalten sind. Dieser Fehler wurde aber rasch ausgeräumt und änderte an den Resultaten insgesamt nichts.

Und ist es vor allem nicht viel zu voreilig, aufgrund einer so schmalen Datenbasis so weitreichende Schlußfolgerungen zu ziehen? Wieso war der Einschlagkrater nicht längst bekannt? Außerdem paßte die Behauptung von einer plötzlichen Katastrophe ohnehin nicht in die gängige Vorstellung von den großen Zeiträumen biologischer Veränderungen und vor diesem Hintergrund in die gängigen Interpretationen der Fossilüberlieferungen.

Schließlich mochten einige Paläontologen auch einfach darüber erbost gewesen sein, mit welcher Kühnheit hier Physiker und Chemiker, die ihr angestammtes Terrain verließen, ihnen mit revolutionären Behauptungen gleichsam ins Handwerk pfuschten. Das ist freilich kein wissenschaftliches Argument. Doch darf man nicht glauben, Forschung sei ausschließlich eine Veranstaltung der reinen Vernunft. Wie überall, spielen auch hier Emotionen und Vorurteile selbstverständlich eine Rolle.

Immerhin fand die Meteoritenhypothese große Beachtung und stimulierte rasch weitere Untersuchungen. Dabei war sie keineswegs neu. Schon 1970 hatte Digby McLaren, ein hochkarätiger Geologe und Paläontologe vom kanadischen Vermessungsamt, vermutet, daß ein Massenaussterben im Devon vor 365 Millionen Jahren von einem Meteoriteneinschlag ausgelöst wurde (tatsächlich sollte er 1984 eine Iridiumanomalie in dieser Stufe finden). Harold Urey (1893–1981), seines Zeichens immerhin Nobelpreisträger für Chemie, führte 1973 ebenfalls mehrere Aussterbeereignisse in den letzten 50 Millionen Jahren auf Meteoritentreffer zurück, wobei er sich auf paläontologische Daten und Altersbestimmungen von Einschlagspuren stützte und in diesem Zusammenhang sogar über den Untergang der Dinosaurier spekuliert hatte. Schließlich hatten 1978 Fred Hoyle und Nalin Chandra Wickramasinghe aus England vermutet, daß bei dem nahen Vorbeiflug eines Kometenkerns so viel mikrometeoritisches Material in die Erdatmosphäre gelangt sei (vielleicht 100 Millionen Tonnen Kometenstaub) und daß aufgrund der Blockade des Sonnenlichts viele Lebewesen daraufhin einer Periode der Finsternis und Kälte zum Opfer gefallen wären. Alle

Reicht die Datenbasis aus? Waren die Physiker und Chemiker zu anmaßend?

83

diese Publikationen fanden in der Fachwelt jedoch kaum Beachtung und Resonanz.

Vor diesem Hintergrund muß es schon als Erfolg gewertet werden, daß der Artikel der Berkeley-Gruppe frischen Wind in die Institute brachte. Fünf Jahre später, so hatten Umfragen ergeben, teilte immerhin schon ungefähr die Hälfte der Fachwissenschaftler die Auffassung, daß sich am Ende der Kreidezeit ein Meteoriteneinschlag ereignet habe. Einen Zusammenhang mit dem Massenaussterben wollten allerdings noch immer die wenigsten akzeptieren.

Indizien für Stoßwellen

In den Jahren nach 1980 wurden rasch weitere Bestätigungen für die Meteoritenhypothese gesammelt. So stieß man in der iridiumhaltigen Schicht auf bis zu millimetergroße runde, tropfen- und hantelförmige Körner, sogenannte Sphärulen. Sie sind als umgewandelte Mikrotektite gedeutet worden. Gut die Hälfte des Auswurfs nach einem Hochgeschwindigkeitseinschlag wird Modellrechnungen von Jay Melosh und A. M. Vickery von der Universität von Arizona zufolge zu solchen Mikrotektiten. Sie enthalten sowohl Material der Erdkruste als auch des Meteoriten.

Jan Smit von der Universität Amsterdam entdeckte zuerst 1981

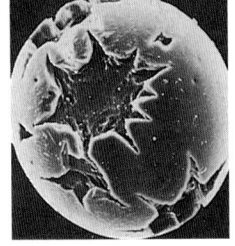

Mikrotektiten wie diese Glasphärule entstehen beim Aufprall außerirdischer Himmelskörper: durch die Wucht des Einschlags schmilzt irdisches Material auf. Die in die Luft geschleuderten Partikel werden oft Hunderte von Kilometer vom Aufschlagsort entfernt gefunden.

Tektite

Tektite, früher Glasmeteorite genannt, sind silikatreiche, im Extremfall bis zu 15 Kilogramm schwere Brocken mit Quarzeinschlüssen, die mitunter in der Nähe von Einschlagkratern gefunden werden. Zum Beispiel stehen die in der Tschechei gefundenen Moldavite im Zusammenhang mit dem Nördlinger Ries in Bayern. Bevor der Meteorit dort einschlug, wurden von seiner glühenden Oberfläche noch Schmelztropfen abgerissen, die in der Verlängerung seiner Flugbahn dann als Glasregen in Böhmen niedergegangen sind.

Tektite und Mikrotektite entstehen auch, wenn ein Meteorit auf den Erdboden stürzt und dabei Silikatmaterial der Erdkruste zersprengt und in die Luft wirft. Durch die Wucht des Aufpralls wird es aufgeschmolzen. Die Tröpfchen kühlen aber derart rasch ab, daß die Bildung mikroskopisch sichtbarer Kristalle verhindert wird. Deshalb erscheint die Struktur der Tektite glasig. Durch ihren geringen Wassergehalt unterscheiden sie sich in ihrer Zusammensetzung von vulkanisch entstandenen Gläsern.

Äquivalente zu solchen Mikrotektiten im Basaltgestein des Kreide-Tertiär-Übergangs in Spanien. Alessandro Montanari aus Berkeley fand später weitere in Italien. Diese Basaltkügelchen könnten entstanden sein, als der Meteorit ozeanisches Krustenmaterial traf. Bislang sind Sphärulen an über 70 Orten weltweit nachgewiesen worden.

Zusätzliche Indizien in der iridiumhaltigen Grenzschicht bargen in Montana, später auch in New Mexico und Europa Geologen unter der Leitung von Bruce Bohor und Glen Izett vom Geologischen Vermessungsamt der USA in Denver: Quarzkörner mit vielen feinen, parallel angeordneten Bruchflächen beziehungsweise Einschnitten. Diese Lamellenstrukturen sind typisch für eine Stoßwellenmetamorphose und werden nur durch die plötzliche Einwirkung von hohem Druck erzeugt, wie er eben beim Aufprall eines Meteoriten oder auch bei unterirdischen Atomwaffentests entsteht. Solche Drücke übertreffen den Luftdruck am Boden um das Hunderttausendfache. Mittlerweile wurden an über zwei Dutzend Stellen auf der Erde solche geschockten Quarzkörner gefunden.

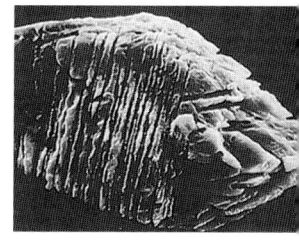

Rasterelektronenmikroskopaufnahme eines geschockten Quarzkorns aus dem Kreide-Tertiär-Grenzton in Montana. Die flachen Brüche treten nach Ätzen mit Salzsäure deutlicher hervor.

Diamanten aus dem All?

Ein weiteres Indiz für einen Meteoriteneinschlag wurde 1991 in der Kreide-Tertiär-Übergangszone im kanadischen Bundesstaat Alberta entdeckt – Spuren von winzigen Diamanten. Ihr Durchmesser beträgt nur 3 bis 5 Millionstelmillimeter. Sie können nicht durch vulkanische Tätigkeit entstanden sein, weil bei diesen vergleichsweise niedrigeren Temperaturen und Drücken der Kohlenstoff in Graphit umgewandelt wird oder zu Kohlendioxid reagiert. Auch von einer Supernova kann der Diamantenstaub nicht kommen, obwohl durch die Schockwellen nachweislich kleine Diamanten aus der kohlenstoffhaltigen Asche des Sterns erzeugt werden können. Der Diamantenstaub wäre nämlich in den oberen Schichten der Erdatmosphäre verglüht. Daher muß er entweder aus dem Inneren des kosmischen Geschosses selbst stammen oder bei dessen Aufprall entstanden sein. Chondriten enthalten jedenfalls solche Miniaturdiamanten (in Konzentrationen von einem halben bis einem Millionstelgramm pro Gramm). Die Diamanten von der Kreide-Tertiär-Grenze sind jedoch größer und haben, wie später nachgewiesen wurde, auch einen anderen Gehalt an Kohlenstoff-13 als jene aus Meteoriten. Außerdem wurden sie zwar mittlerweile auch in einer Kreide-Tertiär-Schicht in Mexiko gefunden, nicht aber in Italien. Deshalb ist es wahrscheinlicher, daß sie erst beim Aufprall des Meteoriten entstanden sind und dann zwar bis

85

zu einigen hundert Kilometern davongeschleudert, nicht aber über den ganzen Globus verteilt wurden.

Zusammen mit der Iridiumanomalie sind die vielen kleinen, weltweit gefundenen Mikrotektiten und die geschockten Quarzkörner sowie die in Amerika entdeckten winzigen Diamanten also wichtige Indizien für einen Meteoriteneinschlag am Ende der Kreidezeit. Er mußte die Erde regelrecht aufgewühlt haben, damit ein Teil des Materials in große Höhen getrieben werden konnte und die feinen Stäube dann überall auf der Erde wieder niederregneten. Schon dies mag etwas von der verheerenden Gewalt des Volltreffers aus dem All deutlich machen. Aber wie hat man sich die unmittelbaren Auswirkungen dieser kosmischen Karambolage vorzustellen?

Totschlag aus dem All

Das Weltuntergangszenario

Das vielleicht 500 Milliarden Tonnen schwere Geschoß muß mit der ungeheueren Geschwindigkeit von rund 40 000 Kilometern pro Stunde auf die Erde zugerast sein. Als es die Atmosphäre erreichte, riß es ein riesiges Loch hinein. Die Luftschichten können einen so großen Körper nicht merklich abbremsen. So trieb er eine gewaltige Schockwelle vor sich her, die zuerst unseren Planeten traf, reflektiert wurde und sich halbkugelförmig in alle Richtungen fortpflanzte, noch bevor die Fontäne mit dem Auswurfmaterial entstand. Der Aufprall auf die Erdoberfläche selbst war katastrophal, unabhängig davon, ob der Meteorit Festland oder Meer traf. Die Bewegungsenergie der Weltraumbombe wandelte sich zu einem großen Teil in Wärme um – bei einer Temperatur von etwa 100 000 Grad sollten im Kernbereich das gesamte Projektil und ein beachtlicher Anteil der Gesteine des Zielgebietes im Nu verdampft sein. Man hat überschlagen, daß dabei 100 bis 1000 Trilliarden Joule freigesetzt worden sind. Das entspricht der Energie der gesamten Sonnenstrahlung, die die Erde momentan in einem Zeitraum von drei Tagen bis vier Wochen erhält (je nachdem, ob man den niedrigeren oder höheren Wert annehmen will). Oder einer Sprengkraft von ungefähr 50 bis 100 Millionen Megatonnen TNT. Damit übertraf der Einschlag die Explosion aller irdischen Kernwaffenarsenale, würden sie zur gleichen Zeit gezündet, etwa um das Fünf- bis Zehntausendfache. Anders gesagt: in Sekundenschnelle setzte der Einschlag die Energie von fünf bis 10 Milliarden Hiroshima-Bomben frei und damit mehr als ein Millionenfaches der berüchtigten Explosion des Krakatau-Vulkans in Indonesien im August 1883.

Ein Teil der verdampften Überreste des Meteoriten sind wohl sogleich zusammen mit aufgeworfenem Material der Erdkruste durch das atmosphärische Loch wieder ins All hinausgeschleudert worden, noch bevor die verdrängte Luft dorthin zurückströmen und es schließen konnte. Auch der Feuerball aus glühenden Gasen stieß durch die obersten Atmosphärenschichten und verteilte mitgerissene Trümmer in ballistische Erdumlaufbahnen. Das läßt sich jedenfalls aus den Daten von oberirdischen Atombombenexplosionen extrapolieren. Hierbei dehnt sich das heiße Gas aus, bis es den gleichen Druck hat wie die Atmosphäre in der unmittelbaren Umgebung. Dann steigt es so weit empor, bis die Luft ringsum ebenfalls dieselbe Dichte besitzt. Dort, in etwa zehn Kilometern Höhe, breitet sich der Feuerball mitsamt den mitgerissenen Staubmassen nach den Seiten hin aus und formt den scheußlichen Kopf des Atompilzes. Aber schon eine Explosion mit der Energie von 1000 Megatonnen kann Computermodellen zufolge niemals ein Druckgleichgewicht mit der Atmosphäre erreichen. Vielmehr leisten die äußerst dünnen Luftschichten in großer Höhe dem heißen Gas keinen nennenswerten Widerstand mehr, so daß es als lohende Stichflamme, einer Feuerlanze gleich, dem irdischen Schwerefeld entkommt. Dabei entsprechen 1000 Megatonnen zwar dem Zwanzigfachen der stärksten Atombomben, sind aber bloß Knallfrösche im Vergleich zu der hunderttausendmal mächtigeren Explosion des Killers aus dem All.

Ein Meteorit der 10-Kilometer-Klasse dürfte Material vom Hundertfachen seiner eigenen Masse aufwirbeln.

Auf der Erdoberfläche hat der Feuerball alles Leben bis an seinen Horizont ausgelöscht. Stürme tobten mit brachialer Gewalt und knickten Bäume im Umkreis von mehreren hundert Kilometern wie Streichhölzer. Daraufhin fegten die Luftmassen zum Zentrum des Einschlags zurück. Mit den Orkanen jagte eine Hitzewelle binnen 18 Stunden über den Globus und steckte große Gebiete in Brand. (Es ist übrigens bemerkenswert, daß schon 1956 der Paläontologe M. W. de Laubenfels von der Universität Oregon spekulativ und ohne jedes Indiz einen solchen Hitzeschock, erzeugt von einem Planetoideneinschlag, für das Aussterben der Dinosaurier verantwortlich gemacht hatte.) Durch den Einschlag emporgeschleudertes Gestein prasselte als Glutregen wieder herab und entfachte entferntere Regionen. Die Feuersbrünste wälzten sich über weite, vom Hitzesturm teilweise schon ausgetrocknete Landstriche, fackelten vielleicht die Hälfte aller Wälder ab und stoben große Mengen an Asche in die Luft. Eine Rußschicht in der Kreide-Tertiär-Grenze gibt noch heute davon Zeugnis, wie Wendy Wolbach, Roy Lewis und Edward

So könnte der Meteoriteneinschlag für einen Beobachter aus dem All ausgesehen haben, dem vor 65 Millionen Jahren mehr als die Hälfte aller Lebewesen zum Opfer fiel.

Anders von der Universität Chicago nachweisen konnten. Sie hat weltweit eine Gesamtmasse von rund 100 Milliarden Tonnen und muß sich innerhalb weniger Jahre abgelagert haben.

Nach einer Schätzung von Viktor M. Clube und William M. Napier vom Observatorium in Edinburgh hätte die Stoßwelle, wenn der Einschlag auf dem Festland erfolgte, nicht nur Waldbrände und unvorstellbare Orkane ausgelöst, sondern auch die meisten größeren Landtiere töten müssen. Tatsächlich ist kein Landwirbeltier schwerer als 25 Kilogramm bekannt, das das Ende der Kreidezeit überlebt hat. Bei einem Sturz des Meteoriten ins Meer wären gigantische Tsunamis entstanden: kilometerhohe Wellenberge. Die Erd- oder Seebeben hätten die stärksten Beben, die in unserer Zeit jemals registriert worden sind, um mehr als das Hundertfache übertroffen. Im Fall eines Einschlags ins Meer hätten die durchschnittlich rund 7 Kilometer tiefen Wassermassen den Meteoriten übrigens nicht merklich abbremsen können. Er wäre trotzdem in den Ozeanboden hineingeschmettert und hätte ihn fast genauso stark aufgewühlt wie bei einem Einschlag auf dem Festland.

Nach Computersimulationen von Richard P. Turco, O. Brian Toon
Thomas Ackerman, James Pollack und Carl Sagan soll der Meteorit so
viel Staub aufgewirbelt haben, daß man über ein paar Monate hinweg
buchstäblich die Hand nicht mehr vor den Augen hätte sehen können.
Innerhalb von zwei Wochen dürften sich die Staubmassen auch über der
anderen Erdhalbkugel ausgebreitet haben, so daß kein Ort unseres Planeten verschont blieb. Ohne Sonnenlicht vermögen aber Pflanzen keine
Photosynthese zu betreiben. Damit wäre die Nahrungskette schon im ersten Glied gerissen. Die Biosphäre wäre also in ihren Grundfesten erschüttert worden. Schon dies hätte für ein verheerendes Massensterben
ausgereicht. Zwar sind solche Aussagen wohl zu hoch gegriffen, da sonst
fast alles Leben auf diesem Planeten ausgelöscht worden wäre und sich
viele Trümmer wahrscheinlich auch nicht so lange in der Luft halten
konnten. Doch lassen bereits Hochrechnungen von vulkanischen
Ascheregen und Studien über einen nuklearen Winter als Auswirkungen
eines Atomschlags erahnen, welche Folgen ein Meteoriteneinschlag haben muß. Und der kreidezeitliche Treffer überstieg solche Szenarien ja
um Größenordnungen. Immerhin dürfte einige Wochen lang Dämme-
rung geherrscht haben. Die Photosyntheserate ist um das Hundert- bis
Tausendfache gesunken. Dies wäre keinesfalls regional begrenzt gewesen. Die aufgewirbelten Staubmassen hätten sich in der ganzen Erdatmosphäre ausgebreitet. Schon im letzten Jahrhundert, nach dem Ausbruch des Krakatau-Vulkans, hatte man herausgefunden, daß die
Staubpartikel binnen eines Jahres auch auf die andere Seite des Globus
verteilt worden waren. Damals gelangten von den 18 Kubikkilometern
Auswurfmaterial vier in die Stratosphäre, wo sie sich zwei bis drei Jahre
lang aufhielten und für farbenprächtige Sonnenuntergänge, aber auch
für kühlere Sommer sorgten. Schon daraus wird ersichtlich, daß es nach
dem Meteoriteneinschlag aufgrund der Absorption der Sonnenstrahlung
durch den Staub in der Luft – ein Tausendfaches der Krakatau-Eruption
– zu einem dramatischen Temperatursturz gekommen sein mußte (nach
den Schätzungen von Turco und seinen Kollegen erreichte der Fest-
landfrost vorübergehend bis zu –25 Grad). Unzählige Arten waren dem
nicht gewachsen.

Zwar mehren sich in den letzten Jahren die Hinweise darauf, daß
vielleicht manche Dinosaurier ihre Körpertemperatur schon zu regeln
vermocht hatten, sozusagen warmblütig waren. Isotopenanalysen des
Verhältnisses von Sauerstoff-16- zu -18 in Tyrannosaurus-Knochen ergaben beispielsweise, daß diese Riesenreptilien an der Schwanzspitze
nur vier Grad kühler waren als im Brustraum; bei den großen unter den

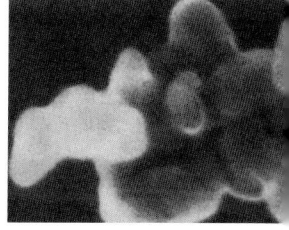

Dieses winzige Kohlen-
stoffteilchen aus dem
Ton der Kreide-Tertiär-
Grenze bei Caravaca in
Spanien stammt von
den gewaltigen, durch
den Meteoritenein-
schlag ausgelösten Feu-
ersbrünsten.

89

freilich viel kleineren kaltblütigen Echsen der Gegenwart, etwa dem Komodo-Waran, beträgt der Temperaturgradient dagegen mehr als das Doppelte. Im Süden des heutigen Australiens fand man sogar vor kurzem die Fossilien mehrerer Saurierarten, die dort vor 100 Millionen Jahren gelebt hatten. Damals lag der Kontinent noch innerhalb des südlichen Polarkreises, wo es im Jahr bis zu vier Monate lang Nacht gewesen war und nicht selten Temperaturen um den Gefrierpunkt geherrscht haben mußten. Auch in Alaska sind Dinosaurierzähne ausgegraben worden. Nicht alle Dinosaurier waren also so kälteempfindlich, wie man früher noch dachte, und hätten der Dunkelheit und dem Frost vielleicht einige Zeit trotzen können. Doch zum einen ist gegenwärtig nicht bekannt, ob solche Saurier am Ende der Kreidezeit überhaupt noch gelebt haben; und viele andere Organismen dürften einen drastischen, länger anhaltenden Temperatursturz noch viel schlechter vertragen haben. Zum anderen hat ein längerer Winter oder der Wegfall des Sommers, in dem sich die überwinternden Tiere zuvor beträchtlich mästen müssen, auch für kälteresistente Arten bedrohliche Auswirkungen. Auch ist der Winter nur eine der katastrophalen Folgen des Meteoriteneinschlags.

Ozonloch und saurer Regen

Zu dem Bild vom globalen Inferno fügten 1987 Ronald G. Prinn, Bruce Fegley und andere Geowissenschaftler vom Massachusetts-Institut für Technologie und Paul J. Crutzen vom Max-Planck-Institut für Chemie in Mainz ein weiteres Mosaiksteinchen hinzu. Die Energie des Meteoriten und die infolge der Luftreibung kurzfristig extreme Erhitzung der Atmosphäre müßte zur Bildung von großen Mengen an Stickoxiden geführt haben. Die Schätzungen liegen im Bereich von 100 bis 1000 Milliarden Tonnen. Mindestens ein Achtel der Einschlagsenergie soll so auf die Atmosphäre übertragen worden sein. Stickstoffmonoxid ist ein farbloses Gas, das aus der Reaktion von Stickstoff und Sauerstoff entsteht und mit zusätzlichem Sauerstoff zu Stickstoffdioxid weiterreagieren kann. Nach einem knappen Jahr dürfte dieses Gas auf einen Anteil von einem hundertstel Prozent in der Luft angestiegen sein. Dies entspricht der tausendfachen Menge selbst der höchsten Werte heutiger Luftverschmutzung. Da Stickstoffdioxid Sonnenlicht verschluckt, trug es zum globalen Winter ebenfalls nicht unerheblich bei.

Schlimmer war noch, daß die Stickoxide die Ozonschicht in der Stratosphäre angriffen und somit für ein urzeitliches Ozonloch sorgten. Dadurch drangen verstärkt die schädlichen ultravioletten Anteile der

Sonnenstrahlung auf die Erdoberfläche – über viele Jahrhunderte, bis sich die Ozonschicht wieder regeneriert hatte. Was bekanntlich das irdische Leben in naher Zukunft zunehmend gefährden wird, hatte also schon damals vermutlich vernichtende Konsequenzen.

Damit aber nicht genug. Die hohe Konzentration an Stickoxiden allein ist ja schon giftig genug für das irdische Leben. Zudem reagieren diese Stoffe mit Wasser zu Salpetersäure. Ein saurer Regen mußte damals die Folge gewesen sein, der den sauren Regen in unserer Zeit an Aggressivität um ein Vielfaches übertrifft. Mit einem pH-Wert von 1 war er so sauer wie unser Magensaft. Dieser tödliche Niederschlag bedeutete den Untergang für viele Lebewesen, die den Meteoriteneinschlag gerade noch überstanden hatten. Die obersten 75 Meter der Meere wurden zur Todeszone. Die Kalkschalen, mit denen sich viele Organismen schützen, haben sich mit der Zeit wie Brausetabletten aufgelöst.

Saurer Regen, so sauer wie unser Magensaft, bedeutete für viele Organismen den Tod.

Nur in flachen kalkhaltigen Gewässern, die das Säurebad puffern konnten, und in den größeren Meerestiefen war ein Überleben möglich. Auch Tiere, die ihre Eier im Boden vergruben oder einen Winterschlaf abhalten konnten, hatten einen Vorteil; Tiere, die nachtaktiv waren, entkamen der verderblichen UV-Strahlung. Dies paßt mit den paläontologischen Funden recht gut zusammen. Eine brauchbare Hypothese sollte ja nicht nur das massenhafte Aussterben erklären können, sondern auch, warum die nicht ausgestorbenen Arten zur gleichen Zeit zu überleben vermochten.

Unter diesen Gesichtspunkten ist es dann nicht überraschend zu wissen, daß die Dinoflagellaten, Einzeller im Plankton, von den Änderungen am Ende der Kreidezeit unter den ozeanischen Kleinstlebewesen noch am wenigsten betroffen waren. Da ihre Nachfahren heute saures Wasser relativ gut vertragen, dürfte das damals auch schon so gewesen sein. Außerdem können sich Dinoflagellaten – wie auch bestimmte Kieselalgen, die überlebt haben – im Gegensatz zu vielen anderen kalkhaltigen Einzellern einkapseln. In solchen Ruhestadien hätten sie auch längere Phasen mit für sie unwirtlichen Umweltbedingungen wie Dunkelheit und Kälte überstanden.

Analysen von Strontiumisotopen haben die These vom sauren Regen wenig später untermauert. Sie stehen nämlich in Einklang mit Prinns Voraussage, daß sich das Isotopenverhältnis in den Sedimenten der Kreide-Trias-Zeit ändern sollte, weil der extrem saure Regen in der Lage gewesen sein mußte, normalerweise unlösliche Elemente wie Aluminium, Barium und Strontium aus den Steinen herauszuwaschen und an anderen Stellen einzulagern.

Folgte nach dem Kälteschock ein Treibhauseffekt?

Paul Crutzen stellte auch Überlegungen über die weitere Entwicklung der Atmosphäre an. Nach der Kälteperiode könnten sich entgegengesetzte Auswirkungen bemerkbar gemacht haben. Definitive Aussagen sind schwierig, weil die Zusammensetzung der damaligen Atmosphäre nicht genau bekannt ist. Aus der schon erwähnten Rußschicht läßt sich aber ablesen, daß durch die weltweiten Waldbrände gewaltige Mengen an Gasen freigesetzt worden waren: ungefähr 10 Milliarden Tonnen Stickstoffdioxid, 100 Milliarden Tonnen Methan, 1 Billion Tonnen Kohlenmonoxid und 10 Billionen Tonnen Kohlendioxid. Das entspricht dem 7-, 30-, 4000- beziehungsweise 15fachen Gehalt dieser Moleküle in unserer heutigen Lufthülle. Hinzu kamen noch beträchtliche Mengen an anderen Stickoxiden und reaktiven Kohlenwasserstoffen. Diese enorme Belastung hatte einen umfassenden photochemischen Smog und einen gewaltigen Treibhauseffekt zur Folge. Denn die Gase verschlucken die von der Erde zurückgestrahlte Sonnenwärme und lassen sie nicht wieder ins All entweichen. Crutzen rechnete mit einem Temperaturanstieg von ungefähr 10 Grad Celsius. Jan Smit von der Universität Amsterdam publizierte 1990 die Ergebnisse seiner Kohlenstoff- und Sauerstoffisotopenmessungen in Spanien und schloß daraus auf eine Temperaturerhöhung der Ozeane um acht Grad.

Schon früher hatten übrigens Cesare Emiliani von der Universität Miami, Florida, Eric Krause von der Universität von Colorado in Boulder und Eugene Shoemaker vom Geologischen Vermessungsamt der USA in Flagstaff, Arizona, vermutet, daß der Meteorit, falls er ins Meer eingeschlagen haben sollte, außer Gesteinsstaub auch Wasserdampf in die Atmosphäre geschleudert hätte. Dieser Dampf bliebe aber viel länger in der Luft als der Staub und führte daher auch zu einem Treibhauseffekt. Nach einer anderen Überlegung von John D. O'Keefe und Thomas J. Ahrens vom Kalifornischen Institut für Technologie in Pasadena wäre ein solcher Effekt auch die Folge gewesen, wenn der Meteorit ein Kalksteingebiet getroffen und damit große Mengen von Kohlendioxid freigesetzt hätte. Aus verschiedenen Modellversuchen mit auf Kalkstein abgefeuerten Hochgeschwindigkeitsgeschossen schlossen sie auf eine Erhöhung des Kohlendioxidgehalts in der Luft um viele hundert Milliarden Tonnen.

Kerry Emanuel vom Massachusetts Institut für Technologie hat einen weiteren Auslöser für die Klimakatastrophe vorgeschlagen: ein gigantischer Wirbelsturm, den er Hyperkane nannte, hätte mit Windgeschwindigkeiten von 300 Kilometern pro Stunde wie ein gewaltiger

Sauger riesige Mengen an Wasserdampf und Staub in die Luft gerissen und bis in die Stratosphäre getragen. Das könnte zu einer globalen Abkühlung infolge der Strahlungsabsorption des Staubes oder zu einer Erwärmung aufgrund des Treibhauseffekts durch den Wasserdampf geführt haben. Auch ein Ozonloch wäre das Resultat, weil die UV-Strahlung der Sonne Wassermoleküle in Hydroxylradikale spalten kann, die zusammen mit Chlor vom Salz des Meerwassers die Ozonschicht schädigen würden. Der Hyperkane vermag sich, so die These, im Verlauf eines Tages zu bilden, falls eine Wasserfläche von mindestens 50 Kilometern Durchmesser Temperaturen über 50 Grad besitzt. Wenn der Meteorit in ein flaches Meer einschlug und der Krater zunächst enorm heiß war, ist eine solche Aufheizung durchaus möglich.

Unabhängig von den genannten Treibhausgasen könnte auch noch ein anderer Umstand zu einer Temperaturerhöhung geführt haben. Darauf haben Michael Rampino von der Universität New York und Tyler Volk vom Goddard-Institut für Weltraumforschung der NASA in New York hingewiesen. Die Organismen selbst beeinflussen die atmosphärischen Bedingungen, wie ja schon aus den Photosyntheseaktivitäten der Pflanzen und Algen ersichtlich ist, ohne die die irdische Lufthülle niemals zu dem für uns lebensnotwendigen Sauerstoff gelangt wäre. Plankton produziert große Mengen an Dimethylsulfid. Dieser Stoff kann für die Wolkenbildung mitverantwortlich sein, weil er als Keim für den kondensierenden Wasserdampf dient. Daraus folgt aber ein Regelkreis mit Rückkopplung: Je mehr Sonnenlicht die Ozeane erreicht, desto mehr Dimethylsulfid wird produziert, was zu einer stärkeren Wolkenbildung führt. Und somit gelangt weniger Sonnenlicht auf die Erdoberfläche, was wiederum eine verminderte Dimethylsulfidproduktion nach sich zieht. Da es aber erwiesen ist, daß ein Großteil des Planktons am Ende der Kreidezeit verschwunden ist, geriet der Regelkreis außer Kontrolle. Sind 80 beziehungsweise 90 Prozent der Planktonmasse ausgestorben, verringert sich die Wolkendecke entsprechend, und ein Temperaturanstieg um 6 beziehungsweise 10 Grad wäre die Folge.

Der Regelkreis gerät außer Kontrolle, wenn große Mengen von Plankton absterben.

Die angestellten Überlegungen zeigen, daß eine dramatische Temperaturerhöhung vielen Organismen, die die bedrohliche Periode von Frost und Finsternis mit Mühe gerade noch überstanden hatten, den Rest gegeben haben könnte. Wie schnell der Treibhauseffekt aber wirksam geworden war und ob beziehungsweise inwieweit er sich mit den globalen Abkühlungen neutralisierte, ist allerdings umstritten. Einem derartigen ökologischen Streß sind jedenfalls wohl viele Lebensformen nicht gewachsen.

93

Kam es zu einer globalen Nickelvergiftung?

Eine weitere, sehr abenteuerlich anmutende Variante der Meteoritenhypothese hat 1990 der Astrophysiker Thomas Wdowiak von der Universität von Alabama in Birmingham vorgeschlagen. (Auf die Idee brachten ihn seine Frau Patricia und der 18jährige Schüler Stewart Davenport.) Weil Pflanzen schneller wachsen, wenn Mondstaub ins Substrat gegeben wird, wollte Wdowiak wissen, ob dies auch mit meteoritischem Material der Fall sei. Tatsächlich aber keimten die verwendeten Rettichsamen zwar aus, bildeten jedoch kein Chlorophyll für die Photosynthese und starben bald. Der Grund dafür ist, daß Nickel, das in Meteoriten ziemlich häufig ist, sich in Wasser löst und von den Pflanzenwurzeln aufgesogen wird. Zusätzlich zu den geschilderten Untergangsszenarien könnte, so die Hypothese, eine globale Nickelvergiftung das kreidezeitliche Massensterben mitverursacht haben.

Ein Schädel von Tyrannosaurus rex, beinahe zwei Meter groß und mit bis zu 20 Zentimeter langen Zähnen. Der sechs Meter hohe und zwölf Meter lange Dinosaurier war eines der größten Landraubtiere aller Zeiten. Da seine Arme verkümmert waren, fing er die Beute mit dem Maul, das er einen Meter weit öffnen konnte.

Bei einer angenommenen Dichte von 3 Gramm pro Kubikzentimeter wäre es möglich gewesen, daß sich bei einer gleichmäßigen Masseverteilung eines 10 Kilometer großen Meteoriten bis zu drei Kilogramm von ihm auf jedem Quadratmeter der Erdoberfläche ablagerten. Das ist immerhin eine Schicht von ein paar Millimetern Dicke. Dieser staubige Niederschlag hätte 0,013 bis 0,13 Prozent Nickel enthalten können, so Wdowiak. Die gewöhnliche Konzentration im Boden beträgt 0,0015 Prozent; 0,004 Prozent sind bereits toxisch. Möglicherweise sind also viele Pflanzen am außerirdischen Nickel zugrunde gegangen. Und Pflanzenfresser fanden noch weniger Nahrung oder vergifteten sich gar selbst. Freilich kann diese Idee vorläufig nur als eine interessante Spekulation gelten. Immerhin wurden direkt im iridiumreichen Horizont und in Molluskenschalen in dessen unmittelbarer Nähe toxische Schwermetalle wie Nickel, Quecksilber, Arsen, Selen und Antimon nachgewiesen. Sie hätten jedoch durch den sauren Regen auch aus den Böden herausgelöst worden sein können, was an ihrer Giftigkeit freilich nichts ändert.

Die Hypothese vom Meteoriteneinschlag hat ungeachtet der verschiedenen Einzelheiten eine radikale Konsequenz: wenn er die Hauptursache

Wie lange dauerte das Massensterben?

des globalen Massensterbens am Ende der Kreidezeit gewesen ist, hätte dieses in einem Zeitraum von höchstens einigen wenigen tausend Jahren stattfinden müssen; für viele Organismen wäre schon das erste Jahr zuviel gewesen. (Manche hielten es zunächst sogar für möglich, daß das Drama an einem einzigen „schlechten Wochenende" über die Bühne ging.) Obwohl bereits mehrere Jahrtausende die Dauer der menschlichen Hochzivilisationen übersteigen, sind sie in geologischen Maßstäben ein winziger Augenblick. Katastrophaler kann man sich einen Faunenschnitt, wie die Paläontologen solche kurzfristigen dramatischen Umwälzungen nennen, deshalb kaum vorstellen.

Das Problem dabei ist, daß sich ein solcher Schnitt in den Fossilienfunden nur außerordentlich schwer nachweisen läßt. Dies liegt zum einen an der Seltenheit zumindest der größeren urzeitlichen Relikte, etwa den Versteinerungen von Dinosauriern. Wenn man darüber nachdenkt, was alles zusammenkommen muß, daß solche Fossilien gefunden werden können, reicht dieses Glück an einen Lotteriegewinn mitunter durchaus heran: wichtig ist, daß die Knochen oder Schalen der gestorbenen Organismen rasch – und von anderen Tieren relativ unbeschadet – in Sedimente eingebettet werden, beispielsweise im Schlick von Flußufern, Seeböden oder dem Meeresgrund; sie müssen durch eingelagerte Mineralien versteinern oder einen Abdruck im umgebenden Gestein beziehungsweise einen Steinkern ihres Körperhohlraums hinterlassen; sie dürfen durch Druck, Verwerfungen, Erdbeben und andere geologische Prozesse nicht zerstört werden; sie müssen in unserer Zeit durch Hebung oder die Abtragung darüber gelegener Schichten wieder (nahe) an die Oberfläche gelangen; und sie müssen selbstverständlich gefunden werden, in die Hand von Sachverständigen gelangen und richtig interpretiert werden. Entsprechend stark streuen die Aussterbedaten insbesondere seltenerer Arten. Eine zusätzliche große Schwierigkeit ist die Altersbestimmung von Fossilien und Gesteinsproben. Noch immer läßt sich ein 100 Millionen Jahre altes Gestein nicht mit einer Genauigkeit von 0,1 Prozent datieren, also auf plus/minus 100 000 Jahre bestimmen. Auch beim Alter der Intervalle in den Ablagerungen bleiben Unsicherheiten von oft mehr als 10 000 Jahren.

Zwar sind sich nahezu alle Paläontologen heute einig, daß die Mehrzahl aller Arten auf der Erde in der Kreide-Tertiär-Wende dahingerafft worden ist. Doch besteht hinsichtlich der Frage nach der Geschwindigkeit dieses Massenaussterbens noch immer eine große Kontroverse. Die Kritiker der Hypothese vom Meteoriteneinschlag werden nicht müde darauf hinzuweisen, daß die überlieferten Fossilien einen so kurzfristigen biologischen Radikalschnitt einfach nicht belegen können. Ihrer Meinung nach hat das große Sterben über einige hunderttausend Jahre angedauert (auch das ist für geologische Verhältnisse noch eine kurze Zeitspanne). Sie haben deshalb gegen die Vorstellung von einem Totschlag aus dem All seit 1983 eine alternative Erklärung gesetzt, die im folgenden Abschnitt ausgeführt wird.

Verheerende Vulkanausbrüche

Eine Gegenhypothese wird aufgestellt

Schon in den 70er Jahren äußerten Peter R. Vogt vom Marine-Forschungslaboratorium in Washington und Dewey M. McLean vom Virginia-Polytechnik-Institut in Blacksburg die Vermutung, daß aktive Vulkane ein Massensterben verursachen könnten. Groß war die Überraschung, als William H. Zoller, Ilhan Olmez, Josef Parrington und Janet Phelan Kotra von der Universität von Maryland in College Park 1983 Iridium in der Asche des Kilauea-Vulkans auf Hawaii entdeckten. Später wurde das Schwermetall auch in den Auswurfmassen des Piton de la Fournaise auf der Insel Réunion und eingeschlossen im Inlandeis der Antarktis nachgewiesen, im letzteren Fall Tausende von Kilometern vom Ort seiner Freisetzung entfernt. Offenbar kann Iridium aus dem Erdmantel durch intensive vulkanische Aktivitäten an die Oberfläche transportiert und in die Atmosphäre geblasen werden und sich daraufhin weltweit niederschlagen. Mit solchen Befunden hatte man vorher nicht gerechnet. Eine wesentliche Stütze für die Meteoritenhypothese war plötzlich kein eindeutiges Indiz mehr.

Charles B. Officer und Charles L. Drake vom Dartmouth College in Hanover, New Hampshire, untersuchten Sedimente der Kreide-Tertiär-Grenze und gelangten zu der Schlußfolgerung, daß die Iridiumkonzentration darin nicht scharf und abrupt ansteigt und wieder abfällt, wie es aufgrund eines Meteoriteneinschlags zu erwarten wäre, sondern verschmiert; das Schwermetall hätte sich daher in einem Zeitraum von ein paar hunderttausend Jahren gesammelt. Forscherteams wollen in verschiedenen Teilen der Welt, zum Beispiel in Spanien, Italien, den USA und in einem Tiefseebohrloch östlich von Japan, sogar kleine Iridiumnebenmaxima gefunden haben, deren Abstände vom Hauptmaximum ungefähr 10 000 bis 100 000 Jahren entsprechen. Sie könnten von Eruptionen bedingt worden sein, die schubweise stattgefunden haben, unterbrochen von ruhigeren Zeiten. Auch wurden Antimon, Arsen und Selen als Spurenelemente in der Übergangsschicht nachgewiesen, die in vulkanischem Basalt häufiger, in Meteoriten aber seltener sind. Auch andere für einen Meteoriteneinschlag sprechende Indizien interpretieren die Vertreter der Vulkanismushypothese in ihrem Sinn. Die relative Häufigkeit von Rhenium und Osmium stimmt nicht nur mit der in Meteoriten, sondern auch mit der im Gestein des Erdmantels überein, weshalb es möglich wäre, daß sie auch von diesem stammt. Der Ton in der Grenzschicht bei Stevns Klint könnte verwitterte Vulkanasche sein. Die nachgewiesene Rußschicht könnte ebenfalls auf die Vulkaneruptionen

Ausbruch des Mount St. Helens am 18. Mai 1980 mit einer 20 Kilometer hohen Aschesäule und zehn Jahre danach (unten). Der Berg hat 400 Meter an Höhe eingebüßt.

zurückgehen, zumal unklar ist, wie sich Waldbrände weltweit verbreitet haben können und lebende Bäume so gut ohnehin nicht brennen. Außerdem sind auch in anderen geologischen Schichten Ruße gefunden worden. Die Ablagerung der geschockten Quarzkristalle sollte sich über größere Zeiträume abgespielt haben, im Bereich von einigen 100 000 Jahren. Das Quarz selbst braucht nicht notwendig ein Stoßwellenindiz zu sein. Neville Carter und Alan Huffman von der Universität von Texas in College Station zeigten am Beispiel geologisch junger Relikte, wie sie etwa der Toba auf Sumatra vor 75 000 Jahren ausgeschleudert hat, daß Vulkane auch geschocktes Quarz erzeugen können. Zwar sind sie undeutlicher ausgeprägt und haben auch normalerweise nicht die komplexen Kristallstrukturen. Aber diese könnten durch Explosionen im Vulkan und ebenfalls bei großen Erdrutschen aufgrund der hohen Drücke doch entstehen.

Die Vertreter der Meteoritenhypothese argumentierten dagegen, daß die Iridiumanomalie viel zu groß sei, um ausschließlich von Vulkanen zu stammen, daß sich bestimmte relative Elementhäufigkeiten – insbesondere die von Iridium zu Gold – in der Grenzschicht nicht durch vulkanische Aktivitäten erklären ließen, daß die geschockten Quarze, die durch einen Meteoritenaufprall entstehen, andere Bestandteile und auch andere physikalische Eigenschaften (etwa Leuchtfarben nach Anregung durch elektrische Felder) hätten, und daß die Sphärulen durch Vulkaneruptionen nicht über die ganze Welt verstreut werden könnten – dazu sei ihr Luftwiderstand nämlich zu hoch. Ein gewichtiges Argument ist ferner, daß basaltische Vulkane, von denen Iridium freigesetzt werden kann, keine geschockten Quarze produzieren und daß Vulkane mit silikatischer Magma durch ihre Explosionen zwar solche erzeugen könnten, aber arm an Iridium sind.

Auch wenn die Befunde also sehr umstritten sind, spricht für die Vulkanismushypothese immerhin, daß am Ende der Kreidezeit tatsächlich gigantische Eruptionen unseren Planeten erschütterten. Anzeichen dafür gibt es im Westen der heutigen USA und im südöstlichen Atlantik. Von entscheidender Bedeutung sind aber die Dekkan-Trapps im Westen des heutigen Indiens.

Als die Erde Feuer spie

Die Dekkan-Trapps sind gigantische Basaltformationen, die Überreste des heftigsten bekannten Vulkanismus in den letzten 200 Millionen Jahren. Ihr Name setzt sich aus dem Sanskrit-Wort *Dekkan* für südlich und dem niederländischen *Trapp* für Treppe zusammen. Einzelne Lavaströme konnten eine Mächtigkeit von 10 bis 50, in Ausnahmefällen sogar von bis zu 150 Metern erreichen. Sie ergossen sich bei einem Volumen von mehr als 10 000 Kubikkilometern über ein Gebiet von über 10 000 Quadratkilometern. Zusammengenommen bedeckten sie einst wohl eine Fläche von rund zwei Millionen Quadratkilometern und erreichten stellenweise eine Gesamtmächtigkeit von 2,4 Kilometern – mehr als ein Viertel des Mount Everest. Man schätzt, daß im Verlauf einiger hunderttausend Jahre über eine Million Kubikkilometer Lava aus der Erde gequollen sind.

Atome für die Altersbestimmung

Für die Altersbestimmung von Gesteinen gibt es seit einiger Zeit eine raffinierte und ziemlich aufwendige Methode. Radioaktive Elemente dienen dabei gleichsam als geologische Uhren, die in den Gesteinen ticken. Früher ermittelte man das Alter mit dem **Kalium/Argon**-**Verfahren.** Dabei wird vorausgesetzt, daß es in jedem Gestein, wenn es kristallisiert, zunächst ein wohldefiniertes Verhältnis der Kalium-39- und -40-Isotope gibt. Dieses ändert sich im Lauf der Zeit, weil sich das radioaktive Kalium-40 in Argon-40 umwandelt. Aus den Anteilen von Kalium-39 und Argon-40, die getrennt ermittelt werden, kann man dann das Gesteinsalter errechnen – allerdings mit einer Ungenauigkeit von drei bis fünf Prozent. Präziser ist das neuere **Argon/Argon-Verfahren.** Hierbei werden die Gesteinsproben mit Neutronen beschossen. Diese wandeln das Kalium-39 in Argon-39 um. Damit besteht die Möglichkeit, die Anteile von Argon-39 und Argon-40 mit einem Massenspektrometer in einem Schritt zu bestimmen. Dabei beträgt die Ungenauigkeit lediglich noch 0,1 Prozent, im Fall von Gesteinen in der Kreide-Tertiär-Grenzschicht also 65 000 Jahre. Die Zeitspanne dieser Methoden reicht von weniger als einer Million bis mehreren hundert Millionen Jahren zurück in die Vergangenheit. Mit verfeinerten Massenspektrometern ist es in den 90er Jahren gelungen, Altersbestimmungen von winzigen Proben durchzuführen. Bei der Analyse muß man freilich sehr vorsichtig sein. Oft unterliegt das Gestein nämlich nachträglichen Änderungen, die es jünger erscheinen lassen (zum Beispiel weil Argon entwichen ist).

Frühere Messungen des radioaktiven Kalium-40-Zerfalls hatten ein Alter der Dekkan-Trapps zwischen 30 und 80 Millionen Jahren ergeben. Nach genaueren Untersuchungen von Henri Maluski von der Universität Montpellier, Gilbert Féraud von der Universität Nizza und anderen Forschungsgruppen mit Hilfe der Argon/Argon-Methode sollten die Ausbrüche zwischen 64 und 68 Millionen Jahre zurückliegen und dürften nicht wesentlich länger als eine Million Jahre gedauert haben. Robert Duncan und Douglas Pyle von der Universität von Oregon kamen unabhängig davon zu denselben Ergebnissen.

Diese Daten stehen in guter Übereinstimmung mit Untersuchungen

Die Dekkan-Trapps in Indien bestehen aus geschichteten basaltischen Lavaströmen, die zusammen eine Mächtigkeit von bis zu 2,4 Kilometern erreichen.

der Orientierung des irdischen Magnetfeldes. Vincent E. Courtillot, Jean Besse und Didier Vandamme vom Institut für die Physik der Erde in Paris analysierten 1985 die Ausrichtung winziger magnetischer Eisen-Titanoxid-Kristalle in den Basalten. Über 80 Prozent sind gleich ausgerichtet: entgegengesetzt zur Polarität des heutigen Magnetfeldes. Diese Polarität kehrt sich immer wieder um. Das dauert ungefähr 10 000 Jahre. In der späten Kreidezeit erfolgten diese Umkehrungen etwa einmal pro Jahrmillion (in jüngeren Epochen sind sie viermal häufiger). Da sich selbst im mächtigsten aller aufgeschlossenen Profile der Dekkan-Trapps bestenfalls zwei Umpolungen nachweisen lassen, nimmt man an, daß der Vulkanismus in einer Periode normaler magnetischer Polarität begann. Seine Haupttätigkeit erstreckt sich auf die folgende inverse Phase, der Epoche 29R. Darin ist die Kreide-Tertiär-Grenze angesiedelt. In der nächsten Periode mit derselben magnetischen Ausrichtung wie heute erlosch er dann.

Aufgrund von paläontologischen Untersuchungen der Sedimente direkt unterhalb und zwischen der Dekkan-Lava konnte die Dauer des Vulkanismus dann von verschiedenen Forschergruppen auf einen Zeitraum von etwa 500 000 Jahren eingeschränkt werden. In dieser als Maastricht bezeichneten Stufe, den letzten acht Millionen Jahren der Kreidezeit, fand man nämlich die Zähne von Sauriern und Säugetieren sowie Bruchstücke von Dinosauriereiern und in Probebohrungen nach Erdöl auch Fossilien von Foraminiferen.

Diese Daten lassen zusammengenommen den Schluß zu, daß der Dekkan-Vulkanismus während des letzten Intervalls der Kreidezeit einsetzte, an oder sehr nahe bei der Kreide-Tertiär-Wende seinen Höhepunkt erreichte und, unterbrochen von ruhigeren Phasen, etwa 300 000 Jahre später endgültig aufhörte. Daß er als eines der größten und zugleich kürzesten derartigen Ereignisse der letzten 250 Millionen Jahre im Rahmen der momentanen Meßgenauigkeit mit der Kreide-Tertiär-Grenze zusammenfällt, sollte ihn verdächtig genug machen, um nicht nur als Zeuge, sondern zumindest als Mitverursacher des Massensterbens in Frage zu kommen.

Der Ursprung der Dekkan-Trapps ist möglicherweise auch schon lokalisiert worden. 1987 hat man im Rahmen des internationalen Tiefseebohrprogramms eine untermeerische Vulkankette entdeckt, die sich von Südwestindien in der Nähe der Dekkan-Trapps bis zu der vulkanisch aktiven Insel Réunion zieht, die östlich von Madagaskar liegt. Am Ende der Kreidezeit befand sich das Gebiet des heutigen Indiens genau über dieser ungefähr ebenso alten Gegend. Infolge der Kontinentalverschiebung ist der Subkontinent dann in Richtung des asiatischen Festlandes gewandert. Tief unter Réunion vermuten Geologen nun einen sogenannten Hot Spot. Von solchen aktiven Regionen steigt aus den unteren Bereichen des Erdmantels heißes Magma auf und arbeitet sich innerhalb von Jahrmillionen nach oben, bis schließlich die Erdkruste förmlich gesprengt wird und ein Vulkan ausbricht. Courtillot sowie Mark Richards und Robert A. Duncan (Universität von Oregon, Corvallis) halten den Hot Spot unter Réunion für den Nachfahren des Erzeugers der Dekkan-Trapps.

Ein anderes Weltuntergangszenario

Ausgehend von den Kilauea-Eruptionen auf Hawaii schätzte Terrence M. Gerlach vom Sandia-Nationallaboratorium in Albuquerque, New Mexico, daß zur Hauptausbruchphase der Dekkan-Trapps bis zu 60 Milliarden Tonnen Halogene (wie Chlor und Fluor), sechs Billionen Tonnen Schwefel und 30 Billionen Tonnen Kohlendioxid innerhalb weniger Jahrhunderte in die tieferen Atmosphärenschichten entlassen wurden. Diese Werte stellen die untere Grenze dar. Allein die Schwefelverbindungen und Staubmassen, die beim Ausfluß von 1000 Kubik-

Schon die Eruptionen
des Krakatau 1883 und
Katmai 1912 hatten
globale Temperatur-
abnahmen von zehn bis
zwanzig Prozent zur
Folge.

kilometern Lava freigesetzt worden sind, sollten ausgereicht haben, um die mittlere Jahrestemperatur der Erde um drei bis fünf Grad zu vermindern. Da die Eruptionswolken bis in die Stratosphäre aufsteigen, in eine Höhe von 20 bis 40 Kilometern und mehr, sind sie dem Wettergeschehen entzogen, das sich weiter unten abspielt. Keine Regenwolken können die Asche mehr aus der Luft waschen. Einmal in der Stratosphäre angelangt, bleibt der Staub als Schwebstoff über Monate oder Jahre erhalten.

Auch zur Entstehung von saurem Regen können Vulkanausbrüche führen, da sie große Mengen von Schwefel, Schwefeldioxid und Schwefelwasserstoff freisetzen, die in der Luft zu Schwefelsäure umgesetzt werden. Eine Hochrechnung geht von 17 000 Tonnen Schwefelsäure aus, was auf jährliche Belastungen schließen läßt, die mehr als das Zehnfache dessen betragen, was heutzutage die Industrieländer produzieren. Auch das freigesetzte Chlor hätte die oberen Meeresschichten förmlich desinfizieren können.

Aus den Vulkanschloten entwichene Salzsäure wiederum greift die Ozonschicht an und erhöht damit den UV-Anteil der auf die Erdoberfläche treffenden Sonnenstrahlung. Die Eruptionen des Krakatau und Agung in Indonesien haben ungefähr 300 Tonnen Salzsäure in die Atmosphäre entlassen. Das hatte schon eine vorübergehende Abnahme der Ozonschicht um wahrscheinlich acht Prozent zur Folge. Der Dekkan-Vulkanismus blies ein Hundertfaches davon in die Luft.

Später hätten gegenläufige Effekte möglicherweise zu einem Temperaturanstieg und somit zu weiterem ökologischen Streß führen können. Der Grund dafür wäre einerseits die Erhöhung des Anteils von dem Treibhausgas Kohlendioxid in der Luft gewesen. Andererseits hätten die durch den sauren Regen abgetöteten Algen in den Ozeanen kein Kohlendioxid mehr als Carbonat binden können, das nach ihrem Absterben im Sediment am Meeresboden gespeichert wird. Umgekehrt hätte saures Meerwasser sogar Carbonatsedimente aufgelöst und das darin fixierte Kohlendioxid wieder freigesetzt. Dadurch hätte der Kohlendioxidgehalt in der Atmosphäre auf das Achtfache des heutigen Wertes emporschnellen können, wie Marc Javoy und Gil Michard vom Institut für die Physik der Erde und der Universität Paris überschlugen. Daraufhin wäre die Jahresdurchschnittstemperatur um rund fünf Grad angestiegen. (Wie im Meteoriteneinschlagsszenario ist der zeitliche Zusammenhang zwischen Abkühlung durch Staub und Erwärmung durch Treibhausgase – Effekte, die sich auch kompensieren können – noch ziemlich unklar.)

Wie diese Abschätzungen zeigen, werden die Folgen eines Meteoriteneinschlags und die von großen Vulkanausbrüchen als ziemlich ähnlich beurteilt. Selbst die Indizien sind teilweise austauschbar. Der entscheidende Unterschied zwischen den Szenarien ist die Zeitskala: das Massenaussterben, das von der Vulkanismushypothese erklärt werden soll, mußte gegenüber der Hypothese vom Meteoriteneinschlag zehn- bis hundertmal länger gedauert haben. Insofern sollte sich zwischen den beiden Alternativen durch sorgfältige paläontologische Untersuchungen wenigstens im Prinzip eine Entscheidung treffen lassen. Davon unabhängig haben die Vertreter der Meteoritenhypothese – die den Dekkan-Vulkanismus nicht bezweifelten, höchstens seine Rolle als Massenmörder – im Gegensatz zu ihren Konkurrenten das Problem, einen Schuldigen erst noch finden zu müssen.

Die naheliegende Frage ist ja, wo der vernichtende Aufprall stattgefunden hat. Ein zehn Kilometer großer Meteorit hätte eine Narbe von 150 bis 200 Kilometern Durchmesser in die Erde schlagen müssen, die doch schwerlich übersehen werden kann.

Von Meteoriten zu Vulkanen?

Michael Rampino von der Universität New York hat vorgeschlagen, daß zwischen dem Dekkan-Vulkanismus und dem Meteoriteneinsturz nicht bloß ein zeitlicher, sondern auch ein ursächlicher Zusammenhang besteht: möglicherweise hat der Einschlag des Himmelskörpers den Vulkanismus erst ausgelöst. Kurz nach dem Aufprall wäre der in die Erdkruste gebohrte Krater bis zu 40 Kilometer tief. Bei nachlassendem Druck könnte das heiße Gestein im Mantel darunter aufgeschmolzen sein, so daß sich die glutflüssige Magma einen Weg nach oben zu bahnen vermochte und die Erdkruste sprengte. Auch ein Hot Spot könnte sich so erst gebildet haben. Die Lava hätte schließlich alle Spuren der kosmischen Bombe getilgt, so daß die Kratersuche ohne Erfolg bleiben müßte. Und selbst ein Einschlag woanders hätte die Kontinentaldrift stören können, wie einige Wissenschaftler vermuten.

Die Anzahl der Hot Spots, die gegenwärtig noch im Erdmantel lauern, über vierzig, entspricht ungefähr der Zahl der Kometeneinschläge, die man für die letzten 250 Millionen Jahre annehmen sollte. Sind also womöglich sogar die meisten Hot Spots durch außerirdische Einwirkung entstanden? Werden geologische Aktivitäten maßgeblich von externen Kräften beeinflußt? (Auch auf anderen Planeten könnte dies der Fall sein: Nadine G. Barlow vom Mond- und Planeten-Institut in Houston, Texas, Herbert Frey vom Goddard Space Flight Center und

Auch auf der Venus und dem Erdmond scheinen Meteoritenkrater und Vulkanspuren zum Teil miteinander verknüpft zu sein.

Richard Shultz von der Purdue-Universität in Indiana entdeckten Assoziationen zwischen großen Einschlagbecken und vulkanischen und anderen tektonischen Regionen auf dem Mars.

Gegen solche Überlegungen sprechen allerdings zwei gewichtige Gründe. Zum einen enthält der Bereich des Erdmantels unmittelbar unter der Lithosphäre (das ist die relativ starre, obere Schicht aus Erdkruste und Teilen des oberen Mantels) normalerweise gar keine großen Mengen an geschmolzenem Gestein. Also kann es auch nicht empordringen. Es könnte lediglich das Aufsteigen einer Magmaströmung beschleunigt werden. Hinzu kommt, daß der Dekkan-Vulkanismus in einem geomagnetischen Intervall mit normaler Feldrichtung begann – und somit einige hunderttausend Jahre vor dem Zeitabschnitt mit inverser Polarität, in der die Kreide-Tertiär-Grenze und mit ihr die Iridiumanomalie liegen. Die Dekkan-Eruptionen waren nach dem heutigen Kenntnisstand also schon im Gang, als der postulierte Meteorit noch durch das kalte Weltall raste.

Dies ist auch ein Argument gegen die Hypothese vom Doppelschlag, die Wissenschaftler des Sandia National Laboratory in Albuquerque, New Mexico, 1995 vorgeschlagen hatten: Demnach wäre durch den Meteoritentreffer ein intensiver Vulkanismus ausgelöst worden – und zwar auf der gegenüberliegenden Seite unseres Planeten. Den Computersimulationen der Forscher zufolge pflanzen sich die Schockwellen eines Einschlags nämlich durch das Erdinnere fort. Durch Reflexion und Brechung an der Oberfläche sowie den Grenzflächen des Erdmantels werden die Wellen wie in einer Linse gebündelt und in 80 Minuten zum Antipoden des Einschlagorts gelenkt. Dort drückt die geballte Energie die Erdkruste in einer Serie katastrophaler Erschütterungen bis zu 20 Meter hinaus (beim großen Erdbeben von San Francisco erreichten die Auslenkungen nur wenige Dutzend Zentimeter). Die aufreißende Kruste hätte dann den Weg für die nachfolgenden Vulkaneruptionen freigegeben. Als Beleg für die These verwiesen die Wissenschaftler auf den Mars. Dort erhebt sich gegenüber Hellas Planitia, einem 1800 (!) Kilometer großen Einschlagbecken, der Vulkan Alba Patera, einer der größten im Sonnensystem.

Nicht verträglich mit dieser Hypothese ist aber, daß den Dekkan-Trapps kein Krater gegenüber liegt, daß die Erdbebenwellen auf ihrem langen Weg viel stärker gedämpft werden sollten, als es die Simulation nahelegt, und daß die Erdkruste höchstens dort aufbrechen kann, wo sie schon durch Risse oder Verwerfungen geschwächt ist. Damit wäre der erzeugte Vulkanismus aber nicht auf den Antipoden beschränkt.

Der Killer-Krater

Schon die Berkeley-Gruppe um Alvarez betonte, daß die wichtigste Stütze für ihre Hypothese das Auffinden des Kraters wäre. Allerdings besteht eine Wahrscheinlichkeit von zwei Dritteln, daß der Meteorit ins Meer stürzte. Zwar müßte er auch dort einen Krater hinterlassen und Gestein pulverisiert haben. Doch ist unser Wissen über den Meeresgrund noch immer ziemlich spärlich. Wenn der Krater im Bereich einer der Subduktionszonen an den ozeanischen Plattenrändern lag, wäre er mittlerweile verschluckt worden wie rund 20 Prozent der gesamten Erdoberfläche. Selbst die aufwendigste Suche müßte dann ergebnislos bleiben. Oder der Einschlagort liegt tief unter dem antarktischen Eisschild verborgen. Auch dann wären die Chancen eines Nachweises gering.

Die Fahndung nach dem Unglücksort

Zwar schwankt die Iridiumanomalie global um bis zu zwei Größenordnungen, doch läßt sich der Einschlagort daraus leider nicht bestimmen.

Für Aufsehen sorgte aber ein möglicher Schauplatz in den USA nahe der Stadt Manson im nördlichen Iowa. Dort hatte man einen unterirdischen Krater durch Brunnenbohrungen identifiziert. In dem Gebiet, das durch Sedimentgesteine gekennzeichnet ist, wurden ungewöhnlich viele vulkanische und metamorphe Gesteine, die sich bei hohen Temperaturen bilden, zutage gefördert. Sie befanden sich einst an der Oberfläche, liegen aber jetzt unter den Ablagerungen der letzten Eiszeit begraben. Anscheinend wurden sie einst durch einen Meteoriteneinschlag nach oben befördert. Der Aufprall hat die Sedimentgesteine in einem kreisförmigen Areal von über 32 Kilometern Durchmesser verformt und gestaucht. Dieser Treffer war regional sicherlich von großer Bedeutung. Er könnte, so wurde vermutet, auch die besonders häufigen und großen geschockten Quarzkörner in den Rocky Mountains erklären und hätte das richtige Alter, da er Gesteine der Kreide durchschlug. Eine physikalische Datierung mit der Argon/Argon-Methode ergab 1989 tatsächlich ein Alter von 65,7 Millionen Jahren. Aber er ist viel zu klein, um für die weltweiten Indizien verantwortlich zu sein. Der Meteorit, der hier niederging, hatte einen Durchmesser von ungefähr vier Kilometern. Im Jahr 1993 zeigten Mareen B. Steiner (Universität von Wyoming) und Shoemaker, daß das von ihm geschmolzene Gestein im Gegensatz zur Kreide-Tertiär-Übergangsschicht eine normale Magnetisierung aufwies. Kurz darauf wurde der Manson-Krater von Glen Izett und seinen Kollegen vom geologischen Vermessungsamt der USA mit der Argon/Argon-Methode nochmals datiert. Die frühere Messung stellte sich als fehlerhaft heraus, weil die Probenentnahme an einer falschen Stelle erfolgt war. Das korrekte Alter des Kraters beträgt 73,8 Millionen Jahre. Da Iowa in jener Zeit von einem Flachmeer bedeckt war, hätte der Meteoriteneinschlag Flutwellen auslösen müssen, so sagten die Forscher voraus. Und tatsächlich fanden sie in den ebenso alten Schichten Tsunami-Spuren. Für das Kreide-Tertiär-Sterben ist Manson somit zweifelsfrei aus dem Rennen.

Nach einigen Fehlinterpretationen, die Kraterspuren unter anderem auf Island, in der Hudson Bay und im Andaman-Basin im Indischen Ozean vermuteten, richtete sich der Blick verstärkt zum Golf von Mexiko und auf die Karibik. Gerade dort hat die kreidezeitliche Katastrophe besonders viele Opfer gefordert, wie man aus Fossilienfunden weiß.

Im Jahr 1984 begann Alan Hildebrand in der Karibik nach Einschlagsspuren zu suchen. Damals war er noch Student an der Universität von Arizona in Tucson, heute ist er beim Geologischen Vermessungsamt von Kanada in Ottawa tätig. Er entdeckte 1988 an zwei Stellen unter dem Meer Ablagerungen, wie sie 1000 Kilometer vom Einschlagort entfernt hätten entstanden sein können. Im selben Jahr fand Joanne Bourgeois von der Universität von Washington in Seattle zusammen mit Thor Hansen, Patricia Wilberg und Erle Kauffmann ähnliche Indizien am Brazos River im östlichen Texas. Dieses Gebiet hatte schon früher bei Geologen für Aufmerksamkeit gesorgt. Eine bis zu 70 Zentimeter dicke Sandsteinschicht ist hier in den versteinerten Schlamm eingelagert. Sie enthält Fischzähne, Fragmente von Schalen, zertrümmertes Holz und bis zu ein Meter große Felsbrocken, ferner Spuren von Wellen. Die Wissenschaftler hielten das für Tsunami-Relikte – die Überreste der riesigen Flutwellen, die der Meteorit bei einem Einschlag ins Meer erzeugt haben müßte. Durch die Annahme solcher Turbulenzen läßt sich erklären, warum ozeanisches und kontinentales Material durcheinandergewirbelt sind.

Wenig später wurde das sogenannte Big Boulder Bed auf Kuba mit dem vermuteten Einschlag in Zusammenhang gebracht. Diese mächtige Schuttlage wurde 1986 von dem polnischen Geologen Andrzej Pszczólkowski entdeckt. Sie ist bis zu 450 Meter dick und enthält 500 Kubikkilometer Sediment, darunter bis zu zwölf Meter große Geröllblöcke. Bruce F. Bohor (Geologisches Vermessungsamt in Denver) und Russel Seitz (Cambridge, Massachusetts) vermuteten zunächst, daß es sich hierbei um die Auswurfmassen des Einschlags selbst handelt, der damit südlich des Westzipfels von Kuba zu lokalisieren wäre und einen über 200 Kilometer großen Krater erzeugt haben sollte.

Hildebrand und William V. Boynton (Universität von Arizona) interpretierten das Geröllfeld dagegen ebenfalls als Produkt der kilometerhohen Flutwelle. Sie glaubten zunächst, daß der Meteorit 1500 Kilometer weiter südlich auf die Erde fiel, vor der heutigen Küste Kolumbiens. Nach seismischen Profilen zu schließen, soll es hier ein 250 Kilometer großes und bis zu einem Kilometer tiefes Bassin geben, das heute unter zwei bis drei Kilometern Sediment verschüttet liegt. Auch grobe Sedimentlagen in den Kreide-Tertiär-Grenzschichten, die in Bohrkernen des Internationalen Tiefseebohrprogramms dort zutage gefördert worden waren, sind von großen Turbulenzen geprägt. Die Ablagerungen auf Kuba sollten sich gebildet haben, als die Einschlagswelle Gestein in einen Graben dort fegte, der später laut Hildebrand durch die Bewegungen der Erdkruste an die Oberfläche gehoben wurde, als Kuba mit den Bahamas kollidierte.

Darüber hinaus untersuchte Hildebrand eine Übergangsschicht auf Haiti, die er als abgelagerte Auswurfmassen des Einschlags deutete. Sie war von Florentin Maurrasse von der Internationalen Universität Florida in Miami entdeckt, aber vulkanisch gedeutet worden. Sie wird nach einer Ortschaft in der Nähe als Beloc-Formation bezeichnet und ist mit einer Dicke von bis zu 50 Zentimetern die mächtigste bekannte Kreide-Tertiär-Grenzschicht überhaupt. Sie enthält eine hohe Iridiumkonzentration, geschocktes Quarz und bis zu einem Zentimeter große Tektite – Spuren eines vielleicht 1000 Kilometer entfernten Aufpralls, wovon sich auch Maurrasse überzeugte.

Da niemand genau weiß, welche geologischen Abläufe sich in diesem tektonisch sehr dynamischen Gebiet im einzelnen abgespielt haben, sind zuverlässige Aussagen sehr schwierig. James Pindel vom Dartmouth College in Hanover nimmt an, daß Haiti damals der Halbinsel Yucatán benachbart war. Süd- und Mittelamerika hatten in jener Zeit noch keine Verbindung. Die Ablagerungen auf Haiti interpretierte er als vulkanische Relikte. Doch das kann nicht richtig sein. Denn die Mischungsverhältnisse der verschiedenen Elemente dort stimmen mit denen von Vulkangestein nicht überein. Außerdem befinden sich in dieser Schicht bis zu sechs Millimeter große glasige Sphärulen, wie Haraldur Sigurdsson von der Universität von Rhode Island und seine Kollegen von anderen amerikanischen Universitäten Ende 1990 mitteilten. Rund 25 Prozent des Grenzübergangs bestehen daraus. Zwar kann sich Glas (etwa Obsidian) auch bei Vulkanausbrüchen bilden. Doch enthalten die Beloc-Sphärulen, die sich aus 44 bis 68 Prozent Siliziumoxid, aber auch Magnesium-, Kalzium- und Eisenoxid zusammensetzen, keine kristallinen Einschlüsse und fast kein Gas und Wasser. Dies wäre aber für die kugelför-

Zusammen mit seinem Kollegen Gautam Sen fand Maurrasse auch Spuren einer zweiten Flutwelle. Ob sie tektonischen, vulkanischen oder ebenfalls extraterrestrischen Ursprungs ist, ließ sich nicht sagen.

migen, glashaltigen Körperchen aus den gasgetriebenen Vulkaneruptionen charakteristisch. Auch Joel D. Blum und C. Page Chamberlain vom Dartmouth College in Hanover schließen einen vulkanischen Ursprung der Sphärulen aufgrund von Bestimmungen ihres Sauerstoff-18-Gehalts definitiv aus. Damit kommt nur ein Meteoriteneinschlag in der näheren Umgebung als Ursache in Frage. Aber wo?

Der Schwanz des Teufels

Nicht selten in der Wissenschaftsgeschichte haben die einen schon gefunden, was andere noch suchen, und kennen die Bedeutung ihres Fundes nicht. Alles deutet nun darauf hin, daß der „Killer-Krater", wie er zuweilen dramatisierend genannt wird, in Mexico liegt: an der Südspitze der Halbinsel Yucatán.

Geologen von der staatlichen mexikanischen Ölgesellschaft Petróleos Mexicanos (Pemex) hatten schon in den sechziger Jahren dort Probebohrungen nach Erdöl durchgeführt und Unregelmäßigkeiten in der Schichtenfolge entdeckt, aus Konkurrenzgründen aber nichts darüber publiziert. Glen T. Penfield (Aero Service, Houston) stellte zusammen mit Antonio Z. Camargo (Pemex) 1981 auf einer Geologen-Konferenz in Houston eine Studie über magnetische und gravitative Vermessungen der Region vor, die im Auftrag von Pemex erstellt war. Sie deutete auf eine runde, unter der Erde verborgene Struktur aus dichterem, eisenhaltigem Gestein hin, die die Eigenschaften des lokalen Schwere- und Magnetfeldes geringfügig beeinflußt. Ob diese Änderungen vulkanischer oder meteoritischer Natur sind, ließ sich nicht entscheiden.

Hildebrand wurde von einem Journalisten der *Houston Chronicle*, der damals über die Konferenz berichtet hatte, auf diese Studie aufmerksam gemacht und nahm mit Penfield Kontakt auf. Außerdem bat er Pemex um Informationen. Kurz darauf, im Oktober 1990, gaben Penfield und Hildebrand ihre Hypothese bekannt, daß Yucatán der Einschlagsort sein könnte.

Penfield taufte die Kraterstruktur nach einem ehemaligen Maya-Dorf in der Nähe Chicxulub. Das bedeutet übersetzt ungefähr „Schwanz des Teufels". Der Mittelpunkt des Kraters liegt an der Küste bei der Stadt Progreso. Die Zentralregion hat einen Durchmesser von 60 Kilometern und liegt 1000 Meter unter der Erde. Die Außenregionen befinden sich nur 300 Meter unter der Oberfläche. Der Gesamtdurchmesser beträgt etwa 180 Kilometer. Dies paßt nicht nur ausgezeichnet zu den Voraussagen von Alvarez, sondern macht Chicxulub auch zum größten bekannten Krater auf unserem Planeten!

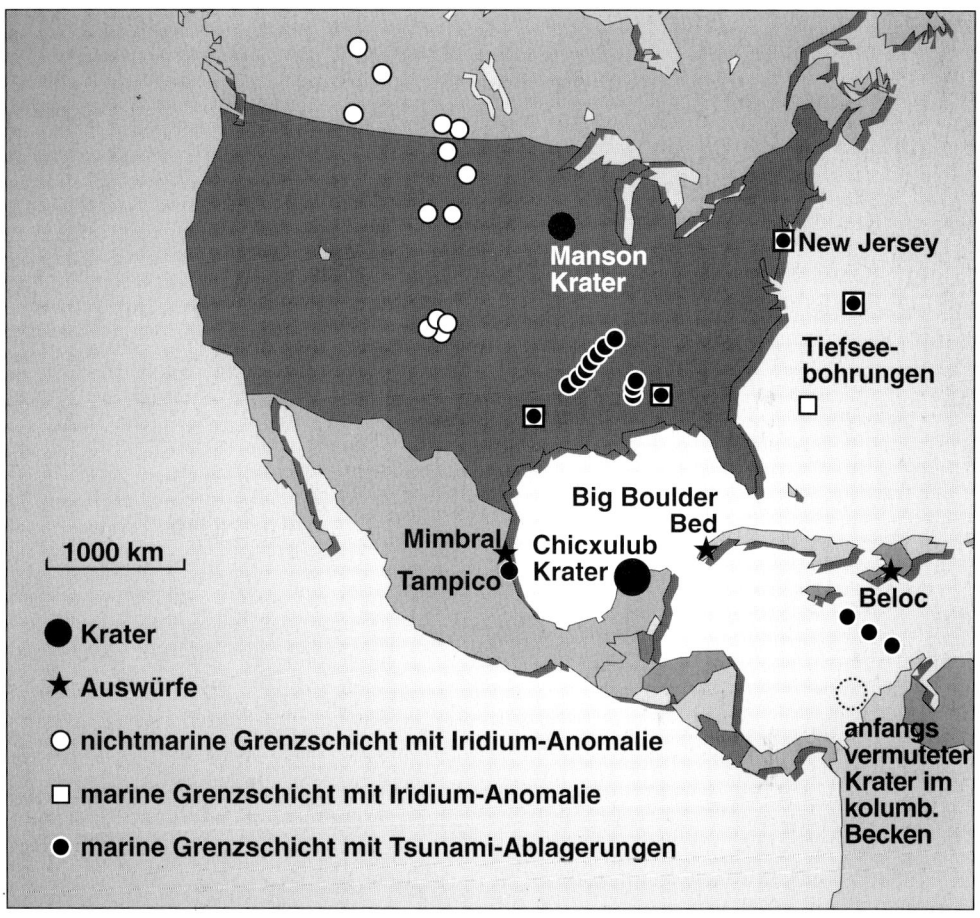

Geographische Lage des Chicxulub-Kraters und der Spuren des Meteoriteneinschlags vor 65 Millionen Jahren. Damals waren der Süden Nordamerikas sowie Mittelamerikas größtenteils von einem flachen Meer bedeckt.

Möglicherweise ist er sogar noch gewaltiger. Eine neue Analyse der Gravitations- und Magnetfeldanomalien und neue Messungen bewogen 1993 ein zehnköpfiges Team amerikanischer und mexikanischer Wissenschaftler unter der Leitung von Virgil L. Sharpton vom Mond- und Planeten-Institut in Houston, Texas, zur Publikation der Hypothese, daß Chicxulub einen Durchmesser von bis zu 300 Kilometern haben könnte. Neben den schon bekannten drei ringförmigen Deformationen in den Meßfeldern, die wohl für einen Zentralberg und den inneren und äußeren Kraterrand stehen, fanden sie noch weiter außen die Spuren eines vierten Rings. Dabei könnte es sich um die „Abdrücke" des äußeren Kra-

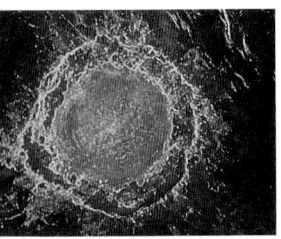

Das 280 Kilometer große Mead-Basin auf der Venus ist neben Chicxulub der einzige bekannte jüngere Krater solcher Größe im inneren Sonnensystem.

terrandes handeln, während der innere Wall dann auf die eingestürzten Massen am ursprünglichen Rand des in die Erde geschlagenen Riesenloches zurückzuführen wäre. Solche Doppelring-Krater, von manchen respektlos Ochsenaugen genannt, gibt es auch auf dem Mond und auf der Venus.

Allerdings kamen die Auswertungen anderer Wissenschaftler, etwa von Alan Hildebrand und Mark Pilkington (Geologisches Vermessungsamt in Ottawa) und C. Ortiz Aleman (Universität von Mexico City), nicht zum gleichen Schluß, so daß die Größe von Chicxulub momentan umstritten bleiben muß. Die Entstehung eines 300-Kilometer-Kraters wäre jedenfalls mit sehr großer Wahrscheinlichkeit ein einmaliges Ereignis auf unserem Planeten, das zumindest seit der Entstehung des Lebens vor rund 3,5 Milliarden Jahren sonst nicht mehr stattgefunden haben dürfte. Der Meteorit hätte dann noch achtmal mehr Energie freigesetzt, als ursprünglich geschätzt.

Brennpunkt Yucatán

Die Yucatán-Hypothese stieß sogleich auf großes Interesse. Einige Wissenschaftler waren schon durch die Funde von Brazos und Haiti aufmerksam geworden. Nun wurden die Forschungsaktivitäten richtig angeheizt. Und die Ergebnisse kamen in den nächsten Monaten auch Schlag auf Schlag. Zwei Fragen waren zunächst vordringlich zu klären: Handelt es sich wirklich um einen Einschlagkrater? Und welches Alter hat er?

Um die erste Frage zu beantworten, müssen Bodenproben zu Rate gezogen werden. Glücklicherweise haben die Pemex-Bohrungen solche bereits erbracht. Aufgrund eines Brandes waren sie jedoch abhanden gekommen. Hildebrand gelang es dennoch mit einiger Mühe, ein paar auf andere Institute verteilte Proben zu beschaffen. Zusammen mit William V. Boynton entdeckte er tatsächlich Einschlagspuren: geschocktes Quarz, glasige Sphärulen und Brekzie (kantige, verkittete Gesteinstrümmer von zerschlagenen Sedimenten und Granit). Andere Wissenschaftler waren zunächst skeptisch. Sie bestätigten diese Interpretation aber, nachdem sie die Proben zu Gesicht bekamen. Kritiker der Hypothese wiesen allerdings auf älteres Gestein über Chicxulub hin. Daraus schlossen sie, daß der Krater beträchtlich älter sein müsse, vielleicht 80 Millionen Jahre alt. Auch auf Fossilienfunde stützten sie sich. Jedoch scheint dieses Material durch den Einschlag aus dem Boden geschleudert worden zu sein, um danach wieder abzuregnen. Man schätzt, daß Gestein aus bis zu 1,5 Kilometer Tiefe auf diese Weise emporgeholt wurde.

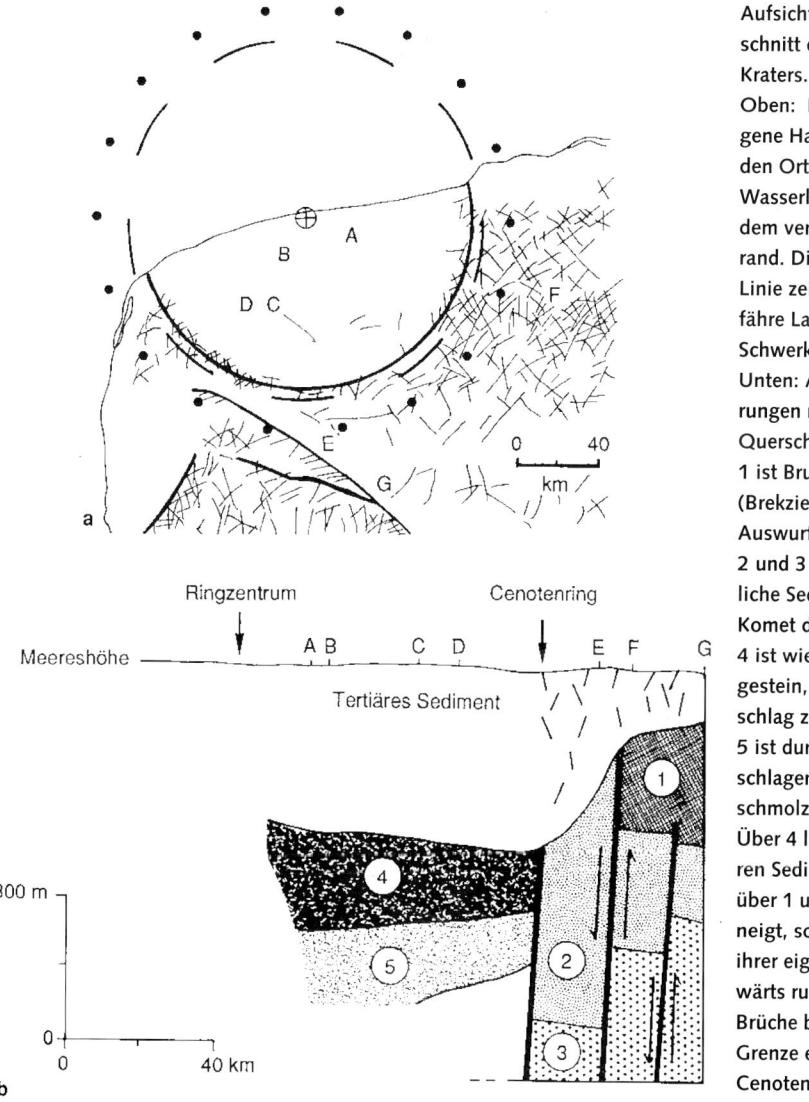

Aufsicht und Querschnitt des Chicxulub-Kraters.

Oben: Der durchgezogene Halbkreis markiert den Ort von Cenoten, Wasserlöchern, über dem vermuteten Kraterrand. Die gestrichelte Linie zeigt die ungefähre Lage einer Schwerkraftanomalie. Unten: Aus den Bohrungen rekonstruierter Querschnitt.

1 ist Bruchgestein (Brekzie), vermutlich Auswurf des Einschlags, 2 und 3 sind kreidezeitliche Sedimente, die der Komet durchschlug, 4 ist wieder Bruchgestein, das beim Einschlag zurückblieb, und 5 ist durch die Einschlagenergie aufgeschmolzenes Gestein. Über 4 liegen die jüngeren Sedimente flach, über 1 und 2 aber geneigt, so daß sie unter ihrer eigenen Masse abwärts rutschen und Brüche bilden. An der Grenze entstanden die Cenoten.

Ein weiterer Hinweis kam von Satellitenaufnahmen. Obwohl Chicxulub tief unter der Erde verborgen liegt, hat er doch oberirdische Spuren hinterlassen. Die Aufnahmen zeigten die Verteilung von Wasserlöchern, wie die drei kalifornischen Wissenschaftler Kevin O. Pope von der Geo Eco Arc Research Company in La Canada, Adriana C. Ocampo vom Laboratorium für Strahlenantriebe (Jet Propulsion Laboratory, JPL) des California Institute of Technology in Pasadena und Charles E. Duller vom Ames-Forschungszentrum der NASA im kalifornischen Moffett Field 1991 bekanntgaben. Diese sogenannten Cenoten dienten schon den Maya als natürliche Brunnen und mitunter auch als heilige Stätten, in die sie kleine Kostbarkeiten und sogar Skelette versenkten, um den Regengott in der Unterwelt zu erfreuen; heute werden einige der Cenoten von Touristen als Freibad benutzt. Die Wasserlöcher sind zwischen 50 und 500 Meter groß und bis zu 120 Meter tief. Auf einem Quadratkilometer gibt es bis zu drei von ihnen. Offenbar liegen fast alle exakt auf einem Kreisbogen, dessen Durchmesser etwa 200 Kilometer beträgt. Sein Mittelpunkt fällt mit dem des Kraters zusammen, wie er aus den Magnet- und Schwerefeldanomalien bestimmt wurde. Die Cenoten zeichnen den Krater also gleichsam nach. Das kommt daher, daß über dem Kraterinneren der Kalkstein unbeschädigt, außerhalb davon durch Nachrutschen aber zerklüftet ist. Diese Grenze stellt für das Grundwasser eine Barriere dar. Hier fließt es schneller und hat eine größere Erosionskraft. Dadurch werden Höhlen aus dem Kalkstein herausgewaschen. Irgendwann stürzen sie ein, so daß das Grundwasser freigelegt wird und die Cenoten entstehen. Pope wertet die Größe des Cenoten-Halbkreises auch als Indiz für einen Kraterdurchmesser von über 180 Kilometern.

> **Etliche, fast kreisrunde Wasserlöcher zeichnen den Verlauf des Kraterrandes nach.**

In der Zwischenzeit konnten Sigurdsson und sein Team weitere Fortschritte erzielen. Neue Spurenelement- und Isotopen-Analysen lieferten jetzt eine exzellente Übereinstimmung der chemischen Zusammensetzung der Beloc-Tektiten mit den Chicxulub-Verhältnissen. Die Einschlagspuren des Manson-Kraters in Iowa dagegen passen dazu nicht. Also kann er tatsächlich nicht für die Ereignisse im Golf von Mexiko verantwortlich gemacht werden. Auch David A. Kring und William V. Boynton von der Universität von Arizona in Tucson zeigten später, daß das Schmelzgestein, das aus einem ein Kilometer tiefen Bohrloch der Chicxulub-Struktur zutage gefördert worden war, in seiner Zusammensetzung den Glassphärulen von Haiti ähnelt. Isotopenanalysen von Joel D. Blum (Dartmouth College) kamen zum selben Ergebnis und unterschieden sich eindeutig von Relikten des Manson-Einschlags. Und die Untersuchung winziger Zirkon-Kristalle (Zirkoniumsulfat) aus dem Chicxulub-Krater und der Beloc-Formation, veröffentlicht im Dezember 1993, ergab ein identisches Alter und somit dieselbe Herkunft. Thomas E. Krogh vom kanadischen Royal-Ontario-Museum in Toronto und amerikanische und mexikanische Kollegen hatten die Häufigkeit von Blei bestimmt (einem Zerfallsprodukt des in den Kristallen eingeschlos-

Die Spuren des Killers –
farbcodierte Radaraufnahme eines Teils des
Chicxulub-Kraters auf
der mexikanischen
Halbinsel Yucatán, 1994
gewonnen mit einem
neuen Verfahren von
Astronauten an Bord
der Raumfähre Endeavour. Der Krater ist
heute unter 300 bis
1000 Metern Kalksteinsedimenten verborgen.
Die Lage von Brüchen
darin sowie die als Cenoten bezeichneten
Wasserlöcher (blaue
runde Flecken in den
gelb und rosarot gefärbten Mangrovensümpfen) lassen jedoch seine
Umrisse erkennen.

senen radioaktiven Urans), das ein Maß für den Zeitpunkt ihrer Kristallisation liefert. Folglich mußte Gestein aus über zwei Kilometern Tiefe von dem Meteoriten in die Luft geschleudert und bis nach Haiti befördert worden sein. Sogar in Colorado und Saskatchewan, 2300 beziehungsweise 3500 Kilometer vom Einschlagort entfernt, ließ sich Zirkon von Chicxulub noch nachweisen.

Ein weiteres Ergebnis war, daß die kalziumhaltigen Glassphärulen, die sich bei Temperaturen um 1300 Grad Celsius gebildet hatten, ziemlich schwefelhaltig sind. In der Folge des Einschlags (in Gestein, das viel Kalziumsulfat enthielt) muß somit eine größere Menge von Schwefeldioxid in die Atmosphäre entwichen sein. Sigurdsson und seine französischen Mitarbeiter schätzten, daß die Luft damals mit rund 6,4 Milliarden Tonnen Schwefel belastet wurde – mehr als das Hundertfache der größten untersuchten Vulkaneruption der Erde (des Tambora 1815). Das Schwefeldioxid sollte allein schon eine Temperatursenkung um bis zu vier Grad herbeigeführt haben. Als Schwefelsäure trug es außerdem maßgeblich zum sauren Regen bei.

Wie ein Flußtal die Folgen eines Meteoriteneinschlags verrät

Mittlerweile waren an drei weiteren Orten (neben Haiti) Glassphärulen gefunden worden, die der Hypothese vom Einschlagsort Karibik zusätzliche Stütze gaben. Walter Alvarez, Alessandro Montanari und Nicola Swinburne aus Berkeley hatten sich zusammen mit Jan Smit aus Amsterdam auf die Suche danach gemacht. Erfolg hatten sie einerseits am Brazos-River – jenem Ort in Texas, der schon durch seine Tsunami-Spuren bekanntgeworden war. Auch zwei Tiefseebohrkerne, die man 400 Kilometer nordöstlich von Chicxulub im Golf von Mexiko gewonnen hatte, zeigten die Spuren der Einschlagfolgen. Das eindrucksvollste Indiz ist aber das Mimbral-Deposit nördlich von der Stadt Tampico in Mexiko, 800 Kilometer von Yucatán entfernt. Neben Sphärulen weist es ebenfalls Tsunami-Spuren auf. Obwohl an diesem Ort damals Meeresboden war, lassen sich auch eingeschlossene Holzstückchen finden. Daraus kann man folgern, daß hier Vegetation von der nahen Küste ins Meer zurückgespült worden war. Zuvor hatte die riesige Flutwelle, die der Meteoriteneinschlag erzeugte, Teile des heutigen Golfs von Mexiko vorübergehend förmlich leergefegt.

Die freigelegte Schichtenfolge im Arroyo-el-Mimbral-Flußtal gibt ein beredtes Zeugnis von den Ereignissen nach dem Einschlag. Zunächst spritzte geschmolzenes Material nach allen Seiten davon und lagerte sich auf dem Grund des Flachmeeres ab. So entstand die bis zu 30 Zentimeter dicke Sphärulenschicht, die ganz unten liegt. Tatsächlich muß sie, wie Stanley Margolis und Philippe Claeys von der Universität von Kalifornien in Davis mitteilten, von dem Gestein stammen, das aus Chicxulub herausgesprengt wurde; die chemische Zusammensetzung des Schmelzgesteins dort mit den Sphärulen von Mimbral ist so ähnlich, daß dies kein Zufall sein kann. Der Einschlag hat riesige Flutwellen in Bewegung gesetzt, die an die Küste brandeten, dort allerhand Gestein und pflanzliches Material fortrissen und ins Meer zogen, wo es sich absetzte – und zwar über den Sphärulen, da die Wellen für die Strecke einige Stunden brauchten. Dafür ist das mächtige Tsunami-Bett der Beweis. Umgekehrt wurden auch Teile des Meeresgrundes an die Küste verlagert. Bis die Wellen zur Ruhe kamen, dauerte es noch längere Zeit. Darauf sind die Rippeln in den Schichten über dem Tsunami-Bett zurückzuführen. Sie enthalten die höchsten Konzentrationen an Iridium. Es befand sich im feinsten Staub, der am längsten in der Luft blieb und sich daher als letztes absetzte. Mittlerweile wurden auch noch andere Kreide-Tertiär-Grenzschichten in Mexiko aufgespürt, die Tsunami-Spuren und Sphärulen aufweisen.

Springfluten, Sturzregen und Säurebildung

Alles spricht folglich dafür, daß der Meteorit ins Meer einschlug – an einer Stelle, an der das Wasser ungefähr ein bis zwei Kilometer tief war. Entsprechend hoch mußten die Tsunamis zunächst sein. Außerdem sollte ein Planetoid 3,5 Billionen Tonnen Wasser als Impaktfontäne in die Atmosphäre hochgeschleudert haben, wie Prinn und Fegley überschlugen, ein noch größerer und schnellerer Komet sogar mehr als das 200fache davon. Dieser Dampf wäre alsbald als Sturzregen auf die Erde zurückgeprasselt, der später in einen noch nie dagewesenen Schneefall überging. Da der Dampf zunächst rasch an festen Staubkörnern und Gesteinspartikeln kondensierte, die von dem ausgeworfenen ozeanischen Krustenmaterial stammten, hätten die herabstürzenden Wasser- und Schneemassen alles verschlammt und unter einem schmutzigen Leichentuch bedeckt, aber wenigstens die unteren Atmosphärenschichten freigewaschen. Die weltweiten Feuersbrünste sind zunächst wohl nicht gleich gelöscht worden, da die extreme Hitze über ihnen das Abregnen nicht gleich erlaubte. Falls der Meteorit aber relativ flach von südöstlicher Richtung eingeschlagen wäre, wäre es erklärbar, warum im westlichen Binnenland der heutigen USA keine Rußschichten gefunden wurden: Dorthin hätte sich ein großer Teil der Wassermassen ergossen, so daß hier die Brände nicht aufkamen oder wieder erlöschen mußten.

Der Meteorit hat den Ozeanboden bis zu 15 Kilometer tief aufgewühlt und verschob die Gesteinsschichten bis in eine Tiefe von 40 Kilometern und mehr. Da sie reich an Dolomit, Kalkstein und Anhydrit (Magnesium- beziehungsweise Kalziumcarbonat und Kalziumsulfat) gewesen sein dürften, wurden durch die Verdampfung große Mengen an Kohlendioxid und Schwefeldioxid freigesetzt. Mit vielleicht zehn Milliarden Tonnen gelangte über dreimal mehr Kohlendioxid in die Atmosphäre, als der Dekkan-Vulkanismus in seiner Hauptphase jährlich ausdampfte. Für einen späteren Treibhauseffekt ist diese Menge von einiger Bedeutung. Verheerender war jedoch zunächst das freigesetzte Schwefeldioxid. Schätzungen liegen zwischen zehn Milliarden und über einer Billion Tonnen. Zum einen bleibt es länger in der Atmosphäre als Staub und kann die Sonneneinstrahlung über Jahre hinweg so stark verringern, daß eine Temperaturabsenkung von 10 bis 15 Grad nicht unwahrscheinlich ist. Zum anderen bildete Schwefeldioxid mit den Wassermolekülen, die durch die siedendheißen Temperaturen ebenfalls zur Genüge in die Luft kamen, Schwefelsäure. Ihr Beitrag zum sauren Regen war mit einer Dosis von ein bis zehn Kilogramm pro Quadratmeter und dem doppelten Säuregrad von Salpetersäure vernichtend. Da Anhydritlager auf nur 0,4 Prozent der Erdoberfläche vorkommen, hätte der Meteorit kaum ein ungünstigeres Ziel treffen können.

Die Dauer der Auswirkungen des Kreide-Tertiär-Einschlags	
Einschlagfolgen	**Zeitraum**
Hitzeorkan und Feuerregen	Stunden
Tsunami-Meereswogen	Stunden
Hyperkane	Tage
Weltenbrand	Wochen
Dunkelheit, Dämmerung	Wochen bis Monate
Saurer Regen	Jahre
Kälte	Jahre bis Jahrzehnte
zerstörte Ozonschicht, UV-Belastung	Jahrzehnte
Erbschädigung durch Mutagene	Jahrhunderte
Treibhauseffekt	Jahrtausende
ausgelöster Vulkanismus (?)	bis mehrere 100 000 Jahre

Der Beweis

Nachdem sich die Indizien für Yucatán als Brennpunkt der Katastrophe am Ende der Kreidezeit immer weiter verdichtet hatten, fehlte als letztes entscheidendes Glied in der Beweiskette nur noch eine präzise Altersangabe von Chicxulub. Einen ersten diesbezüglichen Erfolg erzielten Glen Izett, L. W. Snee und G. B. Dalrymple vom Geologischen Vermessungsamt der USA in Denver und Menlo Park. Mit der Argon/Argon-Methode datierten sie einige Glassphärulen von Haiti zunächst auf 64,5 Millionen Jahre, ein Wert, der später auf 65 Millionen Jahre korrigiert wurde. Das Alter der Sphärulen paßt also nicht nur ausgezeichnet zur Kreide-Tertiär-Wende, sondern war zugleich eine neue Rekordleistung. Denn die ältesten, bis dahin datierten Mikrotektite (sie stammen aus Nordamerika) sind 35,5 Millionen Jahre alt.

Im August 1992 publizierte dann Carl C. Swisher III vom Geochronologie-Zentrum in Berkeley zusammen mit anderen Wissenschaftlern, darunter auch Walter Alvarez, Maurrasse, Montanari und Smit, die Datierung von Schmelzgestein von Chicxulub, das von einer Bohrprobe aus 1400 Metern Tiefe stammt. Mit der Argon/Argon-Methode kam das Team auf genau 65 Millionen Jahre. Weitere Altersbestimmungen an Glassphärulen von Haiti und Arroyo el Mimbral ergaben denselben Wert.

Unabhängig davon gelangte eine andere Studie zum gleichen Ergebnis. Sie wurde von Virgil L. Sharpton vom Mond- und Planeten-Institut in Houston ein halbes Jahr später in Zusammenarbeit mit Kollegen vom Geologischen Vermessungsamt in Menlo Park und dem Geophysik-Institut in Mexico City veröffentlicht. Die Forscher hatten mit der Argon/Argon-Methode ebenfalls ermittelt, daß die geschockten Quarzkörner im Innern des Kraters ziemlich genau 65 Millionen Jahre alt sind. Sie wiesen auch einen ungewöhnlich hohen Iridiumgehalt darin nach und eine inverse Magnetisierung, die zur 29R-Epoche paßt, in der die Kreide-Tertiär-Grenze liegt.

Diese 0,5 bis 2 Millimeter großen Glassphärulen entstanden beim Aufprall des Meteoriten von Chicxulub und wurden über 1000 Kilometer weit geschleudert.

Die Kreide-Tertiär-Grenzschicht im mexikanischen Mimbral-Tal ist zwei Meter dick (!) und enthält Trümmergestein, das durch eine gigantische Flutwelle entstanden sein muß. Unten befindet sich Sand, der reich an Sphärulen ist, darüber geschichteter Sandstein und oben versteinerter Schlamm mit einer hohen Iridiumkonzentration.

117

Alle Messungen stehen miteinander vollkommen im Einklang. Ihre typischen Fehlergrenzen betragen höchstens 100 000 Jahre, so daß kein Zweifel daran besteht, daß im Rahmen der Meßgenauigkeit alle Tektite gleich alt sind. Damit kann ihre gemeinsame Herkunft als erwiesen gelten. Zugleich sind diese Datierungen (im Umkehrschluß) die präzisesten zeitlichen Bestimmungen der Kreide-Tertiär-Grenze, wenn man die Meteoritenhypothese akzeptiert hat.

Vertreter der Vulkanismushypothese machen hinter die Indizienkette zwar noch immer ein paar Fragezeichen: über die Schichtenstruktur von Chicxulub sei das letzte Wort noch nicht gesprochen, so Charles Officer, John Lyons (Dartmouth College) und Arthur A. Meyerhoff (Tulsa, Oklahoma), ein vulkanischer Ursprung wäre nicht ausgeschlossen; die Geröllfelder auf Kuba könnten durch eine ungewöhnliche Verwitterung entstanden sein, so Manuel Iturralde-Vinent vom Nationalmuseum in Havanna; die Sphärulen seien doch vulkanische Produkte, so John Lyons und Celestine Jehanno (Nationales Zentrum für wissenschaftliche Forschung in Frankreich), und auch die Mimbral-Sektion wurde anders interpretiert. Aber die große Mehrheit der Geologen hat, wie Umfragen ergaben, den Killer-Krater und die umliegenden Spuren mittlerweile akzeptiert. Die Indizien sind einfach zu erdrückend, als daß sie für mehr als bloße Rückzugsgefechte noch Spielraum ließen. Ungeklärt bleibt allerdings noch, ob der Meteorit ein Planetoid oder Kometenkern war.

Eine andere, die nun entscheidende Frage ist allerdings, wie tödlich die kosmische Bombe wirklich war.

Das große Sterben

Die entscheidende Frage   Zunächst einmal sind der Nachweis des Einschlags und die Erforschung des Massenausterbens zwei verschiedene Themen. Sie könnten ja zufällig zeitlich zusammengetroffen sein, ohne ursächlich zusammenzuhängen. Genau diese Auffassung vertraten viele Paläontologen. Mit der Zunahme des Beweismaterials für einen Meteoritentreffer wurde aber das vorliegende Datenmaterial nochmals kritisch gesichtet. Und neue gezielte Forschungsprojekte sind auch im Hinblick auf diese Fragestellung konzipiert und zum Teil bereits durchgeführt worden. Wissenschaftliche Untersuchungen finden ja nicht im luftleeren Raum statt, sondern bewegen sich immer in einem Rahmen von Erwartungen, Absichten und vor allem theoretischen Hintergründen, der die Art und Ausrichtung der Analysen mitprägt. Zuweilen machen Vorurteile und Lehrmeinungen sogar sehr kritische Forscher betriebsblind; und umgekehrt eröffnen neue Hypothesen auch erst manchen neuen Blickwinkel.

Die wesentliche Frage ist nun die nach der Geschwindigkeit des großen Sterbens. Zog es sich über einige zehntausend bis hunderttausend Jahre hin, dann wäre der Meteoriteneinschlag nicht die einzige und allein entscheidende Ursache. Ein rasches Massensterben innerhalb von wenigen Jahrhunderten dagegen bedeutet einen so radikalen Schnitt, daß an dem kosmischen Treffer als Auslöser kaum mehr zu zweifeln wäre. Nun sind also die Paläontologen gefordert!

Im Augenblick ist die Kontroverse noch nicht beendet; sie ist nicht einmal abgeklungen. Das mag man vielleicht bedauern. Aber offene Fragen machen ja gerade den Reiz und die Spannung der Forschung aus und sind ein starker Antrieb für neue Untersuchungen. Während einerseits gute Gründe dafür sprechen, daß zumindest manche Fossilien unterhalb der Kreide-Tertiär-Grenze verschwunden sind, diese Organismen also bereits vor dem Meteoriteneinschlag ausstarben, gibt es im Gegensatz zur Lehrmeinung, die bis in die 80er Jahre hinein praktisch allgemein akzeptiert wurde, mittlerweile auch Befunde, die einen ganz kurzfristigen, dramatischen Faunenschnitt nahelegen. Ein paar Beispiele sollen im folgenden diese Entwicklungen illustrieren.

Ein Gnadenstoß für einen erschöpften Planeten?

Verschiedene Studien von Kleinfossilien werden als Argument für ein graduelles, wenn auch verstärktes Artensterben in den letzten paar hunderttausend oder sogar Millionen Jahren vor der Kreide-Tertiär-Wende angeführt. Zum Beispiel fanden Art Sweet (Geologisches Vermessungsamt von Canada, Calgary) und seine Kollegen, daß die Sporen und Pollen von fast 300 Farnen beziehungsweise Blütenpflanzen schon 300 000 bis 400 000 Jahre vor der Grenze drastisch zurückgingen; dieser Trend zeichnete sich sogar bereits fünf Millionen Jahre vorher ab.

Kaum bestritten werden die Ergebnisse von Kenneth MacLeod (Universität Washington) und anderen, die zeigen, daß die sogenannten Inoceramiden ein bis zwei Millionen Jahre vor der Wende ziemlich rasch ausgestorben sind. Dabei handelt es sich um mächtige flachschalige Muscheln, die bis zu 1,2 Meter groß werden konnten. Sie lagen auf dem Meeresboden und filtrierten nach Art der Austern ihre Nahrung aus dem Wasser.

Auch eine andere Muschel-Ordnung, die Rudisten, starb eine Million Jahre vor dem Beginn der Erdneuzeit aus und begann schon vor 70 Millionen Jahren rapide zurückzugehen. Dies fanden unabhängig voneinander an verschiedenen Orten der Welt unter anderem Peter Ward (Universität von Washington), Annie Dhondt (Institut Royal d'Histoire Naturelle in Brüssel) und Nicola Swinburne (Universität von Kalifornien, Berkeley). Rudisten waren ganz sonderbare Muscheln, deren Deckel sich auf einem Stiel befand; sie lebten in größeren Gruppen vergleichbar mit Korallenriffen und benötigten relativ warmes Wasser.

Jan Smit (Universität von Amsterdam) untersuchte Foraminiferen in Spanien und El Kef in Tunesien. Er fand ein abruptes Verschwinden. Die Arbeit von Gerta Keller von der Princeton-Universität in New Jersey am Brazos River in Texas und bei El Kef ergab dagegen, daß dieses Plankton ein paar hunderttausend Jahre brauchte, um auszusterben. Die Forschungen von James J. Pospichal (Florida-State-Universität, Tallahassee) ebendort führten ihn dagegen zu dem Schluß, daß die Kleinstlebewesen die Kreide-Tertiär-Grenze größtenteils nicht überlebt hätten, sondern sich bloß relativ rasch wieder erholen konnten.

An einem Aufschluß auf der Seymour-Insel in der Antarktis fanden William Zinsmeister von der Purdue-Universität in West Lafayette, Indiana, und seine Kollegen keine Anzeichen für ein rasches Aussterben der Dinoflagellaten. Aber diese Flachwasser-Schalentiere sind relativ resistent und in der Antarktis ohnehin an tiefere Temperaturen gewöhnt.

Für Aussterbeereignisse, die beschleunigt und gegebenenfalls auch schrittweise, nicht aber schlagartig erfolgt sind, gibt es zwei mögliche Erklärungen (die sich nicht generell gegenseitig ausschließen müssen). Steven M. Stanley von der Johns-Hopkins-Universität in Baltimore, Maryland, machte globale Temperaturabkühlungen am Ende der Kreidezeit für die Massenextinktion verantwortlich (steht aber mittlerweile der Meteoritenhypothese aufgeschlossener gegenüber). Anthony Hallam von der Universität von Birmingham sieht im Sinken des Meeresspiegels und damit insbesondere dem Verlust von Flachwasserlebensräumen die entscheidende Ursache. Deshalb wären auch die Flachmeere zurückgewichen, die weit ins Innere mancher Kontinente ragten. Dadurch läßt sich, so Hallam, das Überleben vieler Tiefseeorganismen, Wirbellosen des Meeres, Landpflanzen, Süßwasserfische, Säugetiere, aber auch von Reptilien wie Schlangen, Schildkröten und Krokodilen am besten erklären.

Das Sinken des Meeresspiegels könnte sowohl durch eine klimatische Abkühlung hervorgerufen worden sein, was wachsende Polareis-

Die Landfläche des heutigen Nordamerika war zu der Zeit beinahe zweigeteilt.

kappen und Gletscher zur Folge gehabt hätte, als auch durch die Bewegung der Erdkruste. Sie ist ja regelrecht zerbrochen und gegenwärtig in sechs große und eine Anzahl kleinere Stücke aufgeteilt. Diese Platten (und nicht nur die Kontinente, die auf ihnen emporragen) bewegen sich gegeneinander, treiben auseinander und schieben sich übereinander. Der Ursprung dieser Dynamik ist die Wärme, die aus dem Erdinneren aufsteigt und aus radioaktiven Zerfällen stammt. Die wechselnden Geschwindigkeiten der Ausbreitung des Meeresbodens beeinflussen die Höhe des Meeresspiegels, und zwar unabhängig davon, ob es in dieser Zeit auch Vereisungen gibt. Allerdings sind diese Vorgänge im Vergleich zu Vereisungen sehr langsam.

Gegen die These vom Lebensraumverlust spricht, daß dieser im Gegensatz zum Massensterben nicht überall erfolgte und ja auch umgekehrt zu einem Lebensraumgewinn auf dem Festland führen muß. Das Aussterben des ozeanischen Planktons kann damit gar nicht erklärt werden. Und es gibt immerhin gute Hinweise darauf, daß das Massensterben nicht nur in einigen Regionen der Erde stattfand, sondern globale Ausmaße hatte. David M. Raup und David Jablonski von der Universität Chicago haben die verfügbaren Daten über das Verschwinden von insgesamt 340 Muschelgattungen am Ende der Kreidezeit analysiert. Aufgrund der häufigen Funde weiß man darüber recht gut Bescheid und kann statistisch einigermaßen verläßliche Aussagen machen. Das Ergebnis: Es gab keine lokalen Anhäufungen (zum Beispiel in den Tropen oder auf der nördlichen Erdhalbkugel), wie früher zuweilen vermutet, wenn man die Rudisten, die nur in den Tropen eine große Formenvielfalt erreicht hatten und wohl schon früher verschwunden sind, unberücksichtigt läßt.

Ein Klimawechsel betrifft Land und Meer gleichermaßen. Er könnte freilich damit zusammenhängen, daß durch die neue Gestalt der Ozeane eine Änderung der Meeresströme und damit auch der Winde erfolgte und viel stärkere jahreszeitliche Schwankungen auftraten. Vielleicht steht er aber auch mit dem gesteigerten Vulkanismus in Beziehung. Stanley und Hallam stehen dieser Hypothese sehr aufgeschlossen gegenüber und vermuten, daß die Dekkan-Aktivitäten das Aussterben beschleunigt haben. Der Meteoriteneinschlag wäre dann, wenn seine Folgen überhaupt über regionale Effekte hinausgingen, eher einem Gnadenstoß gleichgekommen oder dem Tropfen, der das Faß zum Überlaufen brachte. Insofern hätte sich die Biosphäre schon in einer Krise befunden, hätte geschwächt und erschöpft sein müssen, damit der Einschlag sie als wirkungsvolles Finale endgültig zum Kippen brachte.

Zum Beispiel entsteht im Mittelatlantischen Rücken aus hervorbrechender Lava ständig neues Gestein. Europa und Nordamerika sowie Afrika und Südamerika entfernen sich dadurch mit einer Geschwindigkeit von rund einem Zentimeter pro Jahr voneinander.

121

Todesurteil aus dem Dunkel

Die Gegenthese ist freilich dramatischer: Das vernichtende Projektil kam aus der Dunkelheit des Weltalls auf die ahnungslose Erde geschossen und bedeutete ein jähes Todesurteil für zahlreiche Arten. Auch für diese Auffassung können mittlerweile paläontologische Studien als Beleg angeführt werden. Unter anderem zeigen manche Analysen von fossilisierten Blättern, Pollen oder Foraminiferen einen abrupten Rückgang in den Sedimenten kurz vor der Kreide-Tertiär-Grenze. Ein gutes Beispiel dafür sind auch die Untersuchungen von Peter Ward und seinen Kollegen (unter anderem auch Jost Wiedmann von der Universität Tübingen). Im Jahre 1986 fanden sie in Zumaya an der spanischen Atlantikküste in Sedimenten von 170 Metern Mächtigkeit ein graduelles Verschwinden der Ammoniten. Demgemäß hätten diese tintenfischartigen Tiere mit ihren spiralförmig gewundenen Kalkgehäusen im Verlauf von etwa fünf Millionen Jahren allmählich aussterben müssen. Doch an zwei nahegelegenen Fundorten in Frankreich ergab sich wenige Jahre später ein ganz anderes Bild: hier hielten sich dieselben Arten bis unmittelbar zur Kreide-Tertiär-Grenze. Offenbar waren an der spanischen Fundstelle die Ammoniten bloß nicht lückenlos erhalten geblieben. Aber auch in Zumaya wurden schließlich noch jüngere Fossilien entdeckt, von denen man zuvor dachte, daß sie dort schon ausgestorben wären. Dieses Beispiel zeigt, daß eine ausgedehntere, genauere Nachforschung ein ganz anderes Bild ergeben kann und daß kontinuierliches Aussterben mitunter nur vorgetäuscht ist.

Zu ähnlichen Ergebnissen kam Leo J. Hickey, ein Paläobotaniker von der Yale-Universität. In den 80er Jahren schloß er aus der Häufigkeit der erhaltenen fossilen Pflanzenreste in Amerika, daß manche Arten am Ende der Kreidezeit rasch, andere wieder langsamer ausstarben, und zwar an unterschiedlichen Orten auch zu unterschiedlichen Zeiten, nämlich mit Variationen von einigen zehntausend Jahren. Als er mit Kirk Johnson (nun an der Universität von Adelaide) später 25 000 Fossilien sammelte und analysierte, sprachen die meisten davon für ein rasches Aussterben, und Hickey „konvertierte" zu der Auffassung, eine plötzliche Katastrophe müsse dafür verantwortlich sein.

Weitere Anzeichen für ein katastrophales Ereignis fanden Rodolfo Coccioni und Simone Galeotti (Universität Urbiono, Italien) bei Caravaca in Spanien. Nach einigen tausend Jahren der Stabilität folgte gerade an der Kreide-Tertiär-Grenze innerhalb weniger Jahrhunderte eine dramatische Abnahme sowohl des Oberflächenplanktons als auch der Foraminiferen auf dem Meeresboden. Während es Jahrtausende dauerte, bis ersteres sich erholte, konnte die Vielfalt der Bodenorganismen schneller wieder zunehmen – nicht zuletzt wohl aufgrund der vielen herabgesunkenen Nährstoffe infolge des Massensterbens an der Meeresoberfläche.

James C. Zachos und Michael A. Arthur von der Universität von Rhode Island und Walter E. Dean vom Geologischen Vermessungsamt in Denver zeigten 1989, daß die biologische Primärproduktion im Meer am Ende der Kreidezeit innerhalb weniger tausend Jahre dramatisch zurückging und ein paar hunderttausend Jahre brauchte, um sich wieder zu erholen. Die Wissenschaftler hatten das Verhältnis von Kohlenstoff-13 zu Kohlenstoff-12 in Bohrproben aus dem Pazifik bestimmt. Organische Substanzen, die an der Meeresoberfläche synthetisiert werden, wo Licht und Nährstoffe ausreichend vorhanden sind, enthalten rund zwei Prozent weniger von dem selteneren Kohlenstoff-13-Isotop als anorganischer Kohlenstoff. Am Verhältnis der Kohlenstoffisotope in den Schalen von Einzellern oder den anorganischen Sedimenten läßt sich daher ablesen, wie hoch die Stoffwechselleistung der Organismen zu einer bestimmten Zeit war. Das Ergebnis: genau an der Kreide-Tertiär-Grenze, die sich in dem Bohrkern auch durch eine Iridiumanomalie und Sphärulen bemerkbar macht, brachen die biologischen Prozesse förmlich zusammen. Ein großer Teil des Planktons wurde daher in einem kurzen Zeitraum ausgelöscht. Die Wissenschaftler halten einen Meteoriteneinschlag für die plausibelste Ursache. Zachos, Arthur und Dean fanden aber auch deutliche Hinweise auf eine Abnahme der biologischen Primärproduktion ab etwa 200 000 Jahren vorher, hinter der sie eine globale Abkühlung vermuten: die Folge des Dekkan-Vulkanismus?

Mit diesen Beispielen ist selbstverständlich nicht widerlegt, daß es nicht auch ein graduelles Aussterben vor der Kreide-Tertiär-Wende gegeben hat. Einige entgegengesetzte Fälle, etwa die der Rudisten und Inoceramiden, sind ja sehr gut dokumentiert. Doch ein normales „Hintergrundaussterben" wird von der Meteoritenhypothese ja auch gar nicht geleugnet. Ihr entscheidender Punkt ist das abrupte Anschnellen der Extinktionsrate. Aus einzelnen Aussterbeepisoden vor dem Einschlag darf also nicht voreilig gefolgert werden, daß dieser sekundär gewesen wäre. Er hat das Aussterben mancher, jedoch nicht aller Arten zumindest beschleunigt. Möglicherweise hätten sie sonst überlebt – freilich werden wir das niemals mit Sicherheit wissen können. Die scharfen Schnitte in der Fossilienüberlieferung lassen aber ahnen, daß nicht wenige Todesurteile wohl doch sehr rasch vollstreckt worden sind. Gehören die Saurier auch zu diesen Opfern?

Linda C. Ivany und Ross J. Salawitch von der Harvard-Universität postulierten später, daß zusätzlich noch niedergeregnete Asche von den globalen Feuersbrünsten zu berücksichtigen sei, um den gemessenen Kohlenstoff-12-Anteil vollständig zu erklären.

123

Das Aussterben der Dinosaurier

Nach Untersuchungen von Robert Sloan (Universität von Minnesota) und seinen Mitarbeitern nahm die Vielfalt der Dinosaurier in Montana und Nord-Dakota schon im Vorfeld der Kreide-Tertiär-Wende beständig ab. Diese Gegend ist die sicher am besten untersuchte und neben China reichste Saurierfundgrube weltweit. Lebten bis vor 70 Millionen Jahren noch dreißig Gattungen im westlichen Nordamerika, waren es eine Million Jahre später nur noch zweiundzwanzig, dann achtzehn, zwölf und an der Grenze bloß noch sieben Gattungen (mit wenigstens zwölf Arten, darunter Triceratops und der berüchtigte Tyrannosaurus). Auch die Anzahl der Fossilien und somit der Individuen ging Sloan zufolge beträchtlich zurück. Die Forscher wollen sogar Hinweise darauf gefunden haben, daß einige Saurierarten noch im Paläozän vorkamen, also die Kreidezeit überlebt haben. Dies ist jedoch sehr umstritten, wäre aber, wenn es sich bestätigen ließe, eine Tatsache von großem Gewicht in der Diskussion um das Massenaussterben.

Es ist freilich auch sehr wahrscheinlich, daß sich diese wenigen Fossilien durch Erosion gelöst haben beziehungsweise von einem Fluß emporgespült oder von grabenden Tieren gehoben wurden und sich später in den untersten Tertiärschichten wieder abgelagert haben.

Auch William Clemens (Universität von Kalifornien in Berkeley), der im Nordwesten der USA Tausende von Fossilien barg, seine Schüler David Archibald (Universität von San Diego), Laurie Bryant (nun an der Boise State University) und andere Wirbeltierpaläontologen glauben, daß die Saurier im Verlauf von 500 000 Jahren ausgestorben sind – und zwar schon vor dem Meteoriteneinschlag. Das heißt, sie tauchen bereits in einigem Abstand (etwa zwei bis drei Meter) unterhalb der iridiumhaltigen Grenzschicht nicht mehr auf. Im Lauf von über 20 Jahren Feldarbeit hatten die Forscher Fossilien von rund 150 000 Individuen von 112 Wirbeltierarten aus dem östlichen Montana angesammelt: Fische, Frösche, Eidechsen, Säuger und auch zwanzig Saurierarten. Diese sollten im Laufe von rund zehn Millionen Jahren ausgedünnt worden sein. Und immerhin etwa 65 Prozent aller Wirbeltierarten, so Archibald, dürften die Kreide-Tertiär-Grenze überlebt haben – 78 Prozent der Landtiere, aber nur 28 Prozent der im Süßwasser lebenden Arten verschwanden. Je nachdem, ob man die seltenen Arten, die größere statistische Fehlerquellen bedeuten, vernachlässigt oder nicht, waren es insgesamt sogar 72 oder immerhin noch 52 Prozent, die überlebten – also in jedem Fall mehr, als gemeinhin angenommen wird. Im übrigen muß selbstverständlich unterschieden und berücksichtigt werden, ob eine Art wirklich ausgestorben ist, also ihr Erbgut eliminiert wurde, ob sie nur lokal verschwunden ist, anderswo aber überlebte, ob sie einfach nur so selten wurde, daß später keine Fossilien mehr gefunden wurden, obwohl sie noch länger existiert hatte, oder ob sie sich weiterentwickelte bezie-

Völlig überraschend bricht die Katastrophe über die ahnungslose Erde herein. Für die Dinosaurier und viele andere Tier- und Pflanzenarten mag der letzte Tag so ausgesehen haben.

125

hungsweise in verschiedene Arten aufspaltete, so daß es sich lediglich um ein Pseudoaussterben handelt. Die Masse an Material, so die Forscher, läßt statistisch einigermaßen gut abgesicherte Schlußfolgerungen zu. Und die lauten: das Aussterben ereignete sich nicht schlagartig und auch weniger dramatisch, als bislang gedacht. Nicht ein Meteoriteneinschlag, sondern ein längerfristiger Klimawandel und die Veränderung der Lebensräume durch eine Meeresspiegelsenkung zumindest in Nordamerika seien die entscheidenden Ursachen dafür.

Ein Erlebnisurlaub für Studenten bringt neue bedeutende wissenschaftliche Erkenntnis.

Zu einem anderen Ergebnis kamen jedoch Peter Sheenan vom Milwaukee Public Museum und zahlreiche Kollegen nach einer Analyse desselben Datenmaterials und aufgrund weiterer Grabungen. In den Sommermonaten 1987 bis 1989 gaben sie zahlreichen Volontären die Gelegenheit, selber nach Dinosauriern zu suchen – ein Erlebnisurlaub, der die andernfalls für die Forschung nicht bezahlbaren Personalkosten erheblich reduzierte. Im Verlauf von 15 000 Arbeitsstunden stießen die Knochenjäger in der Hell-Creek-Formation in Montana und Nord-Dakota auf die phantastische Zahl von 2500 Saurierfossilien. Viele bereits als ausgestorben gewähnte Arten rückten damit beträchtlich näher an den Kreide-Tertiär-Horizont heran (auf bloß noch wenige Dutzend Zentimeter). Sheenans Fazit: die Wahrscheinlichkeit für ein abruptes Aussterben beträgt angesichts der alten und neuen Daten über 95 Prozent – ein starkes Argument für die Meteoritenhypothese!

Je seltener eine Art ist, desto früher verschwindet sie in der Überlieferung. Diese Regel wird als Signor-Lipps-Effekt bezeichnet nach zwei Paläontologen von der Universität von Kalifornien, Philip Signor aus Davis und Jere Lipps aus Berkeley, die sie 1982 mit Computersimulationen entdeckten. Dieser Effekt ist der Grund für einige verzerrte Interpretationen. Folgendes Beispiel soll dies verdeutlichen: Angenommen, man will wissen, wie viele Menschen über 1,80 Meter Körpergröße südlich der Grenze zwischen Deutschland und Dänemark leben. Man kann nicht alle nach ihrer Größe fragen, also untersucht man nur einige Regionen, die als Stichproben dienen. Selbst wenn alle Gebiete gleich dicht besiedelt wären, wird der nördlichste Einwohner Deutschlands über 1,80 Meter sicherlich nicht direkt an der Grenze zu finden sein, sondern weiter südlich. Verschärft man das Auswahlkriterium und sucht beispielsweise nur noch nach Leuten über 1,90 Meter oder nach Personen, die zusätzlich noch Linkshänder sind, dann wird man höchstwahrscheinlich im Gebiet der Stichprobe nicht nur seltener fündig werden, sondern auch in Grenznähe immer weniger Erfolg haben. Hätte man nur unmittelbar an der Landesgrenze gesucht (die in diesem Beispiel dem

Kreide-Tertiär-Übergang entspricht), wäre man sogar zum Schluß gekommen, daß es hier überhaupt keine Linkshänder gibt, die größer als 1,90 Meter sind, obwohl einige Kilometer entfernt – wo man nicht gesucht hatte – solche vielleicht gerade einen Spaziergang machen. Analog dazu gaukeln die spärlichen Fossildaten aus rein statistischen Gründen ein vorzeitiges Aussterben der Dinosaurier unterhalb der Kreide-Tertiär-Grenzschicht vor. Und unabhängig davon ist die Wahrscheinlichkeit auch extrem gering, daß die Saurier als ganze Gruppe ohne eine ursächliche Verbindung zu dem Meteoriteneinschlag und ausgerechnet nur wenige zehntausend Jahre vor ihm ausgestorben sind, obwohl sie 150 Millionen Jahre lang auf der Erde weilten.

Dinosaurier sind selten im Vergleich zu Foraminiferen, zu Muscheln, zu vielen Farnen und Blütenpflanzen. Also sind es ihre Fossilien auch. Deshalb, so besagt der Signor-Lipps-Effekt, erscheint ihr Aussterben um so gradueller, je weniger Fossilien gesammelt wurden. Und genau das haben die Massenausgrabungen in der Hell-Creek-Formation bestätigt. Sobald mehr Daten vorlagen, wendete sich das Blatt zugunsten eines abrupteren Endes. Sheenans Team korrigierte auch die Verteilung der ausgestorbenen Landtiere zu den Formen im Süßwasser auf 88 beziehungsweise 10 Prozent. Demzufolge wären vor allem die Landwirbeltiere von den Einschlagfolgen getroffen worden.

Der Streit um die richtige Interpretation der Daten hält freilich noch an. Weitere Faktoren, zum Beispiel die angesprochenen unterschiedlichen Gründe des Verschwindens, lassen immer noch einigen Spielraum. Es ist allerdings schwierig zu sagen, ob größere Fossilienmengen hier weiterhelfen können. Am besten wäre es wohl, an einem ähnlich ergiebigen Ort, etwa in China, noch einmal auf große Knochenjagd zu gehen.

Dinosaurier und düstere Zukunftsaussichten

Die Dinosaurier sind tot. Aber sie hatten über 140 Millionen Jahre die Erde „beherrscht". Sie ließen den Säugetieren, die etwa zur gleichen Zeit wie sie im oberen Trias entstanden sind, nur einige wenige Nischen übrig. Auch wenn sich vor 100 Millionen Jahren schon ein gewisser Rückgang ihrer Vielfalt abgezeichnet hat, haben die Dinosaurier doch bis an die Grenze zum Tertiär durchgehalten. Wer kann schon sagen, was aus ihnen noch alles hätte werden können, wenn eine globale Katastrophe ihre Entwicklung nicht vollständig ausgelöscht hätte?

Dale A. Russell vom Kanadischen Naturwissenschaftlichen Museum in Ottawa wies darauf hin, daß am Ende der Kreidezeit Saurier mit relativ großen Gehirnen auftraten. Zum Beispiel ist das relative Hirngewicht des räuberischen Stenonychosaurus, der von Kopf bis Schwanzspitze drei Meter maß, vergleichbar mit dem der frühen Säugetiere. Hätten diese vermutlich verhältnismäßig intelligenten Saurier überlebt, hätten ihre Nachfahren vielleicht den Aufstieg unserer Ahnen unterdrücken können. Dann wären möglicherweise sie die intelligentesten Wesen auf diesem Planeten geworden.

Wir Menschen dagegen weilen in unserer heutigen biologischen Form gerade einige wenige hunderttausend Jahre auf der Erde. Und doch sind wir bereits zu Zeugen eines weiteren, verheerenden Massensterbens verdammt – einer globalen Vernichtung, über deren Ursachen wir nicht zu rätseln brauchen, weil wir sie selber anrichten. Gegenwärtig sterben in jeder Minute schätzungsweise 50 bis 150 Arten aus, unwiderruflich. Die meisten dieser Arten haben wir nicht einmal flüchtig kennengelernt. Wir leben in einer Zeit, die den größten und schnellsten Massenaussterben der Erdgeschichte gleichkommt. Vielleicht werden in ferner Zukunft einmal intelligente Nachfahren, falls es sie geben wird, oder außerirdische Besucher über diese Katastrophe ähnlich intensive Nachforschungen anstellen wie wir über das Aussterben der Dinosaurier. Ein entscheidender Unterschied ist aber, daß die kreidezeitlichen Reptilien sich nicht selbst die Lebensgrundlage entzogen haben, und daß sie trotz oder vielleicht auch wegen ihrer sprichwörtlich winzigen Gehirne tausendmal länger auf diesem Planeten gelebt haben als wir bis jetzt.

Ihr Untergang sollte uns daher nicht nur aus wissenschaftlichen Gründen zu denken geben. Zu sehr gleichen die diskutierten Faktoren – Ozonloch, Treibhauseffekt, saurer Regen, Vergiftung, Vernichtung des Lebensraums – unseren eigenen, selbstverschuldeten Problemen, mit denen wir heute zu kämpfen haben. Und dabei ist die nach wie vor ungeheuer große Gefahr eines Atomschlags noch gar nicht eingerechnet. Nicht umsonst haben Wissenschaftler einmal vor den Auswirkungen eines Atomkriegs und insbesondere dem nuklearen Winter mit dem Hinweis auf die Meteoritenhypothese gewarnt: dieses „Experiment" sei auf der Erde in ähnlicher Form schon einmal durchgeführt worden – mit den fürchterlichsten Folgen für die gesamte Biosphäre.

Die ewige Wiederkehr?

Weitere Volltreffer aus dem All

Alle gegenwärtigen Lebensformen sind nur ein Bruchteil dessen, was die biologische Evolution auf der Erde hervorgebracht hat. Wir stehen also buchstäblich auf Leichenhaufen, und die Oberfläche unseres Planeten ist ein gigantischer Friedhof. Zugleich stellt sie jedoch auch eine Brutstätte neuer Lebensformen dar. Artbildung und Aussterben sind nämlich zwei Seiten derselben Medaille. Sie gehen Hand in Hand. Sie ereignen sich ständig. Aber es gibt Zeiten, wo die Rate des Aussterbens extrem in die Höhe schnellt. Auf diese Faunenschnitte folgen dann in der Regel Phasen ebenso heftiger Neuentwicklungen. Mindestens fünf Perioden der Erdgeschichte markieren derart große biologische Kahlschläge, daß es nicht zu weit hergeholt erscheint, wenn man hier katastrophale, globale Ursachen vermutet, die aus dem Rahmen der gewöhnlichen geologischen Ereignisse fallen.

Andere Faunenschnitte

Schon in ihrem *Science*-Artikel von 1980 haben Vater und Sohn Alvarez darauf hingewiesen, daß Meteoriteneinschläge auch für andere Massenaussterben in der Erdgeschichte verantwortlich gewesen sein könnten. In einer Tiefseeprobe aus der Eozän-Oligozän-Grenze vor 38 Millionen Jahren glaubten sie bald darauf eine weitere Iridiumanomalie nachweisen zu können. Außerdem wurden später Mikrotektite und Sphärulen gefunden, allerdings nicht alle in genau derselben Schicht. Zahlreiche Meerestierfamilien sind damals verschwunden, wenn die Verluste auch bei weitem nicht an die der Kreide-Tertiär-Wende heranreichen und möglicherweise in einzelnen Schritten erfolgten. Ob sie wenigstens zum Teil auf einen kosmischen Treffer zurückzuführen sind, ist allerdings bis heute nicht geklärt. Die bekannten Krater diesen Alters sind wohl nicht groß genug dafür.

Die größten Massenaussterben der Erdgeschichte, nachgewiesen an dramatischen Veränderungen im Plankton und unter den wirbellosen Tieren des Meeres einschließlich der Korallenriffgemeinschaften			
Massenaussterben (geologische Epoche)	Zeit (Millionen Jahre vor der Gegenwart)	ungefährer Prozentsatz der ausgestorbenen Arten	Prominente Opfer
Kreide-Tertiär	65	76	Dinosaurier
Trias-Jura	204	76	Saurier-Ahnen
Perm	245	95	
Devon	367	82	Panzerfische
Ordovicium	439	85	
Kambrium (?)	520	80	Trilobiten

Einen anderen drastischen Einschnitt in der Geschichte des Lebens markiert die Trias-Jura-Grenze vor ungefähr 204 Millionen Jahren. Damals sind unter anderem zahlreiche Amphibien ausgestorben. Unter den Opfern waren ferner viele Reptilien, darunter die Vorfahren der Säugetiere und die Thecodontier, die Urahnen der Dinosaurier. Wie Untersuchungen der fossilen Schnecken- und Muschelschalen zeigen, erfolgte das Massensterben ziemlich abrupt, wahrscheinlich innerhalb von höchstens 20 000 Jahren. Auch einen Anstieg von Farnsporen hat man nachgewiesen, wie er für drastische Umbrüche des Klimas typisch ist, von denen zunächst nur Pionierpflanzen profitieren. 1990 stieß David Bice im Rahmen seiner Dissertation bei Walter Alvarez in Norditalien auf geschockte Quarzkörner. In Österreich hatte man eine Iridiumanomalie gefunden, was allerdings von späteren Studien in Frage gestellt worden ist. Falls das Ende des Trias durch einen Meteoriten eingeläutet wurde, könnte der Manicouagan-Krater in Quebec darauf zurückzuführen sein. Er hat einen Durchmesser von 60 Kilometern. Einer neuen Datierung zufolge soll er aber mit 214 Millionen Jahren für das Massensterben zu alt sein.

Die bei weitem größte Katastrophe der Erdgeschichte hat sich vor 245 Millionen Jahren innerhalb von höchstens fünf Jahrmillionen am Perm-Trias-Übergang ereignet. Damals sind möglicherweise über 90 Prozent aller Arten ausgestorben. Da nicht so spektakuläre Kreaturen wie die Dinosaurier, sondern wirbellose Meeresbewohner wie Schwämme, Seeschnecken und Quallen die Hauptopfer waren, wird dieser Faunenschnitt von der breiten Öffentlichkeit allerdings kaum zur Kenntnis genommen. Doch verschwanden damals sogar acht der 27 Insektenordnungen – das war der einzige große Rückschlag in der 390 Millionen Jahre währenden Erfolgsgeschichte dieser sechsbeinigen Gliedertiere, die heute sowohl hinsichtlich ihrer Verbreitung als auch ihrer Artenvielfalt und ihrer unermeßlichen Individuenzahl die eigentlichen Beherrscher der Erde sind.

In den achtziger Jahren wurde auch diese Katastrophe am Ende des Perms zuweilen auf einen Meteoriteneinschlag zurückgeführt. Diese Hypothese wird heute jedoch kaum mehr vertreten. Statt dessen scheint die Absenkung des Meeresspiegels um 150 Meter ein maßgeblicher Grund gewesen zu sein. Damals waren alle Kontinente in einem Superkontinent vereinigt, den die Geologen Pangäa genannt haben. Er stand zu 40 Prozent unter Wasser. Sein Zerbrechen könnte eine drastische Klimaänderung zur Folge gehabt haben. Auch Vulkanismus wird als Ursache vermutet. Damals sind die Sibirischen Trapps entstanden. Das waren die größten Eruptionen innerhalb der letzten 545 Millionen Jahre. Mindestens zwei Millionen Kubikkilometer Lava sind in einem Zeitraum von einer Million Jahre oder weniger aus dem Erdinneren gequollen.

Ein anderes Massensterben, für das ein Meteoriteneinschlag eine plausible Erklärung sein könnte, ereignete sich vor 367 Millionen Jahren im Devon. Unter den Opfern waren unter anderem viele Korallen. 1984 wurde in australischen Gesteinen eine Iridiumanomalie nachgewiesen, die Neil Hurley und Rob Van der Voon (Universität von Michigan) 1990 allerdings als Anreicherung durch Algen über einen Zeitraum von 200 000 Jahren hinweg interpretiert. (Woher aber stammte das Iridium?) 1992 haben die belgischen Forscher Jean-Gorges Casier und Philippe Claeys und Stanley V. Margolis (Universität von Kalifornien, Davis) Hunderte von Sphärulen untersucht, auf die sie in einer nur fünf bis zehn Zentimeter dicken Schicht in Belgien nahe der französischen Grenze gestoßen waren. Sie lassen sich mit großer Wahrscheinlichkeit auf einen Meteoriteneinschlag zurückführen. Außerdem fanden Wayne Goodfellow und Helmut Geldsetzer vom Geologischen Vermessungsamt in Ottawa beziehungsweise Calgary eine Iridiumanomalie in Montagne Noir (Südfrankreich). Sie ist mit jener an der Kreide-Tertiär-Grenze vergleichbar und somit viel ausgeprägter als die australische. Kraterkandidaten sind auch schon in Aussicht: die Charlevoix-Struktur

Einem Forschungsbericht vom November 1994 zufolge sollten schon fünf Millionen Jahre früher mehr als die Hälfte aller Arten im Meer dahingerafft worden sein; damit würde sich der Speziesverlust am Perm-Trias-Übergang auf „lediglich" 80 Prozent reduzieren.

im kanadischen Quebec und der Siljan-Krater in Schweden; allerdings beträgt ihr Durchmesser jeweils nur ungefähr 50 Kilometer.

Mehrfachtreffer?

Daß keine oder zu kleine Krater mit dem richtigen Alter gefunden worden sind, ist wie schon erwähnt kein Knock-out-Argument gegen einen Meteoriteneinschlag. Zum einen sind sicherlich viele Krater verwittert oder den Bewegungen der Erdkruste zum Opfer gefallen. Zum anderen aber könnten sich mehrere Einschläge kleinerer kosmischer Geschosse ebenfalls zu einem globalen Vernichtungsschlag aufsummieren.

Tatsächlich haben acht amerikanische Geologen und Paläontologen, darunter Walter Alvarez und Eugene Shoemaker, 1987 vermutet, daß die drei großen Massensterben innerhalb der letzten 100 Millionen Jahre durch solche Mehrfacheinschläge bedingt sein könnten. Gemeint sind das Eozän-Oligozän-, das Kreide-Tertiär- und das Cenoman-Turon-Aussterben (letzteres ereignete sich vor rund 92 Jahrmillionen in der Oberkreide und raffte 33 Prozent aller Arten dahin). Damit lassen sich auch längere Extinktionszeiträume, wie sie von Kritikern der Einschlaghypothese immer wieder in die Diskussion gebracht werden, vereinbaren. Der globale Streß wäre dann nämlich in mehreren Etappen wirksam gewesen, das Aussterben hätte sich in mehreren Schritten ereignet. Dem Forscherteam zufolge gibt es in der Schichtenfolge, in der Kleinstlebewesen im Meer verschwunden sind, Anzeichen einer solchen schrittweisen Massenextinktion im Verlauf von jeweils ein bis drei Millionen Jahren. Umstritten ist freilich noch, inwieweit sich die Biosphäre zwischen solchen Katastrophen wieder erholen kann, ob die Zeitspanne zwischen den Einschlägen also nicht doch zu groß ist, um deren Auswirkungen einfach addieren zu dürfen.

Andererseits kann man sich ohne weiteres vorstellen, daß mehrere Brocken auch innerhalb von Tagen, Wochen oder gar Jahrzehnten die Erde getroffen haben, wenn ein einzelner Komet zuvor in Sonnennähe zerbrochen ist und seine Trümmer auf nahezu identischen Bahnen weiterflogen. Diese Überlegung, die Piet Hut (Princeton, New Jersey) in den achtziger Jahren vorgeschlagen hatte und die sich darauf stützen kann, daß im Verlauf der letzten 150 Jahre über 20 Kometen beobachtet wurden, die ganz oder teilweise auseinanderbarsten, hat ja in Gestalt des dramatischen Endes von Shoemaker-Levy 9 unlängst eine wahrhaft treffende Bestätigung erfahren.

Verantwortlich für Mehrfachtreffer über längere Zeiträume hinweg dürften dagegen in erster Linie Kometenschauer sein. Ein solcher kosmischer Stein- und Eishagel kann aus rund einer Milliarde Körpern mit jeweils über drei Kilometern Durchmesser bestehen. Zieht er ins innere Sonnensystem, sollen statistischen Abschätzungen zufolge rund 20 davon die Erde treffen (aber im Durchschnitt hätte nur einer davon die Größenordnung des Saurier-Killers, also einen Durchmesser von 10 Kilometern und mehr). Hochrechnungen lassen darauf schließen, daß solche heftigen Bombardements alle 300 bis 500 Millionen Jahre durch die Störung der Oortschen Kometenwolke durch vorüberziehende Sterne ausgelöst werden. Die Kometenschauer können sich über einen Zeitraum von bis zu 1,5 Millionen Jahre erstrecken.

Auf einem Meeting der American Geophysical Union in San Francisco im Dezember 1991 wurde bekannt, daß im Westen der USA an der Kreide-Tertiär-Grenze die Ablagerungen mit Einschlagspuren meist doppelt vorkommen: unten befindet sich die zwei bis drei Zentimeter dicke Schicht mit Sphärulen, darüber eine einen Zentimeter dicke Schicht mit geschocktem Quarz und der Iridiumanomalie. Bislang wird dies meist auf ein einziges Ereignis zurückgeführt; das Absetzen der Trümmer sollte innerhalb weniger Wochen oder Monate erfolgen, die Einschlagtrümmer zuerst, der Staub in der Erdatmosphäre später. Eugene Shoemaker versuchte die beiden Schichten aber als Anzeichen eines Mehrfacheinschlags zu interpretieren. 1994 gab er zusammen mit Glen Izett bekannt, daß Pflanzenwurzeln, die in die tiefere Schicht hineingewachsen waren, sich nicht in die höhere verfolgen ließen. Ähnliches hatte zwei Jahre früher schon David Fastovsky von der Universität Rhode Island vermutet. Vielleicht ist dies ein Anzeichen dafür, daß ein zweiter Einschlag einen Teil der überlebenden beziehungsweise erneut auskeimenden Vegetation nach der ersten Katastrophe auslöschte.

Außerirdische Aminosäuren – regnete es Kometenstaub?

Als Indiz für Mehrfacheinschläge am Ende der Kreidezeit wurde auch die Entdeckung von Aminosäuren bei der Kreide-Tertiär-Grenzschicht in den Sedimenten bei Stevns Klint in Dänemark gewertet. Meixun Zhao und Jeffrey Bada (Scripps-Institut für Ozeanographie, La Jolla) gaben 1989 bekannt, daß sie dort Spuren von Alpha-Aminoisobuttersäure und Isovalin nachzuweisen vermochten. Diese Aminosäuren sind auf der Erde selten und gehören auch nicht zu jenen rund zwanzig verschiedenen, die als Proteinbausteine wichtige Bestandteile aller Lebewesen sind. Zudem liegen sie sowohl in zwei verschiedenen räumlichen Molekülkonfigurationen vor, was gegen einen biochemischen Ursprung spricht (lebende Organismen synthetisieren nur eine davon). Zhao und Bada schlossen daher, daß die Aminosäuren aus dem Weltraum kamen.

Daß Meteoriten Aminosäuren enthalten, ist schon länger bekannt. Besonders in den kohligen Chondriten sind sie relativ häufig. In dem 1969 kurz nach seinem Absturz in Westaustralien geborgenen Murchison-Meteoriten hat man mittlerweile über siebzig verschiedene identifiziert, darunter auch Alpha-Aminoisobuttersäure und Isovalin. Neben den gleichen Anteilen an den beiden Molekülkonfigurationen spricht ihr höherer Gehalt an Kohlenstoff-13-Atomen ebenfalls gegen eine nachträgliche Verunreinigung durch irdisches Material und somit für ihre außerirdische Herkunft. Die Aminosäuren von Stevns Klint sind aber nicht in dem Killer-Meteoriten selbst zur Erde gelangt. Zum einen hätten sie die Reibungs- und Explosionshitze wohl nicht überstanden, zum anderen wurden sie auch nicht nur direkt in der Kreide-Tertiär-Grenzschicht gefunden, sondern hauptsächlich bis zu 40 Zentimeter über und unter ihr.

Angenommen, die Interpretation der außerirdischen Herkunft der Aminosäuren wäre richtig. Was ließe sich daraus folgern? Am plausibelsten wäre dann die Annahme, so Kevin Zahnle und David Grinspoon vom Ames-Forschungszentrum der NASA, daß die Aminosäuren als Bestandteil von Kometenstaub auf die Erde gerieselt seien, und zwar sowohl vor als auch nach dem großen Einschlag. Den Zeitraum dieser Ablagerung schätzten Zahnle und Grinspoon auf 20 000 bis 100 000 Jahre. Dies liegt in der Größenordnung eines großen kurzperiodischen Kometen. Hochrechnungen aus den Alpha-Aminoisobuttersäure-Messungen zufolge hat sich im Lauf der Zeit insgesamt rund ein halbes Gramm Kometenstaub pro Quadratzentimeter Erdoberfläche abgelagert.

Möglich wäre, daß der hypothetische Staubregen in Verbindung mit einem regelrechten Kometenschauer stand. Doch müßte sich ein solcher über viel längere Zeiträume erstrecken. Wahrscheinlicher ist deshalb, daß der Staub letztlich nur von einem einzigen Kometen stammt. Nalin Chandra Wickramasinghe und Max K. Wallis (Universität von Wales, Cardiff) haben gezeigt, wie ein Riesenkomet mit einem Durchmesser von 300 Kilometern dafür verantwortlich gewesen sein könnte: rund 50 000 Jahre vor der Endkreide-Katastrophe hätte er aufgrund einer nahen Begegnung mit Jupiter in vielleicht 1000 Einzelteile zerbrechen müssen; dabei wurden große Staubmassen freigesetzt. Einen Teil davon hat die Erde eingesammelt; nach etwa hunderttausend Jahren war er dann größtenteils in die Sonne hineingetrieben. Die meisten der Kometentrümmer

Im Augenblick ist das letzte Wort über die Aminosäuren von Stevns Klint noch nicht gesprochen.

wurden im Verlauf von einigen hunderttausend Jahren durch Jupiters Schwerefeld aus dem Sonnensystem hinausgeschleudert. Ein drei Trillionen Tonnen schweres Stück schlug in der Gegend der heutigen Yucatán-Halbinsel auf die Erde. Auch andere Brocken könnten unseren Planeten noch getroffen haben.

Demzufolge würde der Chicxulub-Krater von einem vielleicht 15 Kilometer großen Kometen und nicht von einem Planetoiden stammen. Dies könnte möglicherweise auch eine Diskrepanz erklären, auf die Zhao und Bada aufmerksam gemacht haben: wäre der Meteorit ein kohliger Chondrit gewesen, hätte er entweder zu viele Aminosäuren oder zu wenig Iridium enthalten, um mit den gemessenen Konzentrationen dieser Stoffe bei Stevns Klint vereinbar zu sein. Kometenkerne besitzen aber einen geringeren Iridiumgehalt als kohlige Chondriten, was den Widerspruch ausräumen könnte. Allerdings ist ihr Aminosäurenanteil unbekannt. Einer Schätzung zufolge sind im Inneren von Riesenkometen aber möglicherweise genügend radioaktive Elemente vorhanden, um Wassereis schmelzen zu lassen. Dann wären die Bedingungen gegeben, unter denen sich Aminosäuren relativ einfach bilden können.

Noch mehr Krater

Vom Haupttreffer auf Yucatán abgesehen, könnten also noch weitere Bomben aus dem All Wunden in unseren Planeten geschlagen haben. Tatsächlich gibt es mittlerweile auch Anzeichen für solche Narben. Der Popigai-Krater in Sibirien mit einem Durchmesser von stattlichen 105 Kilometern, der früher auf ein Alter zwischen 30 und 50 Millionen Jahre geschätzt wurde, ist einer Neudatierung von Alan Deino (Universität von Kalifornien, Berkeley) zufolge wohl ebenfalls 65 Millionen Jahre alt. Weitere Kandidaten sind der Kamensk-Krater, 300 Kilometer westlich von Wolgograd, und ein Krater auf der Kara-Halbinsel nördlich des Urals. Beide sind um die 30 Kilometer groß, aber noch nicht exakt datiert. Schließlich haben Eric Robin und seine Kollegen vom Centre des Faibles Radioactivités im französischen Gif-sur-Yvette 1993 die Entdeckung von Sphärulen in Bohrproben aus den Weltmeeren bekanntgegeben. Sie können nicht vom Yucatán-Ereignis stammen (sie sind 10 000 Kilometer davon entfernt), sondern sind auf einen anderen, wahrscheinlich etwa zwei Kilometer großen Boliden zurückzuführen.

An Trefferspuren am Ende der Kreidezeit mangelt es also mittlerweile nicht mehr. Einige Jahre an mühevoller wissenschaftlicher Arbeit und viel Spürsinn werden jedoch noch erforderlich sein, bis genügend

Indizien vorliegen, damit einigermaßen verläßliche Aussagen darüber getroffen werden können, welche anderen Massenaussterben der Erdgeschichte von Meteoriteneinschlägen verursacht oder zumindest mitbedingt worden sind und welche nicht. Gegenwärtig ist die Datenbasis einfach noch zu schmal. Andererseits hat die Meteoritenhypothese in den letzten 15 Jahren die erdgeschichtlichen Vorstellungen entscheidend bereichert und Teile der Paläontologie regelrecht aufgerüttelt. Dies sorgte nicht nur für publikumswirksame Berichte, sondern hat auch eine beträchtliche Forschungsaktivität einschließlich vieler neuer Suchaktionen ausgelöst. Auch der Nachweis ausschließlich irdischer Ursachen für bestimmte oder sogar die allermeisten großen Faunenschnitte wäre also kein Grund zur Trauer, sondern im Gegenteil ein Fortschritt für die Wissenschaft.

Gerade die Entwicklung eines Wissenschaftszweiges wie die Paläontologie wird ja ganz maßgeblich durch neue Funde vorangetrieben.

Während viele Forscher freilich eher zur Skepsis und vorsichtigen Zurückhaltung neigen, haben zwei amerikanische Paläontologen, David Raup und J. John Sepkoski von der Universität von Chicago, Mitte der achtziger Jahre mit einer noch viel provokanteren These für Aufmerksamkeit gesorgt als zuvor die Berkeley-Gruppe mit der Bekanntgabe der Iridiumanomalie. Raup und Sepkoski behaupteten nämlich allen Ernstes, es gäbe Indizien dafür, daß eine riesenhafte Himmelsuhr die Geschicke des irdischen Lebens beeinflußt, in dem sie gleichsam für regelmäßige Vernichtungsfeldzüge sorgt.

Tödliche Zyklen?

Kosmische Zeitbomben oder statistischer Staub?

Die Vermutung, daß Massensterben in der Vergangenheit periodisch auftraten, wurde bereits 1970 von den Geologen Craig Hatfield und Mark Camp (Universität von Toledo) geäußert. 1977 glaubten dann Alfred Fischer und Michael Arthur (damals an der Princeton-Universität) in einem Sammelsurium von Daten wie Artenzahlen, ökologischen und klimatologischen Indikatoren Anzeichen für ein ungefähr alle 32 Millionen Jahre wiederkehrendes Massenaussterben zu erkennen. Über mögliche Ursachen – Fischer und Arthur zogen in einer Randbemerkung Helligkeitsschwankungen der Sonne oder unbekannte Konvektionszyklen im Erdinneren in Betracht – wollten sie nicht näher spekulieren. Zunächst blieben diese Arbeiten aber ohne Beachtung, beziehungsweise waren

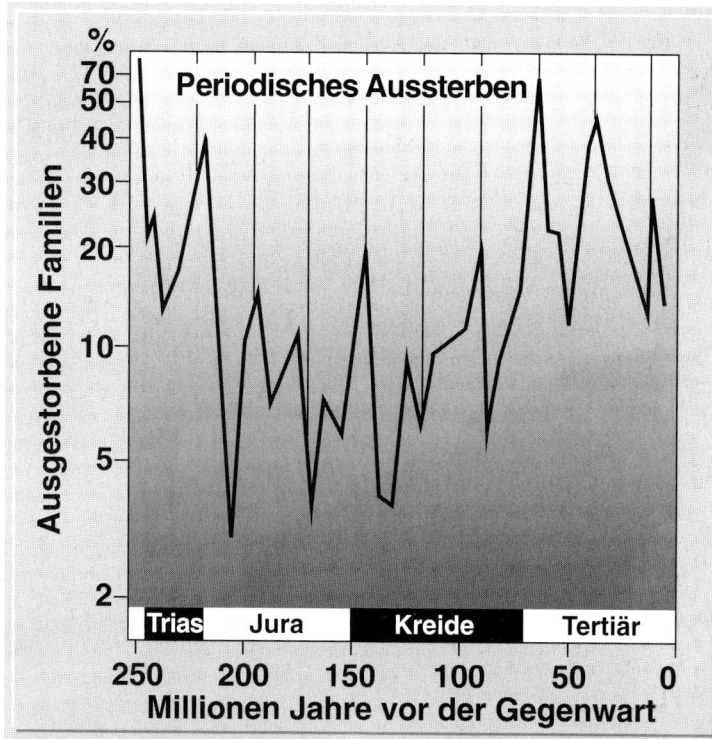

Periodisches Aussterben

Diese Kurve sorgte 1984 für Aufsehen: David Raup und John Sepkoski fanden statistische Hinweise auf periodische Massenaussterben in der Erdgeschichte. Mit zwei Ausnahmen vor 120 und 170 Millionen Jahren zeigen die Daten verheerende Katastrophen alle 26 Millionen Jahre an. Diese Deutung ist allerdings noch umstritten.

den allermeisten Geologen und Paläontologen, die sie überhaupt zur Kenntnis genommen hatten, wohl ziemlich suspekt.

Im Jahr 1983 unterwarfen dann Raup und Sepkoski die bis dahin größte Datensammlung über die Lebenszeiträume fossiler Meeresorganismen einer eingehenden statistischen Analyse. Sepkoski hatte dieses Handbuch in mühevoller Kleinarbeit aus einer Flut von wissenschaftlichen Publikationen destilliert und laufend aktualisiert. Tausende von Funden, die bis zu 260 Millionen Jahre in die Vergangenheit reichten, sind hier berücksichtigt worden. Unter anderem ließen Raup und Sepkoski ihren Computer auch nach möglichen Periodizitäten suchen. Obwohl viele der Daten gewisse zeitliche Unsicherheiten aufweisen – insbesondere die älteren Sedimente sind bislang nur auf plus/minus zwei Millionen Jahre datierbar –, zeigten sich überraschende Regelmäßigkeiten. Zwölf Spitzen in der Kurve der Aussterberate spuckten die Suchprozeduren aus. Vier davon hielten die Wissenschaftler nicht für eindeutig genug. Doch die anderen acht waren so auffällig, daß sie förmlich ins Auge sprangen. Bezeichnenderweise befanden sie sich immer am Ende einer geologischen Stufe (der untersuchte Zeitraum erstreckte sich über 39 Stufen). Der Clou war jedoch, daß sie nicht, wie eigentlich zu erwarten wäre, zufällig über die Zeitachse verstreut lagen, sondern gleichmäßig etwa alle 26 Millionen Jahre auftraten.

Sind biologische Desaster also keine Einzelfälle, sondern immer wiederkehrende Etappen eines planetarischen Zyklus von Werden und Vergehen?

Allmählich traten auch andere Wissenschaftler den neuen Ergebnissen aufgeschlossener gegenüber.

Im Gegensatz zu den früheren Vermutungen über periodische Massenaussterben wurden viele Wissenschaftler nun hellhörig. Das lag zum einen daran, daß sich durch die Ergebnisse der Berkeley-Gruppe doch das intellektuelle Klima zu wandeln begonnen hatte. Zum anderen stützten sich die Schlußfolgerungen von Raup und Sepkoski auch auf eine bis dahin beispiellose Datenbasis. Zudem hatten sie ihre Hypothese auch mit allen Raffinessen der Statistik getestet und wieder und wieder auf bloße Zufälligkeiten hin untersucht.

Das Problem ist ja, daß es mitunter große Schwierigkeiten macht, sogenannte absurde Übereinstimmungen von ursächlich bedingten statistischen Korrelationen zuverlässig zu unterscheiden. Zyniker empfehlen deshalb mitunter, man solle nur der Statistik trauen, die man selbst gefälscht habe. Tatsächlich muß es in hinreichend großen Datenmengen viele Korrelationen geben, die reiner Zufall sind. G. Udny Yule, ein Statistiker der Universität Oxford, demonstrierte beispielsweise, daß die allgemeine Lebenserwartung auf den Britischen Inseln im gleichen Maße angestiegen war, in dem der Mitgliederstand der Church of England zurückging. Daraus nun schließen zu wollen, daß die Hebung der britischen Volksgesundheit die Folge des rückläufigen Interesses an kirchlich organisierter Religionsausübung sein muß, wäre freilich absurd. Ein anderes Beispiel ist der Anstieg der Geburtenrate vor einigen Jahrzehnten in bestimmten Regionen Deutschlands, der in nahezu perfekter Korrelation mit der Zunahme der Störche dort stand. Also werden die Kinder doch von den Störchen gebracht!? (Übrigens zeigte sich später, daß diese Korrelation doch einen tieferen Grund hatte, eine gemeinsame Ursache nämlich: Die lokalen Klimabedingungen hatten sich damals verbessert, was einerseits den Störchen ein breiteres Nahrungsangebot bescherte und andererseits die landwirtschaftlichen Erträge und damit den allgemeinen Wohlstand steigerte und offenbar Anlaß für vermehrte Kinderwünsche bot.)

Raup und Sepkoski behaupteten eine Sicherheit ihrer Periodizität von 99 Prozent. Zudem standen ihre Ergebnisse in guter Übereinstimmung mit denen von Fischer und Arthur, nachdem sie deren Datierungen auf ihre eigene Zeitskala umgerechnet hatten, die in der Zwischenzeit korrigiert worden war. Da keine geologischen Periodizitäten von so langer Dauer bekannt sind, drängte sich eine astronomische Erklärung förmlich auf. Und die Kreide-Tertiär-Spur wies einen möglichen Weg: Meteoriteneinschläge! Weil Kometen im großen und ganzen gesehen dafür viel eher in Frage kommen als Planetoiden, sollten diese Einschläge die Folgen von regelrechten Kometenschauern sein.

Gerät die Erde also womöglich immer wieder ins Visier solcher kosmischen Geschosse? Haben periodische Hinrichtungen einen festen Platz in unserer Welt?

Im Mai 1983 wurden die Befunde erstmals auf einer Dahlem-Konferenz in Berlin den Fachkollegen vorgestellt, im Februar 1984 dann in den amerikanischen *Proceedings of the National Academy of Sciences* publiziert. In einer weiteren Veröffentlichung 1986 versuchten die Wissenschaftler die Periodizität nicht nur auf der Familien-, sondern auch auf der Gattungsebene nachzuweisen. Es ist nicht weiter verwunderlich, daß Raup und Sepkoski daraufhin heftige Kritik einstecken mußten: Die Kenntnisse der fossilen Überlieferungen seien zu lückenhaft; die Einordnung der Fossilien in das zoologische System enthielte zu viele Unschärfen; die Stichprobe (immerhin 567 Familien) sei zu klein; die Periode könnte ein zufälliges Produkt sein und sei außerdem nicht präzise genug; die Unsicherheit der geologischen Datierungen sei viel zu groß, andere Aufstellungen wichen zum Teil mehrere Jahrmillionen davon ab. Einige dieser Argumente ließen sich zwar entkräften, doch sind die Ungenauigkeiten in den Überlieferungen und Datierungen nicht von der Hand zu weisen. Sie führen aber, so Raups Gegenargument, gerade zum umgekehrten Effekt, zu einem Verrauschen und Verfälschen möglicher Periodizitäten und nicht zu einem vermeintlichen Auftauchen derselben. Außerdem stellen periodische und zufällige Verteilungen nur die Enden eines Kontinuums dar. Quasi-Periodizitäten sind viel wahrscheinlicher. Denn selbst die Einschläge zum Beispiel aufgrund von regelmäßigen Kometenschauern streuen um zwei bis drei Millionen Jahre. Und zusätzlich muß mit zufälligen, davon unabhängigen Einschlägen gerechnet werden. Eine nichtperiodische Verteilung ist also mit völliger Regellosigkeit nicht gleichzusetzen.

Der Streit beginnt

Katastrophale Kontroversen einst und jetzt

Der Streit um verheerende Massenaussterben in der Erdgeschichte wird (neben anderen Gründen) auch deshalb so heftig geführt, weil er eine alte Kontroverse aus der Frühzeit der Paläontologie wieder aufleben läßt: die Frage, inwiefern Katastrophen überhaupt einen wissenschaftlichen Erklärungswert haben.

Begonnen hat das Aufblühen der Paläontologie nicht zuletzt durch die bis heute vorbildlichen Untersuchungen des französischen Naturforschers Georges Cuvier (1769–1832). Er beschäftigte sich vor allem mit den fossilträchtigen Ablagerungen des Seinebeckens. Und er leistete Pionierarbeit auf dem Gebiet der Stratigraphie: Er unterschied und analysierte die geologische Schichtenfolge, die maßgeblich durch das Verschwinden und Auftreten von Fossilien festgelegt wird, den sogenannten Leitfossilien. Seine Klassifikationen haben auch heute nichts an Wert eingebüßt. Sie waren ein erstes entscheidendes Indiz für die Evolution des Lebens – Jahrzehnte bevor Darwin sein revolutionäres Buch *Vom Ursprung der Arten* (1859) veröffentlichte.

Die Forschungen im Seinebecken veranlaßten Cuvier allerdings, eine Lehre zu entwickeln, die als **Katastrophismus** in die Wissenschaftsgeschichte einging. Das jähe Auftauchen neuer Fossilien und ihr späteres schlagartiges Verschwinden, jeweils an den Grenzen der geologischen Schichten, das Cuvier entdeckte, konnte er sich nur mit Katastrophen erklären. Diese ereigneten sich, so besagte seine **Kataklysmentheorie**, immer wieder und löschten einen Teil der Schöpfung aus. (An eine Neuentstehung von Lebensformen war damals aufgrund von religiösen Vorurteilen aber noch nicht ernsthaft zu denken.) Zum Beispiel schrieb er 1817: „Offenbar ist das Leben auf unserer Erde oftmals von furchtbaren Ereignissen gestört worden – Unglücksfällen, die unter Umständen von Anfang an die äußere Erdrinde bis zu großer Tiefe in Mitleidenschaft zogen und umpflügten ... Lebewesen ohne Zahl sind diesen Katastrophen zum Opfer gefallen ... Ihre Formen sind auf immer ausgelöscht, und nichts ist zurückgeblieben als einige Reste, die kaum noch der Naturforscher zu erkennen vermag."

Diese „katastrophale" Auffassung von der Geschichte des Lebens allgemein und die Kataklysmentheorie von Cuvier im besonderen fand in Charles Lyell (1797–1875) einen entschiedenen Gegner. Dieselben Schichtenfolgen interpretierte er ganz anders. Er führte das **Aktualitätsprinzip** in die Geologie ein, wonach in der Vergangenheit keine anderen Kräfte gewirkt haben als diejenigen, die auch in der Gegenwart beobachtet werden können. Geduldige, exakte Forschungen sollten zu Erklärungen führen, die ohne mysteriöse Einflußfaktoren auskommen. So heißt es beispielsweise in seinem berühmt gewordenen Lehrbuch *Grundlagen der Geologie* von 1830:

„Wir hören heutzutage von plötzlichen und heftigen Revolutionen, vom augenblicklichen Hochspringen von Bergketten, von Paroxysmen vulkanischer Energie ... Man erzählt uns von allgemeinen Katastrophen und einer Folge von Sintfluten, von wechselnden Perioden der Ruhe und der Unordnung, von der Vereisung des Erdballs, von der plötzlichen Vernichtung ganzer Rassen von Pflanzen und Tieren, und was dergleichen Hypothesen mehr sind, in denen wir den alten Geist der Spekulation wiederbelebt finden und ein Bestreben, den gordischen Knoten lieber zu zerhauen statt ihn geduldig aufzulösen ... Bei unserem Versuch, diese schwierigen Fragen zu entwirren, werden wir einen anderen Kurs einschlagen und uns beschränken auf die bekannten oder möglichen Wirkungen existierender Ursachen; in der Gewißheit, daß wir die Möglichkeiten, die ein Studium des gegenwärtigen Naturlaufs bietet, noch nicht ausgeschöpft haben, daß wir deshalb im Kindheitsstadium unserer Wissenschaft nicht berechtigt sind, unsere Zuflucht zu außergewöhnlichen Agenzien zu nehmen."

Diese als **Uniformitätslehre** bezeichnete Haltung hat sich unter Geologen relativ rasch durchgesetzt. Und sie hatte sich ja auch bewährt. Nur so war es möglich, eine klare Trennlinie zwischen Naturwissenschaft einerseits und Religiosität oder abseitigen Spinnereien andererseits zu ziehen. Freilich hat sich diese Auffassung im Lauf der Zeit zu einer Art geologischem Katechismus verfestigt, der weiteren Entwicklungen auch im Wege stand. Selbstverständlich ereignen sich Katastrophen – plötzliche, gewaltige, unvorhergesehene Ereignisse, denen viele Lebewesen zum Opfer fallen – immer wieder. Erdbeben, Überflutungen, Dürreperioden und Vulkanausbrüche sind ja nicht von der Hand zu weisen. Aber sie ließen sich, da sie ja auch in der Gegenwart beobachtet werden können, mit der Uniformitätslehre vereinbaren. Außerdem haben sie in der Regel keine schwerwiegenden *globalen* Auswirkungen.

Als sich in den achtziger Jahren die Hypothese zu verbreiten begann, die Einschläge außerirdischer Himmelskörper hätten die Geschichte des irdischen Lebens immer wieder entscheidend beeinflußt, womöglich sogar in periodischer Weise, regte sich unter Paläontologen nicht zuletzt auch deshalb zum Teil heftiger Widerstand, weil sie sich an die spekulativen Katastrophenszenarien zu Beginn des 19. Jahrhunderts erinnert fühlten. Diese Kontroversen wurden nicht nur auf Kongressen und in den Fachzeitschriften ausgetragen, sondern mitunter sogar in die Massenmedien gespült. So empfahl ein Leitartikel der *New York Times* vom 2. April 1985 den Astronomen sogar, es den Astrologen zu überlassen, die Ursache von irdischen Vorgängen in den Sternen zu suchen.

Daß Wissenschaft von Kritik und rationalen Argumenten lebt und darauf angewiesen ist, immer wieder ihre Hypothesen und Annahmen zu hinterfragen, ist eigentlich selbstverständlich. Andernfalls würde die lebendige Forschung auch zu einem hohlen Dogmengebäude erstarren. Alles Wissen ist fehlbar und vorläufig. Daß Wissenschaftler andererseits auch Menschen mit all ihren Emotionen, Unzulänglichkeiten und Vorurteilen (und außerwissenschaftlichen Interessen) sind, läßt sich ebenfalls nicht von der Hand weisen. Im Gegensatz zu bloßen Phantastereien, dem „alten Geist der Spekulation", wie Lyell schrieb, ist aber die Hypothese vom Massenaussterben durch Meteoriteneinschläge und auch die weitergehende Auffassung von periodischen Katastrophen sowohl durch Beobachtungsbefunde untermauert als auch wissenschaftlich überprüfbar, also keine bloße Glaubenssache. Zudem widerspricht sie der Uniformitätslehre gar nicht, weil immer deutlicher wird, daß die Einschläge großer Meteoriten nicht so selten sind, als daß mit ihnen nicht auch ernsthaft gerechnet werden müßte – das Bombardement Jupiters hat uns dies ja deutlich vor Augen geführt. Den Vorwurf der Unwissenschaftlichkeit zu erheben schießt deshalb am Ziel vorbei. Ob beziehungsweise inwieweit die Hypothesen zutreffen, ist eine andere Frage, der nachzugehen sich lohnt. Die Antwort darauf könnte vielleicht sogar in den Sternen stehen, ist aber sicherlich nicht in den Horoskopen zu finden.

Problematischer wurde es, als Michael R. Rampino und Richard B. Stothers vom Goddard-Institut für Weltraumforschung später dieselben Daten neu analysierten. Nach einer rigoroseren Auswahl – nur Ereignisse, denen mindestens zehn Prozent der Familien der betroffenen Ordnungen zum Opfer fielen, und nicht nur zwei Prozent wie in der Auswertung von Raup und Sepkoski – erhielten sie eine Periode von 30 Millionen plus/minus einer Million Jahre, ein Wert, der sich auch in Raup und Sepkoskis Rechnungen angedeutet hatte. Eugene Shoemaker fand 1985 ebenfalls eine Periode von 31 bis 32 Millionen Jahren.

Müssen, da sämtliche großen Massenaussterben auf beiden Kurven liegen, diese zeitlichen Differenzen zugunsten der erstaunlichen Regelmäßigkeit der Faunenschnitte verblassen? Oder ist andererseits, wenn aus demselben Datenmaterial sogar zwei widersprüchliche Ergebnisse herausgefiltert werden können, das ganze Unterfangen nicht höchst zweifelhaft und von vornherein statistischer Staub und eine wissenschaftliche Ente?

Wie großzügig oder kritisch man auch sein mag, eines steht jedenfalls fest: mit Debatten um die Statistik allein läßt sich die Periodizität nicht beweisen. Man braucht Belege. Wenn die Erde immer wieder von kosmischen Geschossen bombardiert wird, dann hilft, metaphorisch gesprochen, ein Gang über den Friedhof nur bedingt weiter. Um die Herkunft des Übeltäters aufzuspüren, ist zunächst die penible Arbeit der Spurensicherung notwendig. Und selbst wenn man die Patronen oder den rauchenden Colt gefunden hat, um im Bild zu bleiben, also die Einschlagspuren der Meteoriten, ist die Zeituhr noch nicht gefunden. Daß es hier nicht um Fragen geht, die bloß von akademischem Interesse sind, liegt auf der Hand. Möglicherweise ist die nächste Bombe schon im Anflug, und ihre Uhr tickt und tickt und tickt ...

Erfolgte die Kraterbildung periodisch?

Der Gedanke liegt nahe, die bekannten Krater auf der Erde hinsichtlich irgendwelcher Periodizitäten ihres Alters zu analysieren. Das ist freilich leichter gesagt als getan. Schließlich werden solche Spuren auf der dynamischen Oberfläche unseres Planeten durch Wind und Wetter und nicht zuletzt auch die Aktivitäten des Lebens selbst ziemlich rasch verwischt. Erste stichprobenartige Versuche von Raup und Shoemaker führten nicht weiter. Im Herbst 1983 analysierten Walter Alvarez und Richard Muller (Universität von Kalifornien, Berkeley) jedoch eine Liste von irdischen Einschlagskratern, die der kanadische Geologe Richard

Grieve zusammengestellt hatte. Von knapp 100 Kratern wählten sie elf aus, die über 10 Kilometer groß und hinreichend genau datiert sind. Die Überraschung war perfekt: mit hoher Wahrscheinlichkeit destillierten die Rechnungen eine Periodizität von 28,4 Millionen Jahren, was in guter Übereinstimmung mit den paläontologischen Befunden steht. Berücksichtigt man neuere Altersbestimmungen, wuchs die Signifikanz des Resultats sogar noch. Allerdings fügte sich zumindest ein größerer Einschlag nicht in die Reihe ein. Aber er, der Lappajarvi-Krater in Finnland mit einem Durchmesser von 14 Kilometern, könnte von einem Planetoiden stammen, der die berühmte (zufällige) Ausnahme wäre, die die Regel bestätigt. Rampino und Stothers einerseits und Shoemaker andererseits fanden in einer etwas anderen Auswahl unabhängig voneinander eine Periodizität der Krateralter von 31 bis 32 Millionen Jahren. Ihre Ergebnisse unterschieden sich jedoch darin, daß bei ersteren die letzten Salven aus dem All vor zehn Millionen Jahren erfolgt sind, während sie bei letzterem nur zwei bis vier Millionen Jahre zurückliegen. Die hohe Kraterhäufigkeit in den letzten Jahrmillionen könnte aber allein dadurch erklärt werden, daß diese jungen Einschlagnarben noch besser erhalten sind und daher leichter identifiziert werden konnten, also einen Auswahleffekt darstellen und nicht signifikant sind.

Die Kraterstatistik ist schon aufgrund der kleinen Stichprobe viel unsicherer als die paläontologische Datenbasis von Raup und Sepkoski. Hinzu kommt, daß die meisten Krater viel zu klein sind, als daß diese Einschläge allein einen verheerenden globalen Effekt haben würden. Auf eine weitere Schwierigkeit hat Paul R. Weissman vom Jet Propulsion Laboratory hingewiesen. Es ist ziemlich unklar, welche der Krater von Kometen und welche von Planetoiden stammen. Immerhin sind einige mit Eisen- und Nickel-Spuren assoziiert, was gegen Kometen(schauer) spricht. A. Campo Bagatin, Paolo Farinella (Universität Pisa) und Alessandro Montanari (nun am Osservatorio Geologico di Coldigioco, Frontale di Apiro) fanden schließlich bei einer im Mai 1995 vorgestellten Studie keinerlei Hinweise auf Periodizitäten oder andere nichtzufällige Verteilungen hinsichtlich des Alters von 30 relativ gut datierten Kratern, die während der letzten 150 Millionen Jahre entstanden sind.

Prinzipiell ließe sich die Frage nach der Güte der Statistik freilich lösen. Schließlich würde der kosmische Steinhagel nicht nur die Erde, sondern auch den Erdmond treffen, wenn auch seltener, weil dieser kleiner ist. Hätte man genügend Gestein aus diversen Mondkratern, könnten exakte Altersbestimmungen eindeutig über mögliche Regelmäßigkeiten in den Bombardements Aufschluß geben. Anhand grober

Freilich könnten kleine Krater in Zusammenhang mit einer jeweils noch größeren Bombe entstanden sein und wären also eher als Begleiterscheinungen anzusehen.

Zählungen von jüngeren, kleineren Kratern in größeren, älteren hat Peter Schultz (Brown-Universität) bereits Anzeichen einer Häufung vor 10 plus/minus 5 und 30 plus/minus 10 Millionen Jahren gefunden. Aber selbst wenn dieses Ergebnis richtig ist, beweist es die Periodizität noch nicht, sondern nur, daß die Einschlaghäufigkeiten schwanken. Das könnte jedoch von dem Vorbeizug von Sternen an der Oortschen Kometenwolke herrühren.

Womit Raup und Sepkoski nicht gerechnet, was sie aber sehr wohl erhofft hatten, geschah: Einige Astronomen nahmen ihre Studie zumindest so ernst, daß sie beschlossen, nach möglichen Mechanismen für die Periodizität in den Massenaussterben beziehungsweise den für sie verantwortlich gemachten hypothetischen Kometenschauern zu suchen. In einer mittlerweile legendären Ausgabe der britischen Wissenschaftszeitschrift *Nature* vom 19. April 1984 erschienen gleich vier Arbeiten zu dieser Frage (und die erwähnte Studie von Alvarez und Muller).

Auf der Suche nach dem Absender der Kometenschauer

Im galaktischen Karussell

Zwei Forscher-Duos machten die Bahn der Sonne in unserer Galaxis für die Massensterben verantwortlich. Das Sonnensystem befindet sich in einem der Spiralarme der Milchstraße, etwa 27 000 Lichtjahre vom galaktischen Zentrum entfernt. Unsere 100 000 Lichtjahre große kosmische Sterneninsel dreht sich wie ein gigantisches Feuerrad alle knapp 250 Millionen Jahre einmal um ihre Achse.

An dieser Rotation nimmt auch das Sonnensystem teil. Dabei oszilliert es um die galaktische Hauptebene – ähnlich wie ein Karussellpferdchen bei seiner Fahrt im Kreis herum noch auf- und abwippt. Das Sonnensystem kreuzt den galaktischen Äquator mit einer Periode von 33 plus/minus 3 Millionen Jahren, also etwa sieben- bis achtmal pro Umlauf um das Milchstraßenzentrum. Das stimmt außerordentlich gut mit der Neuanalyse der Massenaussterben überein.

Von Richard D. Schwartz und Philip B. James (Universität von Missouri, St. Louis) stammt die Überlegung, daß sich die eintreffende Dosis energiereicher Strahlung von Supernovaüberresten und vom galaktischen Zentrum und anderen Röntgenquellen immer dann sprunghaft erhöhen könnte, wenn das Sonnensystem in die galaktische Hauptebene

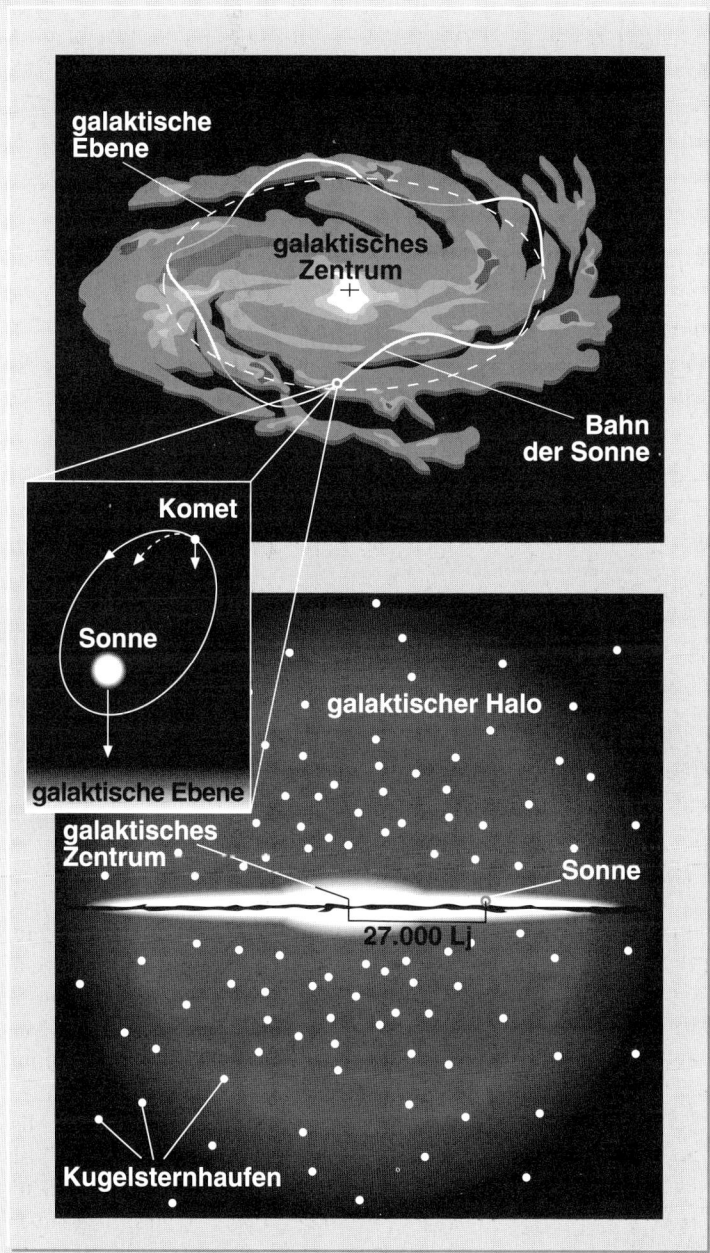

Die Bahn unserer Sonne um das galaktische Zentrum oszilliert um die äquatoriale Hauptebene der Milchstraße. Dabei könnte es zu Kollisionen der Oortschen Kometenwolke mit großen Gaswolken zwischen den Sternen kommen. Führt dies zu regelmäßigen Kometenschauern, die auf der Erde immer wieder ein großes Artensterben auslösen?

kommt. Wenn sich dann zudem oder sogar deswegen noch eine Umpolung des Erdmagnetfeldes ereignet, der magnetische Schutzschild also zusammenbricht, könnte die kosmische Strahlung verstärkt auf die Erdoberfläche gelangen. Diese Vermutungen haben jedoch nicht viel Resonanz erhalten. Außerdem steht die Sonne gegenwärtig gerade in der Nähe der galaktischen Hauptebene. Doch das Massenaussterben, dessen Zeugen wir sind – es verschwinden zur Zeit in jeder Minute ungefähr hundert Arten für immer von unserem Planeten –, liegt in Ursachen begründet, die damit sicherlich nichts zu tun haben.

Raup und andere fanden später sogar Hinweise auf eine Häufung von Umpolungen alle 30 Millionen Jahre. Diese Indizien sind allerdings bisher noch umstritten.

Michael R. Rampino und Richard B. Stothers vermuteten, daß die Pendelbewegung des Sonnensystems dazu führen könnte, daß es immer wieder mit interstellaren Gaswolken kollidiert. Solche Wolken, die überwiegend aus Wasserstoffatomen und -molekülen bestehen, aber auch mit anderen Elementen angereichert sind und zum Teil große Mengen an Staub beherbergen, könnten sogar die Erdatmosphäre direkt beeinflussen und das Sonnenlicht abblocken. Das ist freilich wenig plausibel. Vor allem aber könnten die Wolken durch ihre bloße Masse vom Zehntausend- bis zum Millionenfachen der Sonne ein Kometenbombardement auslösen, weil sie die Oortsche Kometenwolke kräftig durcheinanderwirbeln würden. Dabei müßten zahlreiche Kometenkerne in den interstellaren Raum gezogen werden, andere dagegen kämen ins Innere des Sonnensystems geschossen, wo die Trefferwahrscheinlichkeit auf das Zehn- bis Hundertfache emporschnellen würde.

Diese Hypothese hat den Vorteil, daß sie keine Objekte braucht, die eigens zur Erklärung eingeführt werden müssen. Der Pendelzyklus um die galaktische Ebene ist bekannt. Mächtige Molekularwolken gibt es in großer Zahl. Ein prominentes Beispiel ist jene im Sternbild Orion, 1600 Lichtjahre entfernt, mit einem Durchmesser von rund 100 Lichtjahren.

Wenn die Sonne jeweils etwa 200 Lichtjahre auf und ab wandert, könnte sie in Regionen kommen, wo es nur noch halb so viele interstellare Gas- und Staubmassen gibt. Daß deren Dichte so stark abnimmt, haben Patrick Thaddeus und Gary Chanan (Columbia-Universität) mit dem Verweis auf Himmelsdurchmusterungen jedoch bezweifelt. Diese ergaben, daß die Molekülwolken nicht besonders auffällig in der galaktischen Hauptebene konzentriert sind. So ist beispielsweise die Wolke im Orion immerhin etwa 400 Lichtjahre von der Hauptebene entfernt. Deshalb müßte es rein statistisch rund 30mal mehr Kometenschauer beziehungsweise Massenaussterben in den letzten 250 Millionen Jahren gegeben haben, als gemeinhin angenommen wird, wenn man den beobachtbaren Verhältnissen Rechnung trägt.

Die Hypothese könnte gerettet werden, wenn die Pendelbewegungen stärker wären. Aber dann müßte man erklären, warum sich die Sonnenbewegung jetzt plötzlich verlangsamt hat. Eine andere Möglichkeit wäre, daß es große Mengen an bislang unentdeckter Materie gibt, die exakt in der galaktischen Ebene liegt (ähnlich wie die Verteilung der Kleinkörper des Saturnrings, bloß mit einer zehnbillionenmal größeren Ausdehnung). Das Sonnensystem würde bei jeder Passage in seiner Bewegung dann scharf herumgerissen werden, was die Kometenwolke durcheinanderbringen könnte. Tatsächlich gibt es Indizien für die Gegenwart großer Mengen an sogenannter dunkler (weil nicht sichtbarer) Materie in der Milchstraße und in sehr vielen anderen Galaxien. Ob es sich dabei um Schwarze Löcher oder ausgebrannte Sonnen, um Braune Zwergsterne (die zu wenig Masse haben, um Kernfusion betreiben zu können und deswegen nicht leuchten) oder große Mengen an unbekannten Elementarteilchen handelt, ist noch völlig rätselhaft. Ob die dunkle Materie so verteilt ist, wie es für die Karussellhypothese erforderlich wäre, ist aber fraglich.

Ein anderes Problem wiegt jedoch viel schwerer: Die Pendelbewegungen sind versetzt zu den Perioden der Massenaussterben. Das Sonnensystem steht der galaktischen Ebene derzeit relativ nahe, so daß der nächste Kometenschauer spätestens in wenigen Jahrmillionen zu erwarten wäre. Das letzte größere Aussterbeereignis liegt aber erst elf bis dreizehn Millionen Jahre zurück. Die „Uhr" des galaktischen Karussells zeigt also eine falsche Zeit an.

Nemesis – ein neuer Stern am Himmel

Eine andere Möglichkeit, die das periodische Massenaussterben erklären soll, ist zum einen von Daniel P. Whitmire (Universität von Südwest-Louisiana, Lafayette) und Albert A. Jackson IV (Computer Sciences Corporation, Houston, Texas) und unabhängig davon zum anderen von Piet Hut (Princeton), Marc Davis und Richard Muller (Berkeley) ausgearbeitet worden. Sie schlugen die Existenz eines bislang unbekannten Sonnenbegleiters vor, der regelmäßig in die Oortsche Wolke eindringt und die Kometenschauer auf den Weg schickt. Dabei müßte es sich um einen kleinen Stern auf einer extrem exzentrischen Sonnenumlaufbahn handeln. Seine Orbitalperiode müßte 26 Millionen Jahre betragen, sein Sonnenabstand zwischen 30 000 und 150 000 Astronomischen Einheiten liegen. (Wäre die 30-Millionen-Jahre-Aussterbeperiode korrekt, würden sich die Bahndaten geringfügig anders präsentieren.) Weil das letzte

147

Der Nemesis-Hypothese zufolge läuft ein lichtschwacher Zwergstern auf einer exzentrischen Bahn um die Sonne. Alle 26 Millionen Jahre könnte er in den Bereich der Oortschen Kometenwolke eindringen und zahlreiche Kometen ins innere Sonnensystem lenken, von denen ein Teil auch die Erde trifft.

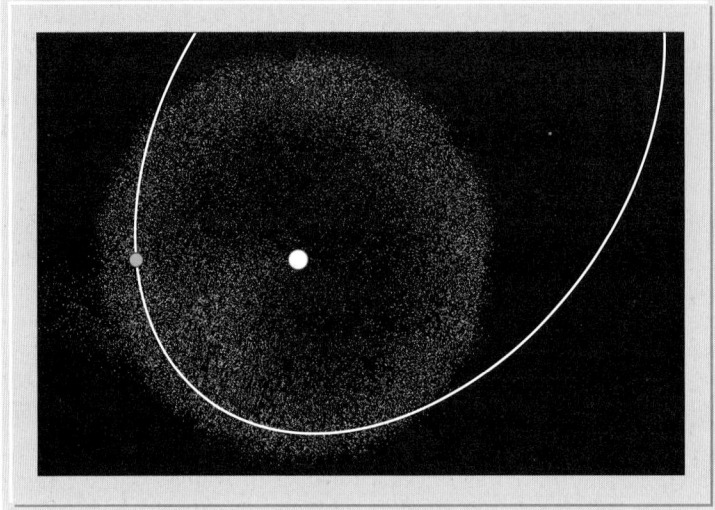

Massenaussterben im Szenario von Raup und Sepkoski rund 13 Millionen Jahre zurückliegt, wäre der Stern zur Zeit in der Nähe seines sonnenfernsten Punktes, zwei bis drei Lichtjahre entfernt. Das nächste Bombardement würde also in frühestens 13 Millionen Jahren erfolgen.

Der neue Stern am Himmel wäre zugleich der sonnennächste (noch vor Proxima Centauri). Seine Masse kann höchstens ein Achtel von der unserer Sonne betragen, sonst hätten wir ihn längst entdeckt. Die Minimalmasse des heimlichen Begleiters kann auf etwa ein Zweihundertstel der Sonnenmasse oder fünf Jupitermassen geschätzt werden, sonst würde sie nicht ausreichen, um die Oortsche Wolke stark genug zu stören. Ein Stern innerhalb dieser Massengrenzen könnte in einer Million Jahren rund 500 bis 1000 Millionen Kometenkerne ins innere Sonnensystem jagen, von denen einige die Erde mit ziemlicher Sicherheit treffen dürften. Wenn der Stern weniger als etwa ein Fünfzehntel der Sonnenmasse hätte, wäre er ein Brauner Zwerg, der nur im Infraroten glüht. Dann erschiene es nicht so verwunderlich, daß er am Himmel bislang noch niemandem aufgefallen ist.

Davis, Hut und Muller haben dem Sonnenbegleiter auch gleich einen Namen gegeben: Nemesis – nach der antiken Göttin der Rache und der ausgleichenden und strafenden Gerechtigkeit. In ihrem Aufsatz heißt es: „Wenn dieser Begleiter entdeckt wird, schlagen wir vor, ihn Nemesis zu nennen nach jener griechischen Göttin, die unablässig die Habgierigen, Überheblichen und Übermütigen züchtigt. Wenn der Begleiter nicht gefunden wird, so fürchten wir, wird diese Veröffentlichung unsere Nemesis werden."

Stephen Jay Gould (Harvard-Universität) und Harlan Smith (Universität von Texas in Austin) haben unabhängig voneinander einen anderen Namen vorgeschlagen: Schiwa – nach dem Hindugott der Zerstörung und Wiedergeburt. In einem Aufsatz in der Zeitschrift *Natural History* schrieb Gould: „Anders als bei Nemesis haben Schiwas Angriffe keinen konkreten Anlaß und sind nicht in strafender oder rächender Absicht auf ein bestimmtes Ziel gerichtet. Vielmehr spiegelt sich in dem sanftmütigen Gesichtsausdruck des Gottes die lässige Gleichgültigkeit eines neutralen, gegen nichts und niemand im besonderen gerichteten Vorgangs wider…" Dieser Name kommt einerseits der biologischen Tatsache entgegen, daß bisher nach jeder Katastrophe wieder neues Leben erwuchs. Und er begeht andererseits nicht den Fehler, irgendwelche aberwitzigen moralischen Nebenbedeutungen zu implizieren.

Obwohl Namen viel aussagen und bewirken, ist es freilich müßig, sich schon jetzt um die Taufe eines Sterns zu streiten, der noch nicht einmal gefunden wurde.

Fahndung nach dem Todesstern

Nemesis oder Schiwa ist das, was man in der Wissenschaft eine ad-hoc-Konstruktion bezeichnet: die Einführung eines neuen Gegenstands eigens zum Zweck der Erklärung eines bestimmten Phänomens. Unabhängige Hinweise auf die Existenz dieses Gegenstands stehen dabei (noch) nicht zur Verfügung. Das macht die Sache sicherlich etwas dubios, ist aber ein Verfahren, das sich immer wieder in der Forschungsgeschichte bewährt hat. Als entscheidender Schritt danach muß selbstverständlich die Bestätigung der ad-hoc-Hypothese erfolgen. Existenzbehauptungen von Einzeldingen sind wissenschaftstheoretisch betrachtet nicht zu widerlegen; sie müssen verifiziert werden.

Es gilt also, den Sonnenbegleiter aufzuspüren. Aber wo? Er ist zu lichtschwach, als daß man ihn mit bloßem Auge direkt wahrnehmen könnte, wahrscheinlich noch nicht einmal durch ein Fernrohr. Also helfen nur Himmelsphotographien mit Teleskopen weiter. Wie aber kann man ihn, wäre er einmal auf Film oder einen elektronischen Detektor gebannt, aus dem Sternendschungel der Galaxis herausfischen? Das ist glücklicherweise relativ einfach, wenn man von den großen Datenmengen – der Auswertung der vielen möglichen Kandidaten – einmal absieht.

Nemesis muß nämlich eine sehr große Parallaxe aufweisen, das heißt eine große scheinbare Ortsveränderung aufgrund des wechselnden Blickwinkels zeigen, der aus der Erdbewegung um die Sonne resultiert. Durch sorgfältige Positionsbestimmungen läßt sich die Parallaxe zweifelsfrei ermitteln.

Unverzüglich begannen Wissenschaftler damit, nahe Zwergsterne auf ihre Parallaxe hin zu untersuchen.

Tatsächlich schritt man am Leuschner-Observatorium in Berkeley auch gleich zur Tat. Zunächst bot sich an, bereits bekannte Kandidaten näher zu untersuchen, 5000 rote Zwergsterne, die nicht zu weit entfernt sein sollten, deren Parallaxe aber noch unbekannt war. Mit einem kleinen automatischen Teleskop wurden sie durchmustert – ohne Erfolg. Ist Nemesis also noch in keinem Sternkatalog verzeichnet worden? Steht der Todesstern womöglich am Südhimmel? Wo sollte man eine systematische Suche beginnen?

Mittlerweile ist über ein Jahrzehnt vergangen, aber von dem angeblichen Sonnenbegleiter fehlt nach wie vor jede Spur. Die Parallaxenbestimmungen haben bisher nichts genützt. Und auch in den Datenbergen, die der Infrarotsatellit IRAS bei seiner Himmelsdurchmusterung 1983 gesammelt hatte, war nichts zu finden. In den letzten Jahren ist es daher still geworden um Nemesis. Eine Chance besteht in naher Zukunft, wenn die Daten des Astrometriesatelliten HIPPARCOS ausgewertet worden sind. Er hat in einer bislang unübertroffenen Genauigkeit (1 bis 3 Millibogensekunden) zwischen 1989 und 1993 mehrfach die Positionen von 118 000 Sternen gemessen. War es bislang beispielsweise nur möglich, die Parallaxen der 40 nächsten Sterne mit dieser hohen Genauigkeit zu bestimmen, werden durch HIPPARCOS rund 3000 weitere Parallaxen bekanntwerden. Es ist nicht ausgeschlossen, daß Nemesis unter diesen Sternen ist. Ein Katalog soll 1996 publiziert werden, ein weiterer von mehr als einer Million zusätzlicher Sterne, deren Positionen auf 0,1 Bogensekunden Genauigkeit vermessen wurde, im Jahr 1997.

Allerdings kamen bald nach der Formulierung der Nemesishypothese auch theoretische Bedenken auf, die die Suche nicht mehr sehr aussichtsreich erscheinen ließen. Das Problem ist nämlich, daß der nahe Vorüberzug anderer Sterne oder interstellarer Wolken, wie er im Verlauf von über 200 Millionen Jahren mehrmals stattgefunden haben muß, die Bahn des Sonnenbegleiters längst verändert haben sollte. Jeder dieser gravitativen Störeffekte hätte die Umlaufgeschwindigkeit von Nemesis beeinflußt und damit seinen Sonnenabstand vergrößert. Das hätte sich jedoch als Verzögerung in der Aussterbekurve bemerkbar gemacht (wobei die Hypothese der Periodizität für dieses Argument im Umkehrschluß vorausgesetzt wurde!). Mit einer gewissen Wahrscheinlichkeit hätte sich Nemesis sogar bereits vom Sonnensystem verabschieden müssen.

Hinzu kommt, daß ein System aus zwei weit voneinander entfernten Sternen, wie Sonne und Nemesis eines wäre, außerordentlich selten ist. Wie kann es überhaupt entstehen? Darauf gibt es bislang keine befriedigende Antwort. Erschwert wird das Problem außerdem noch dadurch, daß Sonne und Nemesis nicht alle Materie des Urnebels verbraucht haben durften. Es mußte ja noch welche für die Planetenbildung übrigbleiben. Und diese Geburt der Planeten hätte durch den Doppelstern nicht gestört werden dürfen! Aus diesem Grund hätte Nemesis (wahrscheinlich mitsamt der Oort-Wolke) der Sonne früher zwei- bis fünfmal näher stehen müssen – auch deshalb, um nicht von den erwähnten Bahnschlenkern als Folge von Sternpassagen davongetrieben worden zu sein. Dann befände sich Nemesis jetzt aber im letzten Zehntel ihrer Zugehörigkeit zum Sonnensystem und würde in spätestens 600 Millionen Jahren verlorengehen. Die andere Alternative, daß der Zwergstern nämlich erst vor einigen Jahrhundertmillionen von der Sonne eingefangen und in einen Orbit gezwungen worden ist, hat eine so niedrige Wahrscheinlichkeit, daß sie aus statistischen Gründen ausgeschlossen werden kann.

Immerhin: wenn die Nemesishypothese korrekt wäre, hätte dies womöglich enorme Konsequenzen für die Frage nach dem Vorkommen von Leben auf anderen Planeten. Wäre nämlich ein massearmer zweiter Stern für die Höherentwicklung anderer Lebensformen eine wesentliche Randbedingung, dann müßte die Wahrscheinlichkeit für deren Existenz viel geringer veranschlagt werden; mögliche Kontakte mit Außerirdischen wären dann noch unwahrscheinlicher.

Planet X

Ein weiteres Szenario, das die Aussterbeperiode erklären könnte, haben Daniel P. Withmire und John J. Matese (Universität von Südwest-Louisiana, Lafayette) entwickelt. Sie führten – ebenfalls ad hoc – einen weiteren Planeten ein. Er sollte schwerer und größer sein als die Erde und müßte die Sonne auf einer langgestreckten Ellipse in einer Entfernung von 50 bis 150 Astronomischen Einheiten umrunden. Dann könnte er den Kuiperring stören, die hypothetische Ansammlung von Kometenkernen in einer Distanz von über 35 Astronomischen Einheiten. Planet X oder Transpluto, wie der dann zehnte Trabant unseres Sonnensystems meist genannt wird –

100 AE
= 15 Mrd. km

heutige
Umlaufbahn
von Planet X

Kometenscheibe,
von der Kante
gesehen

Sonne

Komet

Bahn mit
sonnenfernstem
Punkt in der
Kometenscheibe

von Planet X
erzeugte Lücke in der
Kometenscheibe

Der Hypothese von Planet X zufolge gibt es im Sonnensystem noch einen zehnten Planeten, dessen Umlaufbahn sich im Lauf der Zeit so dreht, daß durch seine Schwerkraft immer wieder Kometen in Erdnähe gelangen.

das X kann sowohl als römische Zehn gelesen als auch als Symbol für das Unbekannte interpretiert werden –, müßte eine Umlaufperiode von etwa 1000 Jahren haben. Das reicht freilich bei weitem nicht, um auf eine Periodizität von 26 bis 30 Millionen Jahre zu kommen. Die Umlaufbahn könnte sich aber im Raum langsam drehen, also nicht auf ihrer momentanen Ebene bleiben. Dann käme Planet X im sonnenfernsten Punkt alle 26 bis 30 Millionen Jahre an den Rand des Kuiperrings und würde zahlreiche Kometenkerne aus ihren Bahnen schleudern. Viele davon gerieten zunächst in den Einflußbereich Jupiters, ein großer Teil könnte später die Erdbahn kreuzen. Nach einer Million Jahre wäre der Spuk – vorläufig – vorbei, weil Jupiters Schwerefeld die übriggebliebenen Brocken in alle Richtungen zerstreut hätte.

Diese Hypothese hat den Vorteil, daß die Umlaufbahn von Planet X viel stabiler wäre als die von Nemesis. Allerdings müßte der Trabant im

Verlauf von früheren Passagen eine Verarmungszone im Kuipergürtel geschaffen haben, eine große Lücke, so daß er nur dann besonders viele Kometen ablenken kann, wenn seine Umlaufbahn gerade in der Ebene des Gürtels liegt. Zudem müßte die Grenze des Kuiperrings und dieser Verarmungszone ziemlich scharf sein, da sonst kein plötzlicher Kometenschauer auf den Weg gebracht werden könnte. Dies hätte wiederum zur Folge, daß Planet X rund das 30fache der Erdmasse haben müßte. Dieser Wert würde dann zwar genügend Kometen auf Erdkurs schicken, andererseits aber die Grenze der Kuiperring-Lücke zusehends verschmieren, so daß die Kometenschauer viel zu lange anhielten. Ferner hätte sich ein derart massiver Trabant wahrscheinlich längst durch sein Schwerefeld bemerkbar gemacht.

Wie die Nemesishypothese ist auch diese Hilfskonstruktion schon in sich selbst problematisch. Und wie die Nemesishypothese erfordert auch sie eine direkte Bestätigung in Form des Nachweises von Planet X. Wo ist er, wenn er überhaupt existiert?

Die Suche nach der Nadel im Heuhaufen

Eine gewisse Zuversicht schöpfen die Vertreter der Planet-X-Hypothese auch aus der Geschichte der Astronomie: Am 13. März 1781 hatte Friedrich Wilhelm Herschel in England zufällig den Planeten Uranus entdeckt und die Größe unseres damals bekannten Sonnensystems (bis zum Saturn) praktisch verdoppelt. Die weiteren Ortsbestimmungen des Gasplaneten zeigten in den Jahrzehnten danach jedoch zunehmende Abweichungen von den vorausberechneten Positionen. Bis zu 100 Bogensekunden betrugen diese sogenannten Residuen, was schon damals weit jenseits der Beobachtungsungenauigkeiten lag. Da man den Gesetzen der Himmelsmechanik vertraute, kam nur eine Erklärung in Frage: Ein noch unbekannter Körper störte durch sein Gravitationsfeld die Uranusbahn. Unabhängig voneinander berechneten 1845 der englische Astronom John Couch Adams und 1846 der Franzose Urbain Leverrier die Position dieses Körpers. (Sie benötigten dafür 10 Monate, was mittelmäßige Computer heute bereits in wenigen Stunden schaffen.) Und dort fand ihn dann am 23. September 1846 Johann Gottfried Galle in Berlin auch! Er wurde Neptun genannt.

Doch auch Neptuns Bahnparameter zeigten bald Abweichungen von der Theorie. Neue Störungsrechnungen wurden daher Anfang des 20. Jahrhunderts von den amerikanischen Astronomen Percival Lowell und William Pickering durchgeführt. Lowell nannte den hypothetischen

Viele Astronomen, darunter Galilei und Lalande, hatten sowohl Uranus als auch Neptun viele Jahrzehnte vorher schon beobachtet, aber für Sterne gehalten.

153

Störenfried Planet X und begann seine Suche nach ihm 1905, die er bis zu seinem Tod 1916 fortführte. Fündig wurde erst Clyde W. Tombaugh 1930. Doch Pluto, wie das neue Mitglied im Sonnensystem fortan hieß, entpuppte sich als zu klein, um Neptuns Residuen hervorgebracht zu haben (Pluto besitzt nur 0,2 Prozent der Erdmasse). Tombaugh suchte 13 Jahre lang weiter, durchmusterte 70 Prozent des Himmels bis zur 17,5. Größenklasse (sechsmal lichtschwächer als Pluto), überprüfte 45 Millionen Sterne und hätte einen Planeten wie Neptun noch in der siebenfachen Neptundistanz nachweisen müssen – vergeblich. 1978 wurde der Plutomond Charon entdeckt. Nach den jüngsten Massen- und Größenbestimmungen ist sicher, daß das Paar nicht für Neptuns Residuen verantwortlich sein kann. Auch eine weitere Suchaktion, die Charles Kowal zwischen 1976 und 1985 am Mount-Palomar-Observatorium geleitet hatte, führte zwar zu manchen Entdeckungen, nicht jedoch zu der eines zehnten Planeten.

Auch die Pionier- und Voyager-Raumsonden sahen und spürten Planet X nicht. Wollte man Neptuns Bahnabweichungen nicht als Meßfehler abtun, bleibt Planet X als naheliegendste Erklärung bestehen. Allerdings verhält sich Neptun mittlerweile ganz so, wie die Physik es von ihm verlangt. Auch die in den siebziger Jahren gestarteten Raumsonden Pionier 10 und 11 und Voyager 1 und 2, die das Sonnensystem gegenwärtig verlassen, das heißt bereits über die Neptun- und Plutobahn hinaus ins All vorgestoßen sind, haben keine Spur von Planet X gefunden. Stünde er irgendwo in ihrer Nähe, hätte er ihre Flugbahn meßbar beeinflussen müssen. Wäre sein Orbit aber geneigt, käme er nur alle 700 bis 1000 Jahre in die Ekliptik, so daß das Negativresultat der Raumsonden nicht weiter verwunderlich wäre. Eigentlich müßte die Umlaufbahn des zehnten Planeten zur Zeit nach Matese und Withmire sogar beträchtlich gegen die Bahnebene der anderen Planeten geneigt sein. Handelt es sich also bei Planet X um denselben Körper, der für die Massensterben und für Neptuns Bahnschwankungen verantwortlich ist? Das ist nicht erwiesen.

Immerhin haben sich in den späten achtziger Jahren wieder verschiedene Wissenschaftler an Bahnabschätzungen versucht. Einige begannen erneut, nach Planet X zu fahnden, allen voran Robert Harrington (US-Naval-Observatorium, Washington). Er richtete in Black Birch bei Blenheim, Neuseeland, ein Teleskop für die Suche ein und durchmusterte zunächst die Sternbilder Sagittarius und Centaurus. Diese Regionen hatte Tombaugh von seinem nördlichen Beobachtungsort nämlich nicht einsehen können. Fehlanzeige jedoch auch dort, ebenso im Sternbild Hydra. Dann wurden 1991 auf einer Konferenz in London drei gewichtige Argumente gegen die Existenz des zehnten Planeten vorgetragen, die zu einer weiteren Suche nicht gerade motivieren.

Nur Rechen- oder Meßfehler?

Michael Rowan-Robinson (Queen Mary und Westfield College, London) zog den Katalog des 1983 gestarteten Infrarotastronomie-Satelliten IRAS heran, der auf 70 Prozent der gesamten Himmelsfläche eine halbe Million Sterne und Galaxien registriert hatte. Planet X war nicht darunter. Er hätte sich als Wärmefleck an verschiedenen Positionen auf zwei zu unterschiedlichen Zeiten gewonnenen Aufnahmen bemerkbar machen müssen. Nur in unmittelbarer Nähe des galaktischen Zentrums, wo es sehr viele Infrarotquellen gibt, hätte er übersehen werden können. Aber dort hätte man auch im optischen Bereich kaum eine Chance.

David Hughes (Universität von Sheffield, England) brachte ein theoretisches Gegenargument: Wäre Planet X tatsächlich so weit entfernt, hätte er noch gar nicht entstanden sein können. Denn die Kondensation eines so großen Körpers aus dem solaren Urnebel so weit außerhalb hätte mindestens 10 Milliarden Jahre erfordert – doppelt so lange also, wie das Sonnensystem existiert. Harrington gab jedoch zu bedenken, daß der Planet sich weiter innen gebildet haben könnte. Schon vor einigen Jahren hat er sich früher geäußerten Vermutungen angeschlossen, denen zufolge Pluto ein entlaufener Neptunmond sein soll. Planet X könnte ihn, so zeigte eine Berechnung, die Harrington mit seinem Kollegen Thomas A. Van Flandern durchgeführt hatte, bei einer nahen Passage herausgeschleudert haben. Auch den kleinen Neptunmond Nereide könnte Planet X auf seine exzentrische Bahn und Triton auf den rückläufigen Orbit gebracht haben, wobei er selbst auf die elliptische, stark geneigte Bahn umgelenkt worden wäre. Aber das ist alles ziemlich unwahrscheinlich.

Möglicherweise ist die Existenz eines zehnten Planeten für Neptuns Bahnschwankungen auch gar nicht nötig. Sie könnten nämlich auf bloße Rechenungenauigkeiten zurückzuführen sein, wie Gerald Quinlan von der Universität Toronto zusammen mit David Hogg und Scott Tremaine zeigte. Die Wissenschaftler fütterten einen eigens für himmelsmechanische Kalkulationen erbauten Computer, ein digitales Planetarium, mit den besten Bahndaten der vier Gasriesen Jupiter, Saturn, Uranus und Neptun und ließen deren Position für die nächsten 20 Jahre bestimmen. Dann wiederholten sie dieselbe Prozedur mehrmals mit Änderungen der Ausgangswerte im Rahmen der Größenordnung von typischen Meßungenauigkeiten. Während die Positionen von Jupiter und Saturn sich kaum veränderten, reagierten die von Uranus und besonders Neptun dagegen durchaus empfindlich. Ihre „Residuen" ähnelten bemerkenswert denjenigen, die durch einen störenden Masseeinfluß hervorgerufen würden. Der Grund für die rechnerischen Ausreißer ist der Schneeballeffekt in sogenannten chaotischen Systemen: kleine Änderungen in den Anfangsbedingungen und Rundungsfehler können sich lawinenartig aufschaukeln, so daß die Resultate mit der zunehmenden Zahl an Rechenschritten immer weiter auseinanderklaffen. Im Fall von Uranus und Neptun, so die Hypothese, ließen sich die Störungen des unbekannten Planeten also durch Rechenungenauigkeiten bereits im Rahmen der üblichen Meßfehler erklären. Das macht Planet X überflüssig, kann seine Existenz jedoch nicht widerlegen, selbst wenn sein Einfluß auf Neptun im statistischen und chaotischen Rauschen untergeht.

> **Abweichungen, die sich mit der Zeit aus Meßfehlern ergeben, sind von Störungen durch einen weiteren Planeten nicht zu unterscheiden.**

Im Jahr 1993 schließlich gab Myles Standish vom Jet Propulsion Laboratory bekannt, daß zwei Argumente für Planet X gegenstandslos sind. Einerseits wurde der zehnte Planet auch für Abweichungen der beobachteten Uranusbahn von den Vorhersagen verantwortlich gemacht. Diese verschwinden aber, wenn man die erst 1989 durch Voyager 2 genau bestimmte Neptunmasse in die Gleichungen einsetzt; frühere Rechnungen verwendeten einen um 0,5 Prozent fehlerhaften Wert und basierten außerdem zum Teil auf einem systematischen Meßfehler eines Teleskops. Andererseits paßten die von Galilei 1613 und Lalande 1795 beobachteten, wenn auch nicht als solche erkannten Positionen von Neptun nicht zum später bestimmten Orbit; aber diese Abweichungen lassen sich sowohl durch die Meßfehler von Galilei und Lalande als auch die späteren Ungenauigkeiten in den Bahnberechnungen erklären; eine weitere unbewußte Neptunsichtung Galileis, auf die Standish gestoßen ist, paßt außerdem zu den modernen Werten.

Die Aussichten für Planet X sind also nicht mehr sehr erfolgversprechend. Ein automatisches Teleskop auf La Palma wird jedenfalls weiterhin die Orbitalbewegungen der äußeren Planeten aufzeichnen, um die Datenbasis zu vergrößern. Erst wenn ein Neptunjahr (165,5 irdische Jahre) vorüber ist, der Gasriese also seit seiner Entdeckung einen vollständigen Sonnenumlauf geschafft hat, wird man auch wissen, wie präzise die früheren Beobachtungen wirklich waren. Da die kosmische Fahndung nach Planet X durch die Hypothese vom periodischen Massenaussterben zusätzlich motiviert wird, ist sie freilich nicht nur aufgrund von Neptuns (vermeintlichen) Bahnschwankungen begründet. Harrington wollte Planet X jedenfalls nicht so schnell für tot erklären und regte statt dessen schon einmal an, ihn endlich zu taufen. Er schlug den Namen der Allesheilerin und Tochter des Heilgottes Asklepios vor: Panacea.

Geologische Aktivitäten als Alternative?

Eine Alternative zu den kosmischen Heimsuchungen haben die Vertreter der Vulkanismushypothese entwickelt. Damit wollen sie zeigen, daß sich regelmäßige Massensterben auch mit geologischen Vorgängen erklären lassen.

Vincent E. Courtillot interpretiert die Häufigkeit der Polumkehrungen des irdischen Magnetfeldes als Maß für die Aktivitäten beziehungsweise Instabilitäten im Erdkern und an dessen Grenze zum Erdmantel rund 3000 Kilometer unter der Oberfläche. Zwischen 120 und 85 Millionen Jahren vor der Gegenwart hat das Magnetfeld seine Richtung nicht oder nur selten geändert. Dann setzten die Umpolungen jedoch wieder ein und haben seither auf mittlerweile durchschnittlich fünf pro Jahrmillion zugenommen. Den Beginn dieser Umpolungen wertet Courtillot nun als Zeichen für eine Phase verstärkter Konvektion im Erdmantel. Durch Konvektionsströmungen des geschmolzenen Eisens wird das heiße Material und mit ihm die Wärme nach oben transportiert. An der Kern-Mantel-Grenze kommt es daraufhin zu Abschnürungen besonders heißer Massen; da sie leichter sind als die Umgebung, steigen sie nach oben. Das dauert freilich etliche Millionen Jahre. Diese sogenannten Mantel-Plumes, riesige zähe, glutflüssige Pilze mit einem halbkugelförmigen Hut, kämpfen sich bis zu den obersten Mantelschichten empor und bilden dort einen Hot Spot. Sie bringen alsbald die Erdkruste zum Schmelzen und führen aufgrund der jetzt möglichen Druckentlastung zu einem explosiven Vulkanismus, auf den gewaltige Lavaeruptionen folgen. Solche plötzlichen Druckentlastungen ereignen sich immer wieder und könnten die verheerenden Massenausterben ausgelöst haben. Zumindest korrelieren seit Beginn des Mesozoikums vor 250 Millionen Jahren nach Untersuchungen von Michael Rampino und Richard Stothers die meisten bekannten Extinktionen zeitlich auch recht gut mit den großen Plateaubasalt-Eruptionen. Tatsächlich scheint die längste Zeitspanne ohne Umpolung des Erdmagnetfeldes auch mit dem größten Massensterben zu enden.

Gigantische Vulkanausbrüche mit weltweit katastrophalen Folgen scheinen sich also möglicherweise in Zeitintervallen von etwa 200 Millionen Jahren zu ereignen. Dazwischen treten ungefähr alle 30 Millionen

Jahre nicht ganz so verheerende vulkanische Episoden auf. So könnten die Faunenschnitte zumindest in der jüngeren Erdgeschichte durch periodischen Vulkanismus verursacht worden sein. Kleinere Plumes, die nicht an die Oberfläche emporzusteigen vermochten, haben vielleicht die Mantelkonvektion beschleunigt und damit die Spreizung des Meeresbodens angetrieben; dies könnte zu den Meeresspiegelschwankungen geführt haben, für die es auch im Zusammenhang mit den Massenaussterben Hinweise gibt.

Zeitliche Zusammenhänge zwischen Massenaussterben und Vulkanismus		
Massenaussterben (ungefähres Alter in Jahrmillionen)	**Plateaubasalt (ungefähres Alter in Jahrmillionen)**	**Heutiger Ort des zugehörigen Hot Spot**
mittleres Miozän (14 ± 3)	Columbia River (16 ± 1)	Yellowstone (Wyoming, USA)
spätes Eozän (36 ± 2)	Äthiopien (35 ± 2)	Afar (Somalia)
Kreide-Tertiär (65 ± 1)	britoarktisch (62 ± 2)	Island
	Dekkan Trapps (66 ± 2)	Réunion
Cenoman (91 ± 2)	westpazifische Tiefsee (92 ± 3)	pazifische Superschwelle
Thitonium (137 ± 7)	Paraná (130 ± 5)	Tristan da Cunha (südlicher
	Namibia (135 ± 5)	Atlantik)
Pliensbachium (191 ± 3)	Karru (190 ± 5)	Marion (südlich von Afrika)
Norium (211 ± 8)	nordatlantisch (200 ± 5)	Azoren/Great Meteor
Perm-Trias (249 ± 4)	Sibirien (250 ± 10)	Jan Mayen (östlich von Grönland)

Nach den komplizierten Wegen und Irrwegen durch die verschlungenen Pfade der aktuellen Forschung ist es nun Zeit, kurz innezuhalten und eine vorläufige Bilanz zu ziehen. Die Meteoritenhypothese, nach der ein kosmischer Einschlag für das Massensterben am Ende der Kreidezeit maßgeblich verantwortlich war, ist durch viele Befunde mittlerweile recht gut gestützt. Auch die Vermutung, daß zumindest einige andere Massenextinktionen ebenfalls durch außerirdisches Bombardement ausgelöst oder mitverursacht wor-

Ein Resümee

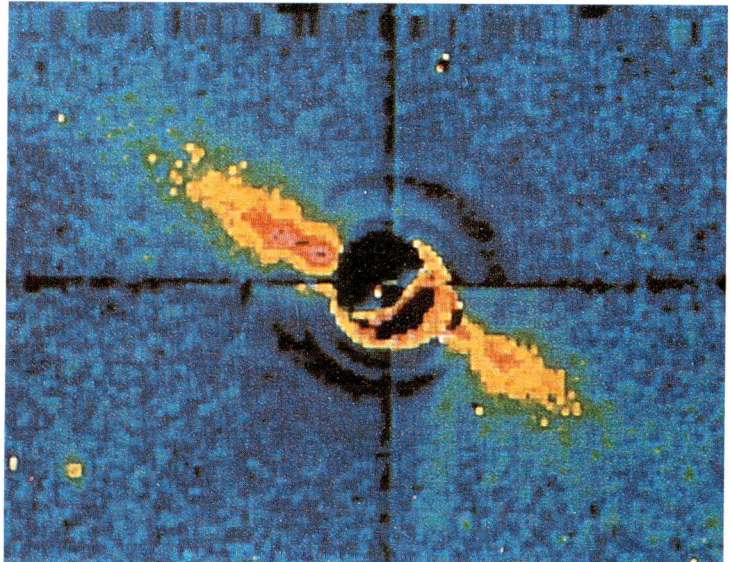

Der 50 Lichtjahre entfernte, nur wenige hundert Jahrmillionen alte Stern Beta Pictoris ist von einer massiven Scheibe aus Gas und Staub umgeben. Erst vor kurzem stieß man auch auf indirekte Indizien, wonach Beta Pictoris tief im Innern der Scheibe von Planeten umlaufen und weiter außen von zahlreichen Kometen umschwärmt wird. Beeinflussen auch dort Kometenabstürze eine Entwicklung von Leben?

den sind, hat durch neuere Studien Nahrung bekommen. Nach wie vor umstritten ist, ob Massenaussterben periodisch stattfinden. Wenn dies der Fall wäre, hätte das dramatische Konsequenzen für die Evolutionstheorie und wahrscheinlich auch für die Frage nach der Häufigkeit anderer Lebensformen im Weltall. Eine Periodizität legt eine außerirdische Ursache nahe, eine kosmische Uhr, die die Geschicke des Lebens vielleicht dadurch beeinflußt, daß sie regelmäßig Kometenschauer ins innere Sonnensystem schleudert. Die Indizien dafür sind aber spärlich. Und die Suche nach einem plausiblen Mechanismus hat sich sowohl aus theoretischen Gründen als auch nach einer Serie von erfolglosen Beobachtungen und Datenanalysen als ziemlich frustrierend erwiesen. Das letzte Wort ist in diesem Punkt noch nicht gesprochen, aber die Erfolgsaussichten werden heute nicht mehr so optimistisch beurteilt wie noch vor einigen Jahren. So hat M. J. Benton (Universität von Bristol) 1995 aufgrund einer viel größeren paläontologischen Datenbasis (fast 7200 Familien von Lebewesen im Meer und an Land) nicht alle Spitzen in der Aussterbekurve von Raup und Sepkoski reproduzieren können, aber auch ein paar andere mehr gefunden; danach wäre keine Periodizität der Massenextinktionen mehr auszumachen.

Das Auftreten der größten Massensterben durchschnittlich alle 100 Jahrmillionen bis herab zu kleineren nach jeweils im Mittel nur einer Million Jahre stimmt mit den geschätzten Häufigkeiten von Meteoriteneinschlägen und der Zahl und Größenverteilung der Krater auf der Erde bis zu einem Minimum von 25 Kilometern Durchmesser erstaunlich gut überein. Selbst wenn also keine auf periodische Vernichtungen „programmierte" Uhr im All zu finden wäre, scheinen Meteoriteneinschläge in die Geschichte des Lebens immer wieder verheerend eingegriffen zu haben. Da die Eiszeiten in den letzten Jahrmillionen vergleichsweise wenig Schaden angerichtet haben, wagte David Raup 1992 auf dem fünften nordamerikanischen Paläontologen-Kongreß in Chicago sogar die kühne Hypothese, daß die allermeisten Extinktionen keine irdischen Auslöser haben können.

Noch ist die Datenmenge zu klein, um eine endgültige Aussage über ein regelmäßig wiederkehrendes Aussterben zu machen.

Die Erforschung der großen Massenaussterben auf der Erde steckt freilich immer noch in den Anfängen. Sie kam sogar durch die Katastrophenszenarien erst richtig in Gang. Sorgfältige Studien der entsprechenden geologischen Abschnitte und die statistische Auswertung großer Datenmengen, aus Fossilienüberlieferungen und vor allem genauere Altersbestimmungen werden in den nächsten Jahren sicher dazu beitragen, die Fragen nach der Dauer, den Ursachen und einer möglichen Regelmäßigkeit der großen Kahlschläge in der Geschichte des Lebens besser zu beantworten. Eines jedenfalls steht schon fest: ohne die fruchtbaren Impulse, die aus der Zusammenarbeit so unterschiedlicher Wissenschaftszweige wie Biologie, Paläontologie, Geologie, Nuclearchemie, Meteorologie, Astronomie und Statistik erwachsen sind, und ohne die daraus erfolgten Untersuchungen und Anstöße hätte unser Verständnis von der Entwicklung des Lebens und damit letztlich der Grundlage unserer eigenen Existenz nicht oder zumindest bei weitem nicht so rasch zugenommen.

Lehren für die Evolutionstheorie

Schlechte Gene oder einfach Pech?

Gegenwärtig leben schätzungsweise 5 bis 50 Millionen Arten auf der Erde. Wissenschaftlich beschrieben sind nur ungefähr 1,5 Millionen Tier- und 800 000 Pflanzenarten. Die meisten Spezies werden in Anbetracht der menschlichen Aktivitäten, insbesondere aufgrund der Lebensraumzerstörung, wohl von unserem Globus verschwunden sein, noch bevor irgend jemand sie überhaupt zur Kenntnis nehmen konnte.

Den 5 bis 50 Millionen Arten heute stehen ungefähr 5 bis 50 Milliarden gegenüber, die im Verlauf der letzten drei bis dreieinhalb Milliarden Jahre und insbesondere während der letzten 600 Millionen Jahre auf der Erde lebten. Auch dies sind relativ grobe Hochrechnungen, denn als Fossilien sind bislang vielleicht erst 250 000 gefunden und beschrieben worden (ein Viertel der rund 4000 klassifizierten Familien hat aber auch heute noch Vertreter). Die allermeisten Gattungen hielten sich nur maximal zehn Millionen Jahre lang, wobei eine große geographische Verbreitung statistisch gesehen die Lebensdauer erhöht. Selbst die langlebigsten Gattungen weilten „nur" 160 Millionen Jahre auf unserem Planeten, ein Zeitraum, der weniger als fünf Prozent der gesamten Geschichte der Biosphäre beträgt. Fest steht also, daß die allermeisten Lebensformen, die die Erde hervorgebracht hat, längst wieder zu Staub zerfallen sind.

Die Auslöschung von Arten erfolgte und erfolgt ständig. Allerdings steht sie meistens mit der Entstehung neuer Arten etwa im Gleichgewicht. Mittelfristig betrachtet sinkt die Aussterberate selten unter fünf Prozent und soweit bekannt nie unter 2,5 Prozent der Anzahl aller Arten einer jeweiligen Epoche. Von diesem sogenannten Hintergrundaussterben muß man aber die Massenaussterben unterscheiden. Hier schnellt die Aussterberate innerhalb kurzer Zeiträume (höchstens wenige Jahrmillionen) auf 70 Prozent und mehr empor.

Darwin und Lyell nahmen an, daß nur ein graduelles und kontinuierliches Aussterben in der Geschichte des Lebens vorkommt. Sprünge in den Fossilienfunden, zum Beispiel die Kreide-Tertiär-Wende, werteten sie als vorübergehende Wissenslücken. Im großen und ganzen machte Darwin sogar nur biologische Gründe für das Aussterben verantwortlich, nämlich Selektionsnachteile – letztlich ein Versagen im Lebenskampf. Massenextinktionen widersprechen dieser Auffassung. Zwar ist Darwins Lehre mittlerweile einem viel differenzierteren Bild von der Evolution gewichen, das die sehr bedeutenden Einsichten weniger revidierte als ergänzte. Doch beginnt sich erst allmählich die Einsicht durchzusetzen, daß neben den biologischen Evolutionsfaktoren wie Selektion, Mutation (Veränderung des Erbguts), Isolation (etwa durch geographische Barrieren wie Flüsse oder Gebirge, durch zeitliche Trennungen etwa infolge unterschiedlicher Fortpflanzungsperioden oder durch morphologische oder erblich bedingte Separationen), Rekombination (genetische Durchmischung aufgrund von geschlechtlicher Fortpflanzung), Gendrift (zufällige Verschiebung von Genhäufigkeiten) immer wieder auch außerbiologische Ereignisse die Geschichte des Lebens beeinflussen, und zwar nicht nur lokal, sondern auch global.

Einzelne Tier- und Pflanzenarten können nicht nur dadurch aussterben, daß sie keine Nachkommen mehr haben, sondern auch dadurch, daß sich die Nachkommen zu einer neuen Art entwickeln (Pseudoaussterben).

Solche drastischen Veränderungen der Lebensumstände überfordern die Anpassungsfähigkeit und somit letztlich auch die Erbprogramme der allermeisten Arten. Weil sie selten sind, ist es weder nötig noch möglich, darauf gleichsam biologisch vorbereitet zu sein in der Weise, wie etwa Winterschläfer die kalte Jahreszeit oder Bäume mit dicken Borken oder hitzebeständigen Samen Waldbrände überstehen können. Globale Katastrophen wie zum Beispiel Meteoriteneinschläge wüten ziemlich wahllos. Welche Arten überleben, läßt sich nur schwer voraussagen. Selbstverständlich heißt dies nicht, daß ihr Weiterbestehen unabhängig von physiologischen und ökologischen Parametern wäre. Zum Beispiel sind Spezialisten stärker als Generalisten betroffen, wärmeliebende Arten stärker als kälteresistente und so weiter. Trotzdem sind nicht „schlechte" Gene für das Aussterben verantwortlich. Die Opfer der Katastrophe hätten unter „normalen" biologischen Umständen noch lange weiterleben können. Die Überlebenden hatten in erster Linie einfach Glück.

Kein Glück währt jedoch ewig. Wie sich in der jüngsten Zeit abzuzeichnen beginnt, hatten die meisten Überlebenden schon bald – also innerhalb weniger Jahrmillionen – ihrerseits um ihr Dasein zu fürchten. Neue Forschungsergebnisse legen nämlich nahe, daß viele der Arten, die ein globales Massensterben überstanden haben, einige Zeit später aus der Fossilienüberlieferung verschwinden. Das deutet darauf hin, daß sie von den Arten, die nach der Katastrophe neu entstanden sind, verdrängt wurden. Diese waren den ökologischen Verhältnissen nun offenbar besser angepaßt beziehungsweise prägten sie durch ihr eigenes Wirken ja auch selbst entscheidend mit. Die gleichsam „veralteten" Baupläne der evolutionären Relikte waren diesen stetigen Veränderungen nicht mehr gewachsen. Bis auf wenige „lebende Fossilien" flogen sie nun doch noch aus der neuen Runde im Spiel der Natur.

David Raup schätzte, daß 60 Prozent aller Extinktionen auf Katastrophen zurückzuführen sind, und nur 40 Prozent Hintergrundaussterben

Globale Katastrophen und die Entwicklung des Lebens

darstellen (allerdings machen die fünf bis sechs bekannten größten Massenaussterben zusammengenommen trotzdem nicht den Hauptanteil der Verluste aus; viele kleinere Ereignisse forderten in der Summe noch mehr Opfer). Katastrophen haben daher einen entscheidenden Einfluß auf den Gang der Evolution. Insbesondere durch globale Einschnitte – wie sie Meteoriteneinschläge, intensive Vulkantätigkeiten und rasche Klimawechsel darstellen – wird die Bühne des Lebens immer wieder förmlich leergefegt. Das hat zur Folge, daß die überlebenden Arten freigewordene Nischen finden oder neue erschaffen und sich rasch weiter- und auseinanderentwickeln können. Dadurch wird die Evolutionsgeschwindigkeit vorübergehend stark beschleunigt. Denn im Rahmen stabiler Umweltbedingungen sind meist alle jeweils möglichen ökologischen Nischen besetzt, und neue Arten mit neuen Eigenschaften haben es schwer, sich in diesem festen Gefüge durchzusetzen. Wenn sich die Bedingungen aber schlagartig ändern und viele Arten stark dezimiert oder gar ausgelöscht werden, können neue Entwicklungen sich viel schneller vollziehen oder überhaupt erst in Gang kommen. Überdies ändern sich in kleinen Populationen die Genhäufigkeiten aufgrund der eingeschränkten Zahl an Fortpflanzungspartnern und zufälligen Ereignissen viel rascher als in großen. Damit ist eine graduelle Entwicklung des Lebens aber nicht widerlegt; im Gegenteil, mysteriöse Sprünge in der Stammesgeschichte brauchen nicht angenommen zu werden. Entscheidend ist nur ein extremes Emporschnellen der Evolutionsgeschwindigkeit in solchen Phasen. Das ergibt dann aus unserer beschränkten Perspektive im Rückblick und mangels ausreichender Belege in der Fossilienüberlieferung (die selteneren „Bindeglieder" werden ja meistens nicht gefunden) das Bild einer scheinbar sprunghaften Entwicklung.

So ist es möglich, daß sich bereits wenige Jahrmillionen nach den großen Faunenschnitten wieder eine üppige Lebensfülle auf der Erde entfalten konnte. Man spricht hier von einer *adaptiven Radiation*: Aus einer oder einigen wenigen Spezies hat sich (im Stammbaum gleichsam strahlenförmig) eine große Anzahl an Arten herausgebildet, die sich in ganz unterschiedlichen Lebensräumen zu behaupten vermochten. Genau dies war auch in der Geschichte der Säugetiere der Fall. Die Katastrophe am Ende der Kreidezeit hatte diese Gruppe ebenfalls stark beeinträchtigt. Es hätte nicht viel gefehlt, und die Säuger wären vollständig ausgestorben genau wie die Dinosaurier. Auch wir hätten dann niemals das Licht dieser Welt erblickt.

Einige Arten haben jedoch überlebt. Aus kleinen, unscheinbaren, vermutlich nachtaktiven und relativ kälteunempfindlichen, da warmblütigen Arten – vergleichbar mit den heute noch lebenden, Insekten fressenden Spitzhörnchen (Tupaias) aus Südostasien – hat sich die Ordnung der Primaten entwickelt, zu der auch wir Menschen gehören. Obwohl die Ahnen der Säugetiere stammesgeschichtlich nicht viel jünger waren als die ersten Vertreter der Dinosaurier, bedurfte es 140 Millionen Jahre und eines kosmischen Zufalls, um die riesigen Reptilien von der Erde zu fegen. Ohne den Meteoriteneinschlag vor 65 Millionen Jahren – und sehr wahrscheinlich einige andere mehr – wäre die Evolution ganz anders verlaufen. Man wird sogar vermuten können, daß die Vielfalt des Lebens auf unserem Planeten ohne den millionenfachen Tod heute wesentlich geringer wäre. „Die Revolution ist wie die Töchter des Pelias; sie zerstückt die Menschheit, um sie zu verjüngen." – Beinahe ist man versucht, diese Aussage St. Justs in Georg Büchners Drama *Dantons Tod* über die Revolution und den Menschen auf die Natur und das Leben zu übertragen. In jedem Fall hätte die Entwicklung der Lebewesen auf der Erde ohne die Vernichtungsorgien der Natur andere Richtungen eingeschlagen. Uns Menschen hätte es dann nicht gegeben.

> Ohne kosmische Katastrophen wäre die Entwicklung des Lebens auf der Erde vermutlich anders verlaufen.

Ein Entwicklungsvorteil oder gar Verdienst unserer fernen Vorfahren läßt sich aus deren Überleben jedoch nicht ableiten. Sie hatten in der Kreidezeit eher ein Randdasein geführt. Die meisten der großen ökologischen Nischen hielten die Reptilien besetzt. Ohne das Bombardement aus dem Kosmos hätte sich daran so schnell auch nichts geändert. Wenn wir unsere stammesgeschichtlichen Ahnen nun ins Rampenlicht der Evolution stellen wollten, wäre dies also bloß ein Ausdruck unserer Eitelkeit. Die Geschichte des Lebens (wie die des Universums als Ganzes) ist, mit den Worten des griechischen Philosophen Demokrit, eine Frucht aus Zufall und Notwendigkeit. Kosmische Pläne und übernatürliche Ziele und Kräfte lassen sich (außer in mythischen Erzählungen) nirgends finden. Das gilt auch für die Ursachen und Auswirkungen von Einschlägen aus dem All. Dies ist für unser eigenes Welt- und Selbstverständnis von erheblicher Bedeutung.

Erdbahnkreuzer im Visier

Im Kreuzfeuer

Die Comic-Helden Asterix und Obelix sind durch ihren Zaubertrank bekanntlich unbesiegbar. Und doch fürchten die Gallier zumindest eines: daß ihnen der Himmel auf den Kopf fallen könnte. Davor braucht heute zwar niemand mehr Angst zu haben. Aber die Gefahr von Steinen, die vom Himmel stürzen, ist real. Es gibt zahlreiche Berichte über Meteoriten, die in Gebäude und Fahrzeuge einschlugen. Laut alten chinesischen Chroniken sollen einige der darin verzeichneten Meteoritenfälle unter anderem Brände entfacht und in mehreren Fällen auch Menschen getötet haben. Diese Angaben sind freilich nicht mehr nachprüfbar. Das gilt auch für einen Bericht, demzufolge 1879 ein Bauer aus Kentucky in seiner Farm von einem Meteoriten tödlich getroffen wurde.

Attacken aus dem All

Einer Hochrechnung nach zu schließen müßte heute statistisch gesehen alle 58 Jahre ein Mensch von einem kleinen Meteoriten erschlagen werden; eine pessimistischere Schätzung geht sogar von nur 3,5 Jahren aus. Wirklich gesichert ist aber nur ein einziger Fall – im doppelten Wortsinn –, der glücklicherweise glimpflicher verlaufen ist: Hewlett Hodges lag in ihrem Bett in Sylacauga, Alabama, als am 30. November 1954 ein 3,9 Kilogramm schwerer Steinmeteorit das Dach ihres Hauses durchschlug, auf einem Radiogerät abprallte und die Frau an Arm, Hand und Hüfte streifte, so daß sie mit Quetschungen ins Krankenhaus eingeliefert werden mußte. Zweimal in diesem Jahrhundert gingen Meteoritenfälle dagegen für Tiere tödlich aus: in Ohio ist ein Pferd erschlagen worden und in Ägypten ein Hund (übrigens von einem der Meteoriten, die vom Mars stammen sollen).

Die Quelle der Sintflut

„Und es war ein Hagel und Feuer, mit Blut gemengt, und fiel auf die Erde; und der dritte Teil der Erde verbrannte... und es fuhr wie ein großer Berg mit Feuer brennend ins Meer, und der dritte Teil des Meeres ward Blut... und es fiel ein großer Stern vom Himmel, der brannte wie eine Fackel", steht im achten Kapitel der Johannes-Offenbarung geschrieben. Und in der germanischen Lieder-Edda heißt es: „Die Sonne verlischt, das Land sinkt ins Meer, vom Himmel stürzen die heiteren Sterne. Rauch und Feuer rasen umher; hohe Hitze steigt himmelan." Die Mythen und Legenden vieler Kulturen haben solche Katastrophen zum Thema. Insbesondere die Sintflut-Sage findet sich nicht nur in der Bibel und im Gilgamesch-Epos, sondern beispielsweise auch in alten Überlieferungen aus China, Indien, Australien und von zahlreichen nord- und südamerikanischen Indianerstämmen von den Eskimos bis nach Feuerland. Von diesen Quellen ausgehend haben die Geologen Alexander und Edith Tollmann (Universität Wien) versucht, die Ursache dieser anscheinend weltweiten Desaster (wörtlich: Unstern) aufzuspüren. Ihren Untersuchungen zufolge sollen um das Jahr 7555 v. Chr. aus Südosten kommend mehrere Fragmente eines Kometen auf die Erde gestürzt sein, der wohl bei einer nahen Jupiter- oder Sonnenpassage zerbrochen sein könnte. Diese Mythen, in denen oft von einem Drachen, einer Schlange oder sogar ausdrücklich einem Kometen die Rede ist, lassen sich – unter Berücksichtigung der seither erfolgten Wanderbewegungen – am besten mit sieben großen Einschlägen in alle drei Weltmeere vereinbaren, so die Forscher. Möglicherweise trafen kleinere Splitter im heutigen Österreich, Polen, Texas und Labrador auch das Festland. Auch naturwissenschaftliche Indizien führen die Geologen als Bestätigung ihrer Hypothese an: etwa 10 000 Jahre alte Tektite, die weit über Südaustralien sowie Vietnam verstreut liegen, eine starke Erhöhung des Säurespiegels im Grönlandeis dieser Zeit und Bestimmungen des radioaktiven Kohlenstoff-14-Gehalts in alten Bäumen und deren Jahresringdatierung. Wenn weitere Untersuchungen eindeutige Belege erbringen können, sind Menschen damals möglicherweise wirklich Zeugen und Opfer verheerender Meteoriteneinschläge gewesen. Die weltweiten Zerstörungen aufgrund des Hitzeorkans und Weltenfeuers, der gewaltigen Flutwellen und des Sturzregens, sowie die Verdunklung des Himmels wären dann über die Generationen hinweg in der Erinnerung lebendig geblieben und hätten vielleicht sogar umwälzende Folgen für die religiösen Vorstellungen (Sünde und Strafe) sowie das Zeitbewußtsein (Ende einer zyklischen Geschichtsauffassung aufgrund des singulären Ereignisses) gehabt.

Auch in dem antiken Mythos von Phaeton könnte der Fall eines Boliden geschildert sein. Schon Goethe hatte eine solche Vermutung 1827 veröffentlicht. Wolf von Engelhardt (Tübingen) hält eine solche Interpretation, die er weiter ausführt, vor dem Hintergrund des heutigen Kenntnisstandes für durchaus plausibel: Der Sturz des Sohnes von Helios mit dem Sonnenwagen vom Himmel wird als gleißender Stern beschrieben, der die Erde trifft und eine Feuersbrunst auslöst; auch von einer kurzen Verfinsterung ist die Rede. Möglicherweise schlug der Meteorit im Mündungsgebiet des Po auf die Erde nieder. Damit wäre auch die sogenannte Sintflut des Deukalion, die kurz danach die Küstenländer der Adria verwüstet haben soll, erklärbar als eine von dem Einschlag ausgelöste Flutwelle (wenn die Berichte darüber nicht ihrerseits schon auf das viel furchtbarere Sintflutereignis zuvor zurückgehen).

Die zweite Vision der Johannes-Apokalypse vom Fall der Sterne. Diese Darstellung von Lukas Cranach aus dem Jahr 1522 zeigt auch die Verdunklung von Sonne und Mond, das Weltenbeben und die Flucht der Menschen. Vielleicht spiegelt sich in solchen Prophezeiungen der tradierte Schrecken eines Meteoriteneinschlags wider, der vor rund 9500 Jahren die Sintflut ausgelöst haben könnte.

Schon seit langem haben Menschen darüber nachgedacht, wie sie sich vor Steinen, die vom Himmel fallen, schützen könnten. In Südamerika wurden zum Beispiel Holzschüsseln als Helme empfohlen; anderswo hätte man in Höhlen Zuflucht gesucht. Und selbstverständlich wurden allerlei Weissagungen und Götteropfer praktiziert. Falls die Sintflut tatsächlich von einem Kometenabsturz ausgelöst worden ist, wie immer wieder vermutet wurde, wäre es nicht verwunderlich, daß Schrecken und Not, die die Menschen damals erfaßt haben, in den kulturellen Überlieferungen seitdem noch nachklingen – schließlich kennen viele Völker Untergangsvisionen, die auf kosmische Einflüsse verweisen. Unter naturwissenschaftlichen Gesichtspunkten hat 1694 schon Edmond Halley über mögliche Kometenabstürze auf die Erde nachgedacht. 1750 erörterte Pierre Louis Moreau de Maupertuis, wie die Hitze und Belastung von Atmosphäre und Wasser als Folgen eines Einschlags zu Massensterben führen können. Seit diesem Jahrhundert weiß man, daß die Einschlagkrater auf vielen anderen Himmelskörpern, aber auch auf unserem Planeten selbst, die Gefahr durch kosmische Bomben sehr deutlich bezeugen. Kleine Meteoriten sind hierbei von einem vernachlässigbaren Risiko. Doch wie wahrscheinlich ist es, daß bald ein mehrere hundert Meter oder gar einige Kilometer großer Planetoid beziehungsweise Kometenkern die Erde trifft?

Wie groß ist die Gefahr?

Schon der Blick zum Mond lehrt, daß Meteoriteneinschläge keine einmaligen Ereignisse sein können. Die hellen Hochländer unseres Trabanten sind mit Kratern dicht übersät. Sie liegen in unterschiedlichen Größen gleichsam Schulter an Schulter und auch in- und übereinander. Von Einschlägen einigermaßen verschont geblieben sind dagegen die dunkleren, flachen Maria (Plural des lateinischen Wortes *mare* = Meer; antike Astronomen hatten vermutet, daß es sich bei diesen auffälligen Strukturen um Mondmeere handelt). Diese mit mächtigen Lavaströmen gefüllten Becken machen sechs Millionen Quadratkilometer oder 16 Prozent der Mondoberfläche aus. Nach von den Apollo-Missionen mitgebrachten Proben zu schließen, beträgt das Alter der Maria höchstens 3,5 Milliarden Jahre. Zu dieser Zeit war die Phase des heftigen Bombardements schon vorüber. Deshalb kann man aus der Anzahl der Krater auf den lunaren Tiefebenen grob abschätzen, wie häufig sich Meteoriteneinschläge seither noch ereignet haben.

Fünf Krater in den Maria sind über 50 Kilometer groß, nämlich Copernicus (93 Kilometer), Aristoteles (87), Bullialdus (61), Eratosthenes (58) und Aristillus (55). Hochgerechnet auf die ganze Mondoberfläche bedeutet dies, daß ungefähr alle 120 Millionen Jahre ein Krater von mindestens der Größe des Aristillus hinzukam. Dieser Wert läßt sich nun auf die Erde übertragen: Die Erdoberfläche beträgt ein 80faches der Maria, rund 500 Millionen Quadratkilometer. Folglich müssen sich seit 3,5 Milliarden Jahren rund 400 Einschläge ereignet haben, also einer alle zehn Millionen Jahre (die irdische Atmosphäre kann bei solchen riesigen Brocken nicht mehr als Schutzschild wirken). Dieser Wert dürfte sogar noch etwas höher sein, weil die größere Schwerkraft unseres Planeten mehr der kosmischen Trümmerstücke anzieht als der Mond. Die Einschlaghäufigkeit ist ungefähr proportional zum Kehrwert des Quadrates des Kraterdurchmessers d für über ein Kilometer große Objekte (für kleinere liegt sie zwischen $1/d^3$ und $1/d^4$). Sie sollten die Erde also hundertmal häufiger treffen als solche von zehn Kilometern Durchmesser.

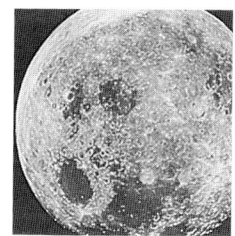

Ein stummer Zeuge der Zerstörung – unser Mond, aufgenommen vom Raumschiff Apollo 8. Die alten, hellen Hochländer sind von Kratern förmlich zerbombt. Die dunklen Regionen (unten Mare Crisium, Mare Tranquillitatis und Mare Serenitatis, in der Mitte Mare Nectaris) gehen vermutlich auf gewaltige Einschläge vor knapp vier Milliarden Jahren zurück; die Basins füllten sich dabei mit austretender Lava.

Andere Extrapolationen, die von der Anzahl der irdischen Krater oder der Häufigkeit erdnaher Planetoiden und Kometen ausgehen, kommen zu recht ähnlichen Ergebnissen. Krater mit einem Durchmesser von 20 Kilometern dürften auf dem Festland alle zwei bis drei Millionen Jahre erzeugt werden. Das jüngste Einschlagsrelikt dieser Größenordnung ist der Zhamanshin-Krater in Kasachstan (13,5 Kilometer). Sein Alter beträgt etwa eine Million Jahre. Mindestens zwei Drittel aller großen Meteoritenabstürze, so schätzt man, gehen auf das Konto erdnaher Planetoiden, für den Rest sorgen (vorwiegend die langperiodischen) Kometen. Diese haben zwar eine weniger feste Struktur, sind aber insofern gefährlicher, weil sie meistens eine größere Geschwindigkeit relativ zur Erde besitzen. Die Hälfte aller langperiodischen Kometen bewegt sich auf rückläufigen Bahnen ins innere Sonnensystem und kann deshalb bis zu zehn Mal höhere Einschlagenergien entfalten. (Ein aus dem Weltraum fallender Körper trifft die Erde mit 11,2 Kilometern pro Sekunde; hinzu kommt die Bahngeschwindigkeit der Erde um die Sonne mit 30 Kilometern pro Sekunde und die Eigengeschwindigkeit des einstürzenden Objekts von maximal demselben Wert; so sind Kollisionsgeschwindigkeiten von bis zu 70 Kilometern pro Sekunde möglich.)

Es gibt auch keine Hinweise darauf, daß die Gefahr von Einschlägen in der letzten Zeit abgenommen hat. Laut den Apollo-Proben entstanden die Mondkrater Copernicus und Tycho (der 87 Kilometer groß ist und im Hochland liegt) während der letzten Jahrmilliarde. Daraus läßt sich ableiten, daß die Einschlagrate seit 3,5 Milliarden Jahren ungefähr konstant geblieben ist. Meteoritenabstürze sind also kontinuierliche Ereignisse. Es besteht kein Grund zur Annahme, daß sie nicht auch zukünftig erfolgen werden. David Morrison vom Ames-Forschungszentrum der NASA und Clark R. Chapman vom Institut für Planetenwissenschaften in Tucson, Arizona, lassen daran keinen Zweifel aufkommen: „Die Einschläge auf dem Mond sind unbestreitbar, ihre Extrapolation für unseren eigenen Planeten ist redlich und geradlinig. Die Erde steht in einer kosmischen Schießbude, und Katastrophen, die von Einschlägen ausgelöst wurden, sind über Jahrmilliarden hinweg ein Teil ihrer Naturgeschichte."

Die Ursache des Tunguska-Ereignisses

Allerdings gibt es noch viel konkretere Anzeichen dafür, daß mit der Gefahr aus dem Weltraum nicht zu spaßen ist. Das am Anfang dieses Buches beschriebene und lange Zeit mysteriös gebliebene Tunguska-Ereignis von 1908 kann nämlich durchaus als Vorwarnung angesehen werden. Erneute Nachforschungen haben das Geheimnis kürzlich wohl endgültig gelüftet, ohne daß von irgendwelchen exotischen Faktoren Gebrauch gemacht werden mußte. Dabei wurde auch die in der Wissenschaft lange favorisierte Hypothese aufgegeben, daß ein kleiner Kometenkern die Explosion verursacht hatte, der, aus der Richtung der Sonne kommend, nicht bemerkt worden war. Statt dessen ist das Ereignis sehr wahrscheinlich von einem gewöhnlichen steinigen Planetoiden ausgelöst worden.

Schon in den sechziger Jahren bargen Expeditionen mikroskopische Glaskügelchen, die relativ hohe Konzentrationen an Nickel und Iridium enthielten. 1987 wies man in einer Torfschicht, die aus der Zeit des Tunguska-Ereignis stammen sollte, ebenfalls anomale Iridiumwerte nach. Sogar im Antarktiseis derselben Periode wurden Spuren des Schwermetalls gefunden. Motiviert von der Entdeckung dunkler Flecken auf der Venus, die als Folgen von in der Luft fragmentierten und detonierten Meteoriten gedeutet worden sind, haben Christopher F. Chyba (Goddard Space Flight Center, Greenbelt, Maryland), Paul J. Thomas (Universität von Wisconsin) und Kevin J. Zahnle (Ames-Forschungszentrum) in einer 1993 publizierten Studie dann erstmals Szenarien von den Auswirkungen aerodynamischer Kräfte auf verschiedene Objekte für unterschiedliche Einschlagwinkel berechnet. Um Effekte mit den bekannten Randbedingungen (Explosionshöhe, Sprengkraft) zu erzeugen, müßten Kometen eine viel geringere Dichte haben, als dies der Fall ist. Auch kohlige Chondriten (kohlenstoffreiche Planetoiden) sind in der Regel nicht dicht genug, wogegen die Dichte eines Eisenmeteoriten passender Größe so hoch ist, daß er die Erdatmosphäre durchdringen und einen Krater vergleichbar mit dem in Arizona hinterlassen würde. Ein steiniger Planetoid mit einem Durchmesser von nur 60 Metern (!), der mit 15 Kilometern pro Sekunde in einem Winkel von 45 Grad in die Erdatmosphäre eintaucht, erfüllt dagegen die geforderten physikalischen Eigenschaften exzellent. Die Modellrechnungen konnten verständlich machen, wie er in der Luft starken Druckdifferenzen ausgesetzt war (vorne viel stärker als hinten oder seitlich), und dadurch immer flacher zusammengepreßt wurde, bis er in etwa zehn Kilometern Höhe explodierte. Auch die „hellen Nächte" in Europa und Asien nach dem Tunguska-Ereignis, die man früher auf einen Kometenschweif zurückzuführen versucht hatte, sind nun erklärbar. Die leuchtenden Nachtwolken sind aus Abermilliarden Wassermolekülen entstanden (schätzungsweise 10^{35}) sowie Staubteilchen, die vom Feuerball der Explosion 50 Kilometer hoch in die Luft getragen worden waren. Sie vermochten das Sonnenlicht von der Tagseite der Erde zur unbeleuchteten Hemisphäre zu reflektieren.

Wahrscheinlich hat das Ereignis auch noch andere Spuren hinterlassen. Das Grönland- und Antarktiseis enthält Informationen über Klimaschwankungen und Ablagerungen durch Niederschläge, die mehr als 200 000 Jahre zurückreichen. In zwei neuen Bohrkernen aus Grönland wurden 1994 hohe Konzentrationen von Ammoniumformiat gefunden, die auf 1908 zu datieren sind. Zu keiner Zeit sonst in diesem Jahrhundert lassen sich solche Mengen nachweisen. Einiges spricht dafür, daß es sich hier um Relikte des geborstenen Planetoiden handelt. Außerdem hat man feste kohlige Aerosole gefunden, wie sie in Bränden entstehen. Und noch ein weiteres Mosaiksteinchen wurde zur Lösung des Tunguska-Rätsels gefunden. Giuseppe Longo und seine Mitarbeiter (Universität von Bologna) haben zwischen 1991 und 1994 Harzproben von Koniferen untersucht, die in der Nähe des Explosionsortes wuchsen und waren dabei auf Tausende von Fremdpartikeln gestoßen, die wie mikroskopische Gewehrkugeln die Baumrinden durchsiebt hatten und in den Stämmen steckengeblieben waren. Das muß, wie Jahresringdatierungen ergaben, exakt im Jahr 1908 geschehen sein. Diese Teilchen enthalten Eisen, Kalzium, Aluminium, Silizium, Gold, Kupfer, Titan und andere Elemente in einer Häufigkeit, wie sie für steinige Meteoriten typisch ist.

Ein Teil des Stamms einer sibirischen Fichte in der Gegend des mysteriösen Tunguska-Ereignisses: Im Harz um den eingeschlossenen abgestorbenen Zweig ließen sich winzige Partikel nachweisen, die sehr wahrschcinlich von einem Steinmeteoriten stammen.

Von NEOs umgeben

Die meisten Planetoiden befinden sich zwischen Mars und Jupiter, aber nicht alle. Denn manche umrunden die Sonne geradezu *auf* einer Planetenbahn, und andere streunen gleichsam über die planetaren Orbits hinweg.

Mehrere hundert seit 1906 entdeckte Kleinkörper, die als Trojaner bezeichnet werden, bewegen sich entlang der Jupiterbahn. Und zwar schwingen sie um die sogenannten Librationspunkte (von lateinisch *librare* = schwanken), die – von der Sonne aus gemessen – jeweils sechzig Grad vor und hinter dem Riesenplaneten liegen. Diese 1772 von dem französischen Mathematiker Louis Lagrange erstmals rechnerisch aufgefundenen Orte sind himmelsmechanisch stabile Positionen, auf denen massearme Körper lange verweilen können, ohne wegkatapultiert zu werden. Möglicherweise sind diese Planetoiden Überbleibsel der Urmaterie, die sich Jupiter nicht einverleiben konnte. Ein paar hundert davon dürfte es geben – wahrscheinlich auch bei anderen Planeten. Zumindest ein Mars-Trojaner ist 1990 schon entdeckt worden.

Ein Prozent aller bekannten Planetoiden kreuzen mindestens eine Planetenbahn. Im Fall der Erdbahnkreuzer spricht man auch von NEOs (Near Earth Objects). Sie unterscheiden sich schon dahingehend von ihren weiter entfernten Verwandten, daß sie sich – von uns aus gesehen – schneller über den Himmel bewegen. Sie stellen eine der Hauptgefahrenquellen aus dem All dar und werden in drei Gruppen eingeteilt: Die Apollo-Gruppe hat ihre sonnennächsten Punkte knapp innerhalb der Erdbahn und wurde nach ihrem charakteristischsten Vertreter 1862 Apollo benannt, den Karl Wilhelm Reinmuth 1932 von Heidelberg aus entdeckt hatte. Der Durchmesser des Planetoiden beträgt 1,4 Kilometer, seine Umlaufperiode 622 Tage. Daß hier ein bedrohliches Potential schlummert, ließ sich übrigens schon erahnen, als Max Wolf 1918 eben-

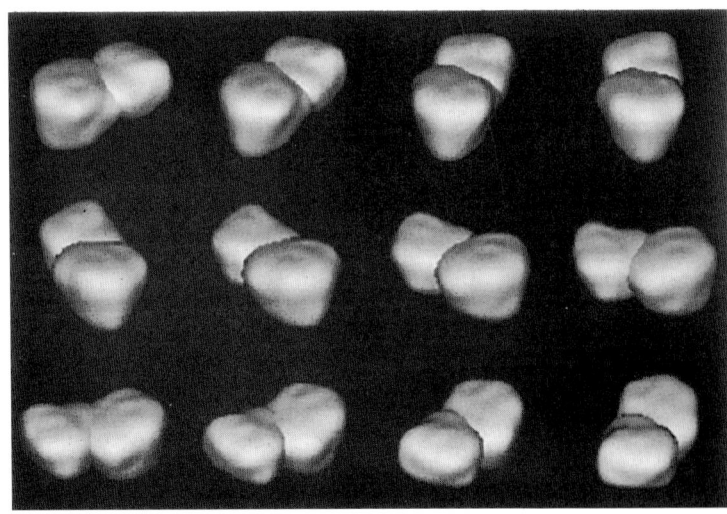

Eine Rekonstruktion aus Radarechos des insgesamt 1,6 Kilometer langen Erdbahnkreuzers Castalia: Niemals zuvor konnte ein so kleiner Himmelskörper so genau abgebildet werden. Die Bildsequenz zeigt Castalias Rotation im Verlauf von 2,5 Stunden.

falls von Heidelberg aus das erste Objekt dieser Gruppe aufspürte, 887 Alinda; deutlich genug war dann vor allem Reinmuths Entdeckung von Hermes, der 1937 in einer Entfernung von nur 600 000 Kilometern an der Erde vorbeiflog. Ebenfalls 1932 stieß Eugène Delporte an der Sternwarte von Uccle bei Brüssel auf den Namensgeber einer weiteren NEO-Population: 1221 Amor (der am längsten bekannte Vertreter ist 433 Eros). Diese Gruppe berührt die Erdbahn gewissermaßen von außen; ihre Perihelia liegen zwischen 1,02 und 1,3 Astronomischen Einheiten, ihre Aphelia jenseits der Marsbahn. Die Aten-Planetoiden schließlich schneiden den Erdorbit in der Nähe ihrer sonnenfernsten Punkte.

Zwei der Erdbahnkreuzer – Castalia und Toutatis – konnten mittlerweile genauer untersucht werden. Zusammen mit Gaspra und Ida sind sie die bislang am besten erfaßten Kleinplaneten.

Planetoid 4769 Castalia, der zunächst unter der Bezeichnung 1989 PB firmierte, wurde am 9. August 1989 von Eleanor F. Helin (JPL) entdeckt. Zwei Wochen später hatte ihn Steven Ostro vom Jet Propulsion Laboratory (JPL) mit dem Arecibo-Observatorium auf Puerto Rico angestrahlt (es ist das größte einzelnstehende Radioteleskop der Erde: eine Schüssel von 305 Metern Durchmesser, die über einen Talkessel aufgespannt wurde). Diese Radaruntersuchung war die erste eines Kleinplaneten überhaupt. Castalia befand sich damals 5,7 Millionen Kilometer von der Erde entfernt. Die Rekonstruktion anhand der Radarechos konnte durch ein neues Auswertungsverfahren zwar erst 1994 veröffentlicht werden, doch hat sich der Aufwand sichtbar gelohnt. Castalia besteht aus zwei Komponenten. Sie sind 920 und 800 Meter groß und durch einen 100 bis 150 Meter tiefen Spalt getrennt. Da dieser ziemlich scharf ist, waren die beiden Komponenten ursprünglich wohl separat und haben sich erst nach einer relativ sanften Kollision verbunden. Ihre Oberflächenzusammensetzung und -rauhigkeit ist ähnlich.

Der Planetoid 4179 Toutatis flog am 8. Dezember 1992 in 3,6 Millionen Kilometern Entfernung an der Erde vorbei. Wissenschaftler vom JPL nahmen ihn mit einem 400-Kilowatt-Radar mit Hilfe der 70-m- und der 34-m-Antenne des Deep Space Network in Goldstone, Kalifornien, ins Visier, das normalerweise zur Kommunikation mit den interplanetaren Raumsonden dient. Die hochaufgelösten Echos, die noch Details von 20 Metern Größe zeigen und somit schärfer sind als die Aufnahmen der Raumsonde Galileo von Gaspra, enthüllten einen irregulären Körper. Er besteht wie Castalia aus zwei Komponenten. Sie haben einen mittleren Durchmesser von 2,5 und 4 Kilometern. Gegenwärtig läßt sich nicht sagen, ob sie überhaupt miteinander verbunden sind oder sich nur

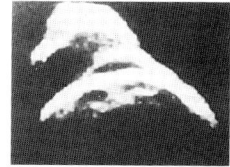

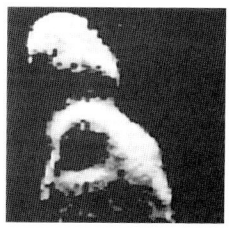

Der Kleinplanet Toutatis im Radarstrahl. Dank einer hochgenauen Atomuhr als Frequenzstandard war es möglich, über 2,5 Millionen Kilometer hinweg noch 20 Meter große Strukturen aufzulösen.

173

berühren. Da Toutatis aber alle vier Jahre in Erdnähe kommt und 2004 sogar nur 1,6 Millionen Kilometer entfernt vorbeifliegt, wird diese Frage wohl bald geklärt werden.

Sonnenkratzer und maskierte Kometen

Die bekannten NEOs können sich nicht seit Anbeginn des Sonnensystems in Erdnähe tummeln, denn ihre Bahnen sind so instabil, daß sie im Verlauf von zehn bis hundert Millionen Jahren mit anderen Himmelskörpern kollidieren oder aber durch deren Schwerefeld aus dem inneren Sonnensystem hinausgeschleudert werden. Sie müssen also ständig nachgeliefert werden. Man rechnet mit ungefähr hundert Objekten in der Größenordnung von einem Kilometer alle Million Jahre. Die Hauptquelle dafür ist Modellrechnungen zufolge sicherlich der Planetoidengürtel und dort insbesondere die erwähnten Zonen der Instabilität.

Eugene Shoemaker und George Wetherill schätzen, daß achtzig Prozent aller NEOs Planetoiden sind. Auch der Vergleich von Rotationsperioden und Helligkeitsvariationen der bekannten Erdbahnkreuzer mit denen von kleinen Planetoiden des Hauptgürtels und Kometen legt nahe, daß die allermeisten (mindestens aber 60 Prozent) aus dem Planetoidengürtel stammen. Eine Studie von Richard P. Binzel und seinen Mitarbeitern vom Massachusetts Institute of Technology und dem Lowell-Observatorium in Flagstaff, Arizona, hat nämlich gezeigt, daß sowohl die NEOs als auch die untersuchten drei Kilometer großen Planetoiden ungefähr dreimal so schnell rotieren wie die (allerdings drei- bis viermal größeren) Kometenkerne. Unter den insgesamt 69 analysierten NEOs hatte sich jedenfalls kein einziger Komet befunden.

Trotzdem ist es durchaus möglich, daß sich unter den Erdbahnkreuzern auch einige schlummernde oder tote Kometen befinden, vor allem dann, wenn sie sich vollständig innerhalb der Jupiterbahn bewegen und von dessen Schwerefeld also nicht mehr entfernt werden können. Die Unterscheidung zwischen Kometen und Planetoiden ist ja oft nicht eindeutig, da manche ganz ähnliche Bahnen haben. So erhielten rund zwanzig (der später als solche identifizierten) Kometen zum Zeitpunkt ihrer Entdeckung vorläufige Planetoiden-Nummern. Zum Beispiel wurde 1992 herausgefunden, daß der als Erdbahnkreuzer katalogisierte Planetoid 1979 VA (Umlaufperiode 4,3 Jahre) mit Komet Wilson-Harrington identisch ist, den man im November 1949 vom Palomar-Observatorium aus beobachtet hatte. Damals war er noch aktiv. Nun hat er sich gewissermaßen in einen schlafenden Kometen verwandelt. Auch

Biela, der im 19. Jahrhundert spurlos verschwand, 1991 DA mit seiner für Schweifsterne typischen stark geneigten Bahn oder 3200 Phaeton könnten verloschene Kometenkerne sein. Obwohl Planetoiden und Kometen unterschiedliche Zusammensetzungen, Dichten und Entstehungsorte haben, gibt es vielleicht sogar Zwischenformen. Eine Möglichkeit, die Kometennatur mancher NEOs doch noch aufzudecken, ist neben Helligkeits- und spektralen Messungen ihrer Oberflächenbeschaffenheit der Nachweis von Bahnstörungen, die nicht gravitativer Natur sind, sondern insbesondere durch die Ausgasung von Wasser zustande kommen. Unter den bislang dahingehend untersuchten NEOs käme jedoch höchstens 1566 Ikarus und vielleicht 1862 Apollo in Frage. Die Bahnen aller anderen Kandidaten haben sich als stabil erwiesen.

Wetherill schätzte, daß innerhalb der nächsten Million Jahre etwa 15 Kometen vom Encke-Typ mit Kerndurchmessern zwischen zwei und vier Kilometern erlöschen und nach Bahnstörungen zu Apollo-Objekten werden dürften. Fünf davon sollten aufgrund der Schwereablenkung durch die Planeten aus dem Sonnensystem gelenkt werden. Von den verbleibenden zehn würden dann wahrscheinlich drei auf die Venus, je eines auf Merkur, Mond und Mars und die restlichen vier auf die Erde stürzen. Das bedeutet im Durchschnitt einen Einschlag innerhalb von 250 000 Jahren. Zu einem ähnlichen Ergebnis kam auch Eugene Shoemaker. Wenn man außerdem die mittlere Trefferwahrscheinlichkeit aktiver Kometen berücksichtigt, erhöht sich diese Kollisionsrate noch einmal um 50 Prozent. Tatsächlich stehen diese Hochrechnungen mit der Anzahl und dem Alter der über zehn Kilometer großen Krater auf der Erde, die die Folge solcher Einschläge sind, in guter Übereinstimmung.

Paolo Farinella (Universität von Pisa) hat 1994 mit Hilfe von sechs Kollegen die Bahnen von 47 Erdbahnkreuzern vorausberechnet. Die meisten entpuppten sich als chaotisch, so daß längerfristige Voraussagen nicht möglich sind. Immerhin gab es Indizien dafür, daß innerhalb von ein bis zwei Millionen Jahren zehn Prozent nach nahen Planetenpassagen aus dem Sonnensystem herausgeschleudert werden, aber ein Drittel von ihnen in die Sonne stürzen muß (zehnmal mehr, als im gleichen Zeitraum Planeten treffen werden). Dies ist der erste Hinweis darauf, daß nicht nur Kometen von unserem Zentralgestirn verschlungen werden (rund sechs Prozent der kurzperiodischen Schweifsterne in den nächsten 100 000 Jahren), sondern auch Planetoiden. Der Kleinplanet 3551 Verenia scheint diesem Schicksal vor 660 000 Jahren knapp entgangen zu sein. Seine basaltartige Kruste zeugt noch von der heißen Begegnung.

Schätzungen ergeben, daß etwa alle 250 000 Jahre mit dem Einschlag eines zwei bis vier Kilometer großen Kometen auf der Erde gerechnet werden muß.

Die Erde als Zielscheibe

Gefahr für die Zukunft der menschlichen Zivilisation

Alles deutet darauf hin, daß die Bedrohung aus dem All nicht bloß spannende Science-fiction ist. Chapmann und Morrison haben 1994 deshalb den bisherigen Kenntnisstand über die Folgen einer Kollision mit einem Erdbahnkreuzer zusammengefaßt. Ihre Ergebnisse sind nicht gerade ermunternd. Während einstürzende Objekte bis etwa 50 Meter meistens noch kein allzu großes Risiko darstellen dürften, könnte ein NEO des zehn- bis hundertfachen Ausmaßes schon die gesamte menschliche Zivilisation gefährden.

Ereignisse vergleichbar mit dem an der Tunguska kommen alle paar hundert Jahre vor. Doch da die meisten Regionen der Erde unbewohnt beziehungsweise unbewohnbar sind, ist mit Schäden und Todesopfern seltener zu rechnen. Besiedelte Gebiete dürften, statistisch betrachtet, alle 3000 Jahre getroffen werden, Städte nur einmal in 100 000 Jahren. Dabei würden jeweils etwa 5000 Quadratkilometer verwüstet werden. Ab ungefähr 50 Metern Durchmesser kann ein Steinmeteorit, falls er nicht vorher zerbricht, den Erdboden erreichen und, wenn er mit rund 20 Kilometern pro Sekunde einschlägt, Energien in der Größenordnung einer Hiroshima-Bombe entfesseln. Die selteneren Eisenmeteoriten haben eine noch größere Vernichtungskraft.

Lokale Katastrophen sind für Planetoiden ab 250 Metern Durchmesser zu erwarten (ein Komet dieser Größe würde wohl noch zerbrechen). Die hierbei freigesetzten Energien entsprechen ungefähr 1000 Megatonnen TNT, also rund 100 gleichzeitigen Tunguska-Ereignissen oder der Sprengkraft eines Zehntels der irdischen Atomwaffenarsenale. Derartige Einschläge erzeugen einen etwa fünf Kilometer großen Krater. Insgesamt 10 000 Quadratkilometer oder 0,002 Prozent der Erdoberfläche werden dabei verwüstet. Mit solchen Katastrophen muß statistisch gesehen alle 10 000 Jahre gerechnet werden. Für den Zeitraum eines Menschenlebens beträgt die Wahrscheinlichkeit also knapp ein Prozent. Obwohl je nach Einschlagsort viele tausend bis über eine Million Menschen einem solchen Meteoritentreffer zum Opfer fallen würden – und sogar zehnmal mehr, wenn man die Überschwemmungen durch Tsunamis mitberücksichtigt –, wäre doch der größte Teil unseres Planeten davon nicht unmittelbar betroffen.

Dies ändert sich bei Eindringlingen aus dem All mit einem Durchmesser von einem halben bis fünf Kilometer (der Unsicherheitsfaktor der Hochrechnungen ist hier schon ganz beträchtlich). Die Katastrophe hat dann globale Auswirkungen. Hierbei wird – die gegenwärtige Bevölkerungsdichte vorausgesetzt – von insgesamt 1,5 Milliarden Toten ausgegangen. Ein solches Massensterben wäre in der gesamten Entwicklungsgeschichte der Menschheit ohne Beispiel. Schon der Meteoritentreffer selbst, so die Schätzungen, kostet ungefähr drei Millionen Menschen das Leben. Ein verheerendes Erdbeben würde einen weiten Umkreis erschüttern und dabei kaum ein Gebäude unversehrt lassen.

Im Fall eines Einschlags ins Meer wären aufgrund der riesigen Flutwellen mit rund 30 Millionen Toten zu rechnen. So könnte der Aufprall ungefähr 0,1 Prozent der Erdoberfläche direkt verwüsten. Noch viel schlimmer aber sind die indirekten Folgen, die den ganzen Planeten beeinträchtigen. Rund 10 Billiarden Tonnen Aerosole dürften in die Stratosphäre gelangen, hundertmal mehr als durch jeden Vulkanismus in den letzten paar hundert Jahren einschließlich des Tambora-Ausbruchs von 1816 mit dem nachfolgenden „Jahr ohne Sommer". Der Klimaeinbruch (Temperatursturz) und die Verdunklung würde die landwirtschaftliche Produktion für mindestens ein Jahr zerstören. Die fein ausgeklügelten, künstlich aufrechterhaltenen Gleichgewichte sowie die an die jeweils herrschenden Bedingungen angepaßten Sorten und Bewirtschaftungsmethoden wären mit einem Schlag jeglicher Basis beraubt. Dies hätte eine gewaltige Hungersnot und später verheerende Seuchen zur Folge. Größere Hilfsaktionen wären illusorisch, da jedes Land gleichermaßen betroffen sein würde. Aber auch das Weltwirtschaftssystem würde zusammenbrechen. Massenarbeitslosigkeit, Verelendung und soziale Unruhen ließen sich nicht verhindern, die menschliche Zivilisation wäre in ihren Grundfesten erschüttert. Aber viele Ökosysteme sind wohl robust genug, um sogar eine solche Katastrophe zu überstehen. Und

Globale Katastrophen durch einen Meteoriteneinschlag	freigesetzte Energie (Megatonnen TNT)	Planetoiden-Durchmesser (km)	Kometen-Durchmesser (km)	Häufigkeit (Jahre)
untere Grenze	15 000	0,6	0,4	70 000
Mittelwert	200 000	1,5	1,0	500 000
obere Grenze	10 000 000	5	3	6 000 000

Grobe Abschätzung der Voraussetzung für eine globale Katastrophe durch den Einschlag eines Planetoiden oder Kometen. Angegeben sind ein pessimistisches, ein optimistisches und das wahrscheinlichste Szenarium.

Ein Streifschuß durch die Erdatmosphäre. Dieser Bolid raste 1972 mit 54 000 Kilometern pro Stunde in 60 Kilometern Höhe über den Westen Nordamerikas und jagte wieder ins All hinaus. Er war nur etwa zwei Sekunden lang zu sehen. Die Größenabschätzungen des Objekts variieren zwischen vier und achtzig Metern. Wäre der Meteorit auf die Erde geprallt, hätte er die Vernichtungskraft einer Atombombe entfesselt.

auch die Menschheit würde dadurch wahrscheinlich nicht völlig ausgelöscht werden.

Meteoriten von mehr als 500 Metern Größe stellen also eine ernst-
hafte Gefahr für unsere Zivilisation dar. Schon kleinere Brocken wirken
wie Atombomben. Aber in den letzten Jahrzehnten ist außerdem noch
eine weitere, nur schwer kalkulierbare Gefahr hinzugekommen. Meteoritenabstürze könnten nämlich nun als feindliche Raketenangriffe miß-
deutet und womöglich mit einem raschen Gegenschlag beantwortet werden – insbesondere in politischen Krisenzeiten oder über Regionen, wo
faktisch bereits Kriegszustand herrscht. So ist beispielsweise 1978 eine
Explosion über dem Südpazifik, die 100 Kilotonnen TNT-Äquivalente
entfesselt hat, zunächst als unerlaubter Atomversuch Chinas gewertet
worden (mit einigen diplomatischen Folgen). Und am 1. Februar 1994
wurde wieder ein über 1000 Tonnen schwerer Bolid derselben Energie
20 Kilometer über dem Pazifik in der Nähe der Tokelau-Inseln, 1000 Kilometer nordöstlich der Fidschi-Inseln, von sechs amerikanischen Spio-
nagesatelliten registriert, was immerhin dazu geführt haben soll, daß
Präsident Bill Clinton geweckt wurde. Am 1. Oktober 1990 detonierte
ein Meteorit über dem Pazifischen Ozean in der Nähe von Kanada mit
der Wucht von zwei Kilotonnen TNT. Wäre dies nur wenige Stunden zuvor und somit über dem mittleren Osten geschehen, hätte der Golfkrieg
dramatisch eskalieren können, wenn das Ereignis als Raketenangriff
fehlgedeutet worden wäre. Es besteht also eine ernste Gefahr, daß auch

**Der Absturz eines Ei-
senmeteoriten über
New York und seine
Folgen.**

179

kleinere Objekte aus dem All in einem Klima des gegenseitigen Mißtrauens zum Auslöser für eine viel größere, vielleicht sogar weltweite Katastrophe werden könnten, einem Nuklearkrieg aus Versehen. Gerade ihre Seltenheit birgt das Risiko einer Fehlinterpretation in sich.

Und noch aus anderen Gründen erscheint ein Meteoritenabsturz heute bedrohlicher als noch vor einigen Jahrzehnten. Gegenwärtig sind weltweit über 400 Atomreaktoren in Betrieb und weitere 100 im Bau – von den militärischen Anlagen und Waffen dabei ganz abgesehen. Mitte der achtziger Jahre dürften die Atommächte zusammen über rund 50 000 nukleare Sprengköpfe verfügt haben. Sowohl die sehr gefährlichen, hochradioaktiven Brennelemente als auch die Abfälle müssen in den Kraftwerken und Zwischenlagern ständig kontrolliert und gekühlt werden. Zwar sollten diese Anlagen in der Regel den stärksten Erdbeben trotzen können, die aufgrund der historischen Erfahrung und des geologischen Wissens an den jeweiligen Standorten zu befürchten sind. Ein größerer Meteoriteneinschlag in der Nähe kann solche Sicherheitsmaßnahmen aber mühelos außer Kraft setzen. Das durch ihn ausgelöste Erdbeben würde die einkalkulierten Beben um ein Vielfaches übersteigen. Die Kühlsysteme und Lagertanks der nuklearen Anlagen würden nicht standhalten, und die Folgeschäden des Einschlags blieben in ihren verheerenden Dimensionen kaum hinter den direkten Auswirkungen des Meteoritenabsturzes zurück. Freigesetzte radioaktive Elemente würden weite Gebiete über Jahrtausende hinweg verseuchen. Vorsichtsmaßnahmen sind kaum möglich, müßte man das hochgefährliche Material doch sehr tief im Erdboden versenken.

Ein Inferno von der Größenordnung der Kreide-Tertiär-Wende schließlich würde die gesamte Biosphäre unseres Planeten vollständig umwälzen. Falls überhaupt Menschen überleben könnten, wären sie zahlenmäßig und auch, was ihre Mittel anbetrifft, auf ein steinzeitliches Niveau zurückgeworfen. Die Wahrscheinlichkeit eines solchen Desasters ist zwar außerordentlich gering. Von der menschlichen Unvernunft abgesehen, ist es aber die einzige Möglichkeit, die binnen kurzem zur Ausrottung unserer ganzen Zivilisation führen könnte. Alle anderen Naturkatastrophen wie Erdbeben, Überschwemmungen, Vulkanismus, Wirbelstürme oder Dürren sind aufgrund physikalischer Randbedingungen (etwa der maximal möglichen Spannungen der Erdkruste oder der atmosphärischen Zirkulationen) begrenzt.

In Anbetracht dieser Ergebnisse wäre es also außerordentlich leichtsinnig, die Erdbahnkreuzer einfach unbeachtet zu lassen. Zu wissen, was über unseren Köpfen herumfliegt, kann von (über)lebensnotwendi-

Fällt die Kühlung der künstlich gelagerten radioaktiven Substanzen aus, kommt es innerhalb kurzer Zeit zur Überhitzung und zum Schmelzen der Behälter.

ger Bedeutung sein. Ausschau zu halten nach den Gefahren, die im Weltraumdunkel lauern, ist daher das mindeste, was man tun sollte.

Die Folgen von großen Meteoriteneinschlägen abhängig von ihrer Zerstörungskraft und Häufigkeit für die menschliche Zivilisation					
Größenordnung	Durchmesser des Einschlagkörpers (km)	Energie (Megatonnen TNT)	Mittlere Häufigkeit (Jahre)	Anzahl der menschlichen Todesopfer	Hochgerechnete Anzahl von Toten pro Jahr
Zerbrechen in der Hochatmosphäre	< 0,05	< 9	1	–	–
vom Typ des Tunguska-Ereignisses	0,05–0,3	9–2 000	250	5 000	20
große lokale Katastrophe	0,3–5	2 000–10 000 000	25 000–30 000	300 000–1 200 000	8–45
globale Katastrophe	0,5–5	15 000–10 000 000	70 000–6 000 000	1 500 000 000	250–20 000
vom Typ der Kreide-Tertiär-Katastrophe	> 10	100 000 000	100 000 000	(fast) alle	50

Operation Spacewatch

Um das Risiko einer Bedrohung aus dem All noch zuverlässiger abzuschätzen und möglicherweise Gegenmaßnahmen einzuleiten, wurde die Operation Spacewatch initiiert. Folgende Aufgaben hat man dafür definiert: Die erste Voraussetzung, um sich vor den Weltraumvagabunden auf Erdkurs zu schützen, ist selbstverständlich, die Gefahr so genau wie möglich ins Auge zu fassen. Zunächst müssen die Wahrscheinlichkeit und Häufigkeit von Kollisionen besser bestimmt und die fraglichen Objekte möglichst schnell und vollständig erfaßt werden. Die Bahnparameter der Erdbahnkreuzer sind dann so exakt wie möglich zu messen beziehungsweise zu berechnen, ständig zu aktualisieren und für die nächsten Jahrhunderte zu prognostizieren. Schließlich gilt es, geeignete Schritte zu ihrer Abwehr zu entwickeln und mittelfristig zu realisieren, wenn eine konkrete Gefährdung absehbar ist.

Bislang spähen nur vier Astronomen-Gruppen regelmäßig und mit geringen Budgets nach NEOs. In Australien sind es Duncan Steel und Rob McNaught vom Anglo-Australian-Observatorium in New South

Wales mit dem 1,2-m-UK-Schmidt-Teleskop. Am Mount Palomar arbeiten Carolyn und Eugene Shoemaker mit dem 46-cm-Schmidt-Teleskop. Ebenfalls dort durchsucht Eleanor Helin (JPL) den Himmel. Sie hat seit 1973 schon zahlreiche NEOs entdeckt. Schließlich hält seit 1990 noch die Arbeitsgruppe von Tom Gehrels (Universität von Arizona) nach erdnahen Objekten im All Ausschau. Sie verwendet dazu einen 91-cm-Refraktor auf dem Kitt Peak. Dieses Linsenteleskop ist schon über 70 Jahre alt, wurde aber mit hochgezüchteter Elektronik und automatischer Computerauswertung ausgerüstet. Da man keine Filmplatten mehr belichtet, sondern diese Aufgabe einem elektronischen Detektor überläßt, können Entdeckungen ohne lange Zeitverzögerung an andere Sternwarten weitergemeldet werden. So läßt sich die Bewegung des Objekts rasch auch anderswo und gegebenenfalls sogar mit Radar untersuchen.

David Rabinowitz (Universität von Arizona) und seine Kollegen haben bereits innerhalb der ersten beiden Betriebsjahre des Spacewatch-Teleskops auf dem Kitt Peak mehr als vierzig Planetoiden in erdnahen Orbits entdeckt. Eine Analyse ihrer Bahnparameter läßt sogar vermuten, daß es einen kleinen Planetoidengürtel in Erdnähe geben könnte, denn eine Anlieferung allein aus dem Hauptgürtel zwischen Mars und Jupiter und von Kometen erscheint unzureichend. Möglicherweise wurden manche aus der Mondoberfläche herausgeschlagen. Vielleicht eilt der kosmische Schutt aber auch auf den himmelsmechanisch stabilen Librationspunkten der Erdbahn unserem Planeten um sechzig Grad hinterher und voraus – ähnlich den Trojanern im Jupiterorbit.

Schätzungsweise 10 000 rund ein Kilometer große Planetoiden schwirren in Erdnähe durch den Raum, ohne daß davon lange Zeit irgend etwas bekannt gewesen wäre.

Mittlerweile sind über 300 NEOs mit Umlaufbahnen geringer als 1,3 Astronomischen Einheiten im Aphel erfaßt (jeden Monat werden rund 3000 Planetoiden gesichtet, die allermeisten davon sind zwar bereits katalogisiert, aber immer wieder ist auch ein erdnaher darunter). Der Großteil davon ist kleiner als zwanzig Meter und würde daher in der Regel in der irdischen Lufthülle verglühen. Boliden mit Energien um eine Kilotonne TNT detonieren fünf bis zehnmal jährlich in der Hochatmosphäre. Zehn-Meter-Brocken treffen die Erde etwa einmal im Jahr. Auch sie werden durch die Verzögerungskräfte und Reibungshitze so stark verformt, daß sie noch in der Luft zerplatzen und ihre Energie (immerhin von der Größenordnung einer kleinen Atombombe) größtenteils an diese abgeben. Das kann hundert oder sogar tausend Kilometer weit gehört und gesehen werden. Nur die kompakten Nickel-Eisen-Meteoriten dieses Durchmessers erreichen den Boden. Sie machen aber nur sechs Prozent der einschlagenden Objekte aus; sie stürzen etwa zweimal pro Jahrhundert herab.

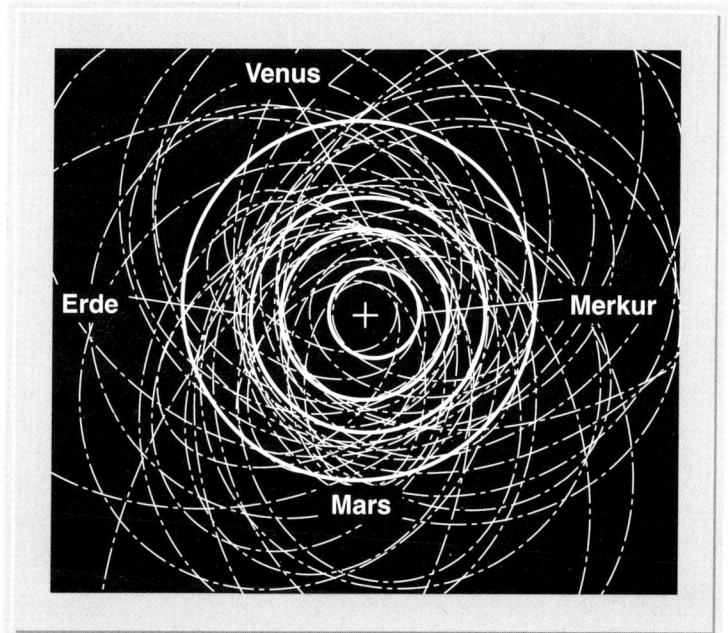

Venus

Erde

Merkur

Mars

„Die Erde befindet sich in einem Schwarm von Asteroiden." Diese Worte des amerikanischen Geologen Eugene Shoemaker sind durchaus keine Übertreibung. Mit verfeinerten Beobachtungsmethoden sind bislang ungefähr 300 entdeckt worden.

In der Schußlinie

Am 22. März 1989 raste der Planetoid 1989 FC in weniger als dem doppelten Abstand des Mondes an der Erde vorbei. Diese Begegnung blieb vollkommen unbemerkt und wurde erst aus der Rückrechnung seiner Bahn rekonstruiert, nachdem das Objekt am 31. März vom Mount-Palomar-Observatorium entdeckt worden war. Es umkreist die Sonne in einem um 5 Grad gegen die Erdbahn geneigten Orbit alle 1,03 Jahre. Sein Durchmesser wird auf 220 beziehungsweise 430 Meter geschätzt, je nachdem, ob es sich um einen (helleren) Steinmeteorit oder einen kohligen Chondrit handelt. Bei einer Kollisionsgeschwindigkeit von 15,6 Kilometern pro Sekunde hätte der Kleinplanet die Energie von rund 430 beziehungsweise 2300 Megatonnen TNT entfesselt. Er hätte einen vier bis sieben Kilometer großen Krater in die Erde geschlagen und verheerende Schäden angerichtet, die die Tunguska-Katastrophe um ein Vielfaches übertroffen hätten.

Noch knapper entging die Erde im Januar 1991 einem Zusammenstoß, als der Planetoid 1991 BA in nur der Hälfte der Mondentfernung

Knapp vorbei – der nur wenige Meter große Erdbahnkreuzer KA$_2$ (hier als Strich abgebildet) raste 1993 in einer Entfernung von nur 150000 Kilometern an unserem Planeten vorüber. Diese Aufnahme vom 21. Mai stammt vom Spacewatch-Teleskop des Kitt-Peak-Observatoriums in Arizona.

vorbeischoß (was man erst zwölf Stunden später bemerkte). Mit fünf bis zehn Metern Größe hätte der Aufprall (bei 21,2 Kilometern pro Sekunde) einen hundert Meter großen und dreißig Meter tiefen Krater hinterlassen, wenn auf die Schutzschildfunktion der Atmosphäre kein Verlaß wäre. Zwei andere Objekte derselben Größe, 1993 KA$_2$ und 1994 ES$_1$, verfehlten die Erde im Mai 1993 und März 1994 sogar lediglich um 150000 beziehungsweise 160000 Kilometer. Noch näher schoß 1994 XM$_1$ am 9. Dezember 1994 vorüber – mit einem Minimalabstand von nur 100000 Kilometern hält dieser Brocken von der Größe eines Einfamilienhauses im Augenblick den Rekord.

Enge Begegnungen der Erde mit Kometen und Planetoiden (Auswahl). 1 Astronomische Einheit (AE) = mittlerer Abstand Erde-Sonne = 149,6 Millionen Kilometer; das entspricht der 389fachen Entfernung unseres Mondes.		
Planetoid oder Komet	**Datum**	**Minimale Entfernung in Millionen km (und AE)**
Komet Halley	10. 4. 837	4,94 (0,033)
Komet Tempel-Tuttle	26. 10. 1366	3,44 (0,023)
Komet 1491 II	20. 2. 1491	1,35 (0,009)
Komet Lexell	1. 7. 1770	2,24 (0,015)
2101 Adonis	7. 2. 1936	2,24 (0,015)
(1937 UB) Hermes	30. 10. 1937	0,60 (0,004)
1566 Ikarus	14. 6. 1968	6,43 (0,043)
2340 Hathor	21. 10. 1976	1,20 (0,008)
2135 Aristaeus	1. 4. 1977	4,79 (0,032)
1982 DB	23. 1. 1982	4,19 (0,028)
3361 Orpheus	13. 4. 1982	4,79 (0,032)
Komet IRAS-Araki-Alcock	11. 5. 1983	4,64 (0,031)
3671 Dionysius	19. 6. 1984	4,64 (0,031)
1986 JK	29. 5. 1986	4,19 (0,028)
1988 TA	29. 9. 1988	1,33 (0,009)
1989 FC	22. 3. 1989	0,69 (0,0046)
4769 Castalia (1989 PB)	9. 8. 1989	4,04 (0,027)
1991 BA	18. 1. 1991	0,17 (0,0011)
1991 TU	7. 10. 1991	0,75 (0,005)
4179 Toutatis	8. 12. 1992	3,60 (0,02)
1993 KA$_2$	20. 5. 1993	0,15 (0,0010)
1994 ES$_1$	15. 3. 1994	0,16 (0,0011)
1994 XM$_1$	9. 12. 1994	0,10 (0,0007)
1995 CS	22. 2. 1995	2,09 (0,014)

Swift-Tuttle und der Weltuntergang im August 2126

Für einige Aufregung, zumindest in Zeitungs- und Zeitschriftenredaktionen, sorgte 1992 die Wiederkehr des Kometen Swift-Tuttle. Er gilt als der größte Erdbahnkreuzer und die Mutter des Meteorstroms der Perseiden. Seine Umlaufbahn ist 113 Grad zur Erdbahn geneigt. Entdeckt wurde er im Juli 1862. Aus den Bahnberechnungen war seine Wiederkehr für 1981 vorherge-sagt worden. Brian Marsden hatte aber auch einen späteren Zeitpunkt für möglich gehalten, weil er nichtgravitative, den Orbit verändernde Kräfte durch den Rückstoß ausströmender Gase in Betracht zog, und weil er vermutete, daß eine Kometenbeschreibung aus dem Jahr 1737 ebenfalls auf Swift-Tuttle zutraf. Tatsächlich wurde Swift-Tuttle erst am 26. September 1992 wiederentdeckt (von dem japanischen Amateurastronomen Tsuruhiko Kiuchi). Aufgrund einer verbesserten Bahnberechnung gab Marsden bald darauf bekannt, daß für den 14. August 2126 eine nahe Begegnung zu erwarten wäre: nur 24 Millionen Kilometer entfernt sollte er an der Erde vorüberziehen. Diese Strecke legt unser Planet in 19 Tagen auf seinem Sonnenumlauf zurück. Aufgrund der nichtgravitativen Kräfte wäre eine Kollision nicht auszuschließen, gab Marsden zu bedenken, bezifferte die Wahrscheinlichkeit aber unter Eins zu Zehntausend (was noch immer sehr hoch gegriffen war). Diese Möglichkeit erschien der Presse schon sensationell genug, und so wurde einmal mehr der Weltuntergang angekündigt.

Anfang 1993 gab Marsden Entwarnung. Inzwischen war es ihm gelungen, sämtliche Beob-achtungen, auch jene von 1737 und von zwei weiteren Überlieferungen, 188 und 69 v. Chr., mit einer Bahn in Einklang zu bringen – und zwar ohne die unkalkulierbaren nichtgravitativen Kräfte, die Anlaß zur Aufregung waren. Nur die Daten von 1872 zeigen Abweichungen, wel-che sich jedoch später wieder ausgeglichen hatten. Marsden mußte dazu jedoch eine höhere Masse annehmen, als bisher geschätzt wurde; der Kerndurchmesser von Swift-Tuttle soll dem-zufolge nicht acht, sondern 24 Kilometer betragen. Zur nahen Begegnung kommt es aber trotz-dem! Am 5. August 2126 wird Swift-Tuttle nur 23 Millionen Kilometer von der Erde entfernt vorüberziehen. Im Jahr 2261 sollen es sogar noch eine Million Kilometer weniger sein. Das wird den Kometen vorübergehend zu einem der hellsten Objekte am Himmel machen. Marsden zeigte außerdem, daß Swift-Tuttles Bahn in einer 1:11-Resonanz mit Jupiter steht und daher noch einige zehntausend Jahre stabil sein dürfte. Zukünftige Bedrohungen lassen sich aber tatsächlich nicht ausschließen. Mit seiner großen Masse und einer Relativgeschwindigkeit von 60 Kilometern pro Sekunde bleibt Swift-Tuttle für die Menschheit das gefährlichste bekannte Einzelobjekt im All.

Die bisherigen Daten lassen darauf schließen, daß die Erdbahn von mehr als einer Milliarde Objekten über zehn Meter Durchmesser ge-kreuzt wird, ferner von rund einer Million über 100 Meter und vielleicht 10 000 zwischen 0,5 und 5 Kilometern (davon 2000 über einen Kilome-ter). Hochgerechnet heißt dies, daß die Zahl insbesondere der kleinen NEOs zehn- bis hundertmal höher veranschlagt werden muß, als man noch in den achtziger Jahren angenommen hatte. Wahrscheinlich rast je-

185

den Tag ein mit 1991 BA vergleichbares Objekt knapp an der Erde vorbei, ohne daß dies überhaupt jemand bemerkt. Als Faustregel läßt sich daher angeben, daß ein 100 Meter großes Objekt durchschnittlich alle 10 000 Jahre, ein Körper mit einem Durchmesser von einem Kilometer alle Million und mit zehn Kilometern alle 100 Millionen Jahre auf die Erde trifft. Für die Spanne eines Menschenlebens sind solche verheerenden Meteoriteneinschläge also ziemlich unwahrscheinliche Ereignisse. Es besteht deshalb auch kein Grund, diese Gefahr mit überzogenen Sensationsberichten unnötig zu dramatisieren. Trotzdem darf sie nicht verharmlost werden.

Gerade weil größere Objekte auf Kollisionskurs eine enorme Zahl an Toten fordern würden, ist die Wahrscheinlichkeit, daß eine Person durch einen außerirdischen Himmelskörper das Leben verliert, gar nicht so klein. Sie liegt etwa zwischen dem Risiko, an einer Nahrungsmittelvergiftung zu sterben, was statistisch gesehen hundert bis tausendmal seltener geschieht, und der, bei einem Autounfall umzukommen oder ermordet zu werden, was rund hundert- bis tausendmal häufiger passiert. Sie ist damit immerhin etwa so groß wie die Gefahr, bei einem Flugzeugabsturz im normalen Linienverkehr getötet zu werden – etwa eins zu zwanzigtausend pro Jahr und Individuum. Wenn man bedenkt, daß für die Flugsicherheit jährlich weltweit über hundert Millionen Dollar ausgegeben werden, dürften Vorsichtsmaßnahmen gegen NEOs, in erster Linie Beobachtungsprogramme, im selben Finanzrahmen kein Luxus sein – zumal der volkswirtschaftliche Schaden schon eines lokal begrenzten Meteoriteneinschlags, das haben Statistiker bereits überschlagen, den von Flugzeugkatastrophen um ein Vielfaches übertrifft.

Weltraumwachen

Schon in der Woods-Hole-Konferenz der NASA 1980 und einem Symposium in Snowmass (Colorado) ein Jahr später wurde über die Bedrohung aus dem All und mögliche Abwehrmaßnahmen nachgedacht. Ende der achtziger und Anfang der neunziger Jahre gab es dann eine ganze Reihe von Workshops und Konferenzen vor allem in den USA, aber auch in Europa.

Von den meisten Astronomen wurde ein Programm favorisiert, das die Bezeichnung Spaceguard (Weltraumwache) bekam. Sie ist aus dem Science-fiction-Roman *Rendezvous mit Rama* (1973) von Arthur C. Clarke entliehen, worin geschildert wird, wie ein Planetoid ins Sonnensystem eindringt, der, wie sich zeigt, von unbekannten Wesen geschaffen worden ist. Das Programm sah vor, speziell für die NEO-Fahndung sechs neue, weltweit verteilte Spiegelteleskope der 2-m-Klasse zu bauen, die jeden Monat 6000 Quadratgrad des Himmels absuchen könnten. Mit modernster Software ausgestattet, sollten sie selbständig Objekte bis zur 22. Helligkeitsklasse finden können – dies entspricht einem Planetoiden mit einem Kilometer Durchmesser 200 Millionen Kilometer entfernt –, und diese dann sofort melden. Von diesen oder anderen Observatorien aus und zusätzlich mit Radar könnte man dann die Bewegung des georteten NEOs messen und seine Bahn berechnen.

Das Spaceguard-Programm dürfte in der Lage sein, innerhalb von 25 Jahren 90 Prozent der über einen Kilometer großen Erdbahnkreuzer zu finden. Rund 2000 davon gibt es, so wird geschätzt. Damit wäre der Hauptanteil der potentiell gefährlichsten Irrläufer im All erfaßt. Außerdem würden der Weltraumüberwachung auch etwa zehn Prozent der vielleicht 300 000 NEOs mit Durchmessern zwischen 100 Metern und einem Kilometer ins Netz gehen (und überdies vielleicht bis zu 500 Planetoiden im Hauptgürtel zwischen Mars und Jupiter pro Monat). Aber auch das bedeutet freilich noch immer, daß die nächste Katastrophe von der Größenordnung des Tunguska-Ereignisses die Welt sehr wahrscheinlich unvorbereitet treffen wird. Und selbst nach 100 Jahren Betriebszeit würde Spaceguard erst 40 Prozent aller NEOs über 100 Meter registriert haben. Immerhin könnte die Durchmusterung über typische Bahnen der NEOs Auskunft geben, mögliche Gefahrenherde also lokalisieren und gezielt analysieren helfen. Der Bau der sechs 2-m-Teleskope im Verlauf von vier Jahren würde etwa 50 Millionen Dollar kosten, ihr Betrieb zwischen zehn und fünfzehn Millionen Dollar jährlich. Dies ist, wie ein Astronom sagte, „eine bescheidene Investition, um unseren Planeten gegen die ultimative Katastrophe zu versichern".

Durch weitere Maßnahmen könnte die Datenlage ebenfalls verbessert werden. So nützt das amerikanische Militär schon länger ein Netz von Teleskopen zur Himmelsüberwachung, das vornehmlich nach Satelliten und Raumschrott sucht. Und Frühwarnsatelliten messen immer wieder Feuerbälle von explodierten Meteoriten in der oberen Atmosphäre. Erst allmählich können diese Daten auch von zivilen Wissenschaftlern ausgewertet werden. Eine andere Suchstrategie würde die Informationsgrundlage ebenfalls verbessern; dafür ist aber der Einsatz von mehr Teleskopen als bislang notwendig. Zur Zeit wird nämlich noch vorwiegend die Himmelsregion studiert, die der Position unserer Sonne entgegengesetzt liegt. Hier werden die NEOs vollständig beleuchtet, was ihren Nachweis erleichtert. Hundertmal effizienter wäre es jedoch, die Suche auf die ganze Ebene der Erdumlaufbahn auszudehnen. Würde ein

Als Nebeneffekt könnten durch das Spaceguard-Programm vielleicht bis zu 500 Planetoiden im Hauptgürtel zwischen Mars und Jupiter pro Monat neu entdeckt werden.

187

NEO freilich bereits auf die Erde zielen, wäre seine scheinbare Bewegung am Himmel so gering, daß er den automatischen Suchprogrammen entgehen müßte. Aber zehn Tage vor seinem nahen Vorbeiflug oder Einschlag erscheint er von verschiedenen Orten der Erde aus gegen den Himmelshintergrund um mehrere Bogenminuten versetzt. Diese Parallaxe könnte schon mit einem globalen Warnnetz aus 20 kleinen, mit Computern untereinander vernetzten Teleskopen entdeckt werden, wie Jack Hills und Peter Leonard vom Los Alamos Laboratory 1995 deutlich machten. Ein vollständiges Frühwarnsystem müßte allerdings noch einen Satelliten enthalten, der weit von der Erde entfernt steht, um auch NEOs aufzuspüren, die sich aus Richtung der Sonne nähern.

Unter dem Eindruck des Kometenabsturzes auf Jupiter 1994 ließ der Kongreß der USA ein „Near Earth Objects Search Committee" einrichten, finanziert mit einem Sonderetat der NASA, dem unter anderem auch Eugene Shoemaker, Mitentdecker des verglühten Kometen, angehörte. Ziel der Studie war es, einen möglichst preiswerten, aber effektiven Vorschlag zur Überwachung zu formulieren, um innerhalb der nächsten zehn Jahre so viele Erdbahnkreuzer wie möglich zu erfassen und zu katalogisieren. Das öffentliche Bewußtsein für die Gefahren aus dem All, vor denen die Astronomen schon länger warnen, ist durch dieses Exempel in unserer kosmischen Nachbarschaft offenbar gewachsen. Trotzdem konnte aus Kostengründen nicht auf den Vorschlag der sechs speziellen Spaceguard-Teleskope zurückgegriffen werden. Statt dessen lautete die Empfehlung des im Februar 1995 vorgelegten Abschlußberichts, man solle mit den existierenden Teleskopen auf Planetoidenjagd gehen, diese aber mit den modernsten Detektorsystemen ausrüsten.

Star Wars – Krieg gegen die Sterne

Mögliche Abwehrmaßnahmen gegen NEOs auf Kollisionskurs haben Thomas J. Ahrens und Alan W. Harris vom California Institute of Technology genauer untersucht. Dabei zeigte es sich, daß eine gezielte Bahnablenkung am vielversprechendsten ist. Diese sollte allerdings einige Jahre, bei größeren Körpern sogar mindestens ein Jahrzehnt vor dem vorausberechneten Zeitpunkt des Einschlags erfolgen. Die Technik, solche Objekte gezielt anzusteuern, ist bereits vorhanden, wie die Raumsonden-Unternehmungen, insbesondere Giotto, bewiesen haben.

Besonders effizient ist es, die Geschwindigkeit des NEOs zu erhöhen oder zu verringern, wobei das in der Nähe seines sonnenfernsten Punkts am wirkungsvollsten wäre. Eine Änderung seiner Umlaufbahn dagegen würde mehr Energie erfordern. Bei den genannten großen Zeiträumen bis zu einer Kollision würde eine Geschwindigkeitsänderung um einen Zentimeter pro Sekunde ausreichen, um die Erde zu verfehlen (wenige Wochen vor dem Einschlag wären 10 bis 100 Meter pro Sekunde notwendig; für größere Brocken würde das so viel Energie erfordern, daß sie dabei zerplatzen müßten).

Für 100 Meter große Körper, die bei einer mittleren Dichte von zwei Gramm pro Kubikzentimeter eine Masse von rund 100 000 Tonnen haben, wäre ein direkter Beschuß mit Raketen am günstigsten. Wenn man ein 100 bis 1000 Kilogramm schweres Projektil auf den Kleinkörper abfeuert, dürfte sich seine Geschwindigkeit aufgrund der 10 000 Tonnen Auswurfmasse, die infolge des entstehenden Kraters davongefegt würde, um 0,6 Meter pro Sekunde ändern. Hierfür wären Raketen einsetzbar, wie sie im Rahmen des amerikanischen SDI-Projekts *(Strategic Defense Initiative)* geplant worden waren.

Ein NEO mit einem Kilometer Durchmesser ist tausendmal schwerer. Die eben geschilderte Abwehrmethode wäre deshalb auch tausendmal schwächer und daher keine praktikable Lösung mehr. Eine bessere Möglichkeit bestünde nun darin, einen sogenannten Massentreiber auf dem kosmischen Geschoß landen zu lassen, der Eis und Gestein aus ihm herausgräbt und ins All schleudert. Um die Geschwindigkeit eines Objekts mit Hilfe dieses Rückstoßeffekts ausreichend zu ändern, müßten mehrere tausend Tonnen mit 300 Metern pro Sekunde abgeführt werden. Dies ist nicht unmöglich, aber in der Praxis bislang kaum zu verwirklichen. Auch andere Abwehrmittel, etwa Antimaterie-Bomben, patrouillierende Raketengeschwader im Orbit, das Anbringen von Schubdüsen oder Sonnensegeln an den gefährlichen Erdbahnkreuzern oder die Installation ganzer Geschützbatterien von Hochenergie-Lasern auf Erde und Mond sind, wenigstens im Augenblick, reine Utopie.

Realistisch, relativ einfach und effektiv wären dagegen Nuklearexplosionen, insbesondere mit Hilfe sogenannter strahlungsstarker Waffen. Diese sind besser unter der Bezeichnung Neutronenbomben bekannt. In der Zeit des „kalten Kriegs" gelangten sie zu zweifelhaftem Ruhm, weil sie aufgrund der hohen Dosis an freigesetzter harter Gamma- und Neutronenstrahlung die meisten Lebewesen in einem weitem Umkreis töten, viele Gebäude aber unversehrt lassen würden. Nur im unmittelbaren Umkreis der Explosion wird alles zertrümmert. Zündet man eine solche Neutronenbombe in der Nähe des gefährlichen Planetoiden oder Kometenkerns – der optimale Abstand wäre etwa 400 Meter –, würde seine Oberfläche auf der der Explosion zugewandten Seite

Asteroiden, die die Erde bedrohen, könnten durch gezielte Raketentreffer aus der Bahn gelenkt werden.

um rund zwanzig Zentimeter förmlich abrasiert werden. Damit wäre die erforderliche Geschwindigkeitsänderung erreicht. Benötigt werden hierfür Energien in der Größenordnung von 0,01 bis 0,1 Kilo-, Mega- beziehungsweise Gigatonnen für NEO-Durchmesser von hundert Metern, einem beziehungsweise zehn Kilometern.

Nicht wirkungsvoller sind Explosionen direkt an der Oberfläche. Außerdem bergen sie die Gefahr, daß der interplanetare Brocken auseinanderbricht und die einzelnen Stücke die Erde noch immer treffen – aufgrund der größeren Querschnittsfläche ihrer Bahnen sogar noch viel wahrscheinlicher. Vor allem, wenn mehrere kleine, aber auch ein großer Körper (oder zwei) zurückbleiben, der nicht wieder zerkleinert werden kann, wäre das fatal. Eine Zertrümmerung des NEOs wäre nur dann ratsam, wenn sie mehrere Umläufe vor dem vorausberechneten Zeitpunkt des Einschlags erfolgen würde, damit die Fragmente aus der Bahn scheren können. Eine Zertrümmerung erfordert dieselbe Energie wie eine Ablenkung oder sogar noch mehr.

Ein zweischneidiges Schwert und offene Fragen

Eine Ablenkung bedrohlicher NEOs ist also die effektivste Abwehr und auch technisch relativ leicht zu realisieren, und zwar schon heute. Dieser Krieg der Sterne erfordert aber für über einen Kilometer große Objekte nukleare Waffen. Und dies ist eine sehr zweischneidige Angelegenheit. Denn damit setzt man sich zugleich dem Risiko eines Unfalls beim Start von Atomraketen aus und der niemals auszuschließenden Möglichkeit ihres Mißbrauchs in der Erdumlaufbahn. Wir könnten mehr Gefahren ins All bringen, als dort schon sind, so lautet die berechtigte Warnung des Spacewatch-Leiters Tom Gehrels. Was haben wir also mehr zu fürchten: potentielle Planetoiden auf Erdkurs oder eine nukleare Armada im Orbit, die uns vor diesen schützen soll?

Tatsächlich ist eine mögliche Stationierung eines Planetoiden-Verteidigungssystems für manche Waffentechniker eine willkommene Gelegenheit. Nachdem die amerikanischen „Star-Wars"-Pläne (SDI) wegen Geldmangels und im Zuge der Beendigung des kalten Kriegs nach dem Zerfall des Ostblocks eingestellt worden sind, fehlt ihnen das rechte Betätigungsfeld. Ein Feind aus dem All wäre da die willkommene Gelegenheit zum Weitermachen. Edward Teller, „Vater" der Wasserstoffbombe, regte auf einem der Arbeitsgespräche sogar an, mit einem angemessenen Experimentalprogramm schon einmal zu üben und außerdem eine neue Superwaffe zu entwickeln, die alles bisher Dagewesene um ein

Asteroid über der Antarktis. Die meisten Erdbahnkreuzer passieren unseren Planeten unbemerkt. Aber es ist nur eine Frage der Zeit bis zur nächsten Kollision.

Zehntausendfaches übertrifft (wie, das sagte er nicht). Dies hat zu heftigen Diskussionen geführt. Schließlich wollen die Astronomen nicht Schützenhilfe für einen neuen Militarismus liefern.

Es wäre aber auch voreilig und unvernünftig, jetzt schon konzertierte Abwehrbatterien zu entwickeln. Denn die Wahrscheinlichkeit, einen Erdbahnkreuzer unmittelbar auf Kollisionskurs zu entdecken, ist viel geringer als diejenige, daß es in naher Zukunft überhaupt einen solchen gibt. Im Regelfall bleiben also mehrere Umläufe des NEOs, und das heißt viele Jahrzehnte der Vorwarnung, Zeit. Dann könnte man noch immer Abwehrraketen ins All schicken, die bis dahin technologisch auch wesentlich ausgereifter wären als heute. Zuvor sollte der Gefahrenherd freilich erst mit einer Raumsonde aus der Nähe inspiziert werden.

Eine neuerliche Aufrüstung entbehrt also jeder vernünftigen Grundlage. Zunächst ist eine möglichst lückenlose Erfassung aller gefährlichen Objekte und die Sicherung und Verfolgung ihrer Bahnen anzustreben. Bisher sind weniger als fünf Prozent selbst der größten Körper (über einen Kilometer) katalogisiert worden, und nicht einmal jeder tausendste unterhalb von 100 Metern. Fast alle bekannten NEOs sind kleiner als fünf Kilometer. Nur 433 Eros und 1036 Ganymed haben einen Durchmesser von 30 beziehungsweise 40 Kilometern, und 1627 Ivar immerhin

191

noch von acht Kilometern. Ihre Bahnen stellen aber auf absehbare Zeit keine Gefährdung dar.

Viel weniger kalkulierbar ist die Bedrohung, die von Kometen ausgeht. Zwar beträgt ihre Häufigkeit nur einen Bruchteil derjenigen der Planetoiden. Auch sind sie weniger kompakt, würden also in der Atmosphäre viel leichter zerbrechen. Doch beläuft sich die Geschwindigkeit kurzperiodischer Kometen relativ zur Erde typischerweise auf 30 bis 40 und die langperiodischer auf bis zu 60 Kilometer pro Sekunde, während Kleinplaneten im Durchschnitt nur 20 Kilometer pro Sekunde schnell sind. Deshalb geht rund ein Viertel der Gefahr von Schweifsternen aus. Aber nur etwa zehn Prozent davon tragen dazu die langperiodischen Kometen bei. Trotzdem stellen sie langfristig das größte Risiko dar, da die Vorwarnzeit höchstens einige Monate beträgt, so daß ein Präventivschlag nicht mehr vorbereitet werden könnte. Hier würde allenfalls ein planetarer Schutzschild noch helfen, bestehend aus mehreren Raumstationen, die mit kurzfristig einsetzbaren Atomraketen bestückt sind.

Zwei umstrittene Probleme gibt es allerdings noch. Zum einen besteht bislang kein Konsens, ob man auch gegen die NEOs ab 50 Metern Durchmesser vorgehen sollte. Sie sind am häufigsten und könnten je nach Festigkeit, Geschwindigkeit und Aufschlagsort durchaus für kleinere Landstriche und Städte verheerende Folgen haben. Um sie jedoch nur einigermaßen vollständig zu erfassen, bedürfte es weit größerer Anstrengungen, als man bislang zu finanzieren bereit ist. Optimal wären hierfür mehrere Observatorien, die im Weltraum oder auf dem Mond stationiert werden müßten. Die andere Unklarheit betrifft die Frage, ob NEOs auch in Schwärmen vorkommen, wie Viktor Clube und Duncan Steel befürchten, etwa als Bruchstücke eines größeren Mutterkörpers. Dann würden wir das Risiko, das von ihnen ausgeht, vielleicht drastisch unterschätzen. Dieses Problem kann ebenfalls nur durch zukünftige Beobachtungen angegangen werden.

Spiegel und Sonnenlicht

Ein im Vergleich zu Atomraketen viel ungefährlicheres Abwehrmittel haben im Herbst 1993 Jay Melosh (Universität von Arizona) und Iwan Nemtschinow (Institut für Geosphärendynamik in Moskau) vorgeschlagen. NEOs auf Kollisionskurs lassen sich nach ihrer Idee auch mit einem großen, leichtgewichtigen Spiegel ablenken, der mit einem Space Shuttle oder einer Rakete ohne weiteres ins All gebracht und dort aufgeklappt werden könnte.

Dieser Spiegel müßte einige Jahre vor dem drohenden Aufschlag zu dem NEO fliegen. Dazu könnte er mit kleinen Schubdüsen ausgerüstet werden. Noch effizienter wäre es aber, ihn als Sonnensegel einzusetzen und durch den Strahlungsdruck unseres Zentralgestirns wie ein Schiff mit dem Wind im Rücken zu seinem Ziel treiben zu lassen. Eine solche Segelfahrt ist technisch ohne weiteres realisierbar und sollte, wenn es nach früheren NASA-Plänen gegangen wäre, bereits geübt worden sein.

In der Nähe des Gefahrenobjekts würde der etwa 500 Meter große Deflektor dann so ausgerichtet, daß er das Sonnenlicht zu bündeln und auf den NEO zu lenken vermag. Dabei sollte dessen Oberfläche auf 2000 Grad erhitzt werden. Dieses selektive Verdampfen hätte dieselbe Wirkung wie ein Raketenantrieb. Die abströmenden Staub- und Gasmassen würden das Objekt somit nach und nach aus dem Kurs bringen. Melosh und Nemtschinow berechneten, daß eine Bestrahlungsdauer von einem Jahr genügen würde, um einen zwei Kilometer großen Körper in ungefährlichere Bahnen zu lenken. Hätte er einen Durchmesser von zehn Kilometern, würde ein 500-m-Deflektor ein Jahrzehnt für die Kurskorrektur benötigen. Für denselben Effekt wären ansonsten Neutronenbomben mit einer Sprengkraft von 200 bis 2000 Megatonnen TNT notwendig.

Selbst ein zwei Kilometer großer Asteroid könnte durch das gebündelte Sonnenlicht zur Seite bewegt werden.

Der Deflektor müßte mit kleinen Schubdüsen ausgestattet werden, um sich jeweils in den günstigsten Strahlungswinkel manövrieren zu können. Ein oder zwei zusätzliche Hilfsspiegel im Strahlengang wären überdies empfehlenswert, damit der Hauptspiegel nicht von den abströmenden Gas- und Staubmassen beschädigt würde. So müßten sich zumindest Kometenkerne, aber auch alle nicht zu beständigen Planetoiden aus dem Weg räumen lassen, ohne daß Atomwaffen im Weltraum neue Gefahren heraufbeschwören würden. Freilich ließe sich auch der Deflektor mißbrauchen, wie Carl Sagan betonte. Ein Bösewicht könnte damit schließlich NEOs auch gezielt auf Erdkurs bringen. Allerdings wird es kaum möglich sein, ein bestimmtes Land ins Visier zu nehmen, so daß dies einem Selbstmordversuch gleichkäme. Davon abgesehen ist es aber viel schwieriger, einen NEO genau auf die Erde zu lenken, als ihn von diesem Weg abzubringen. Und außerdem wären die Deflektoren so langsam und so filigran gebaut, daß sie im Falle eines Mißbrauchs leicht zerstört werden könnten.

Lebensbringer aus dem Kosmos?

Von der Sterilisation eines Planeten

Ob es Erdbahnkreuzer mit mehr als 30 Kilometern Durchmesser gibt, ist unbekannt, aber es ist nicht sehr wahrscheinlich. Sie wären so lichtstark, daß sie mit einiger Sicherheit schon hätten entdeckt werden müssen.

Das war früher aber anders. Vor über 3,5 Milliarden Jahren dürfte die Erde von mehr als zehntausend Objekten getroffen worden sein, die mindestens die Ausmaße des Halleyschen Kometenkerns hatten. Ein Zeugnis solcher Riesenkörper geben noch heute die Maria auf dem Mond. Diese fünfhundert bis tausend Kilometer weiten Einschlagsbassins sind von wenigstens fünfzig Kilometer großen Objekten erzeugt worden.

In der Frühphase des Sonnensystems waren wohl ab und zu sogar Objekte mit einem Durchmesser von mehr als hundert Kilometern – wahrscheinlich Fragmente von noch gewaltigeren, durch Kollisionen wieder zerbrochenen Planetesimalen – auf die jungen Planeten geschmettert worden. Das Aitken-Basin auf dem Südpol des Mondes, erst im Jahre 1994 mit der amerikanischen Raumsonde Clementine entdeckt, ist mit 2500 Kilometern Durchmesser die größte bekannte Einschlagstruktur im Sonnensystem.

Ähnliche Einschläge auf der Erde rissen Teile der Atmosphäre davon und brachten die Ozeane zum Kochen. Es wurde ausgerechnet, daß ein 190 Kilometer großes Objekt so viel Energie freisetzt, daß die obersten 200 Meter der Weltmeere sofort verdampfen müssen. Körper mit 440 Kilometern Durchmesser, vergleichbar mit Vesta oder Pallas, hätten sogar alle Ozeane mit buchstäblich einem Schlag zum Sieden gebracht. Danach hätte es Jahrhunderte gedauert, bis der heiße Dampf aus der Atmosphäre wieder abregnen konnte. Falls die Erde damals schon primitive Lebensformen beherbergt hatte, waren diese durch solche Treffer im Nu ausgelöscht worden. Es ist denkbar, daß das Leben mehrmals nacheinander entstanden ist und immer wieder verschwinden mußte, wenn ein Meteoriteneinschlag die Erde sterilisiert hat. Mikrofossilien in uralten Gesteinen aus Australien, Grönland und Afrika zeigen jedenfalls, daß schon bald nach der Phase des heftigen Bombardements, vor über 3,5 Milliarden, vielleicht schon 3,8 Milliarden Jahren, bakterienähnliche Organismen die Erde zu bevölkern begannen.

Stanley Miller und Harold Urey wiesen ab 1953 mit zahlreichen, meist recht einfachen Experimenten nach, wie sich in den Weltmeeren bei einer reduzierenden Uratmosphäre aus Wasserstoff, Methan und Kohlendioxid unter Energiezufuhr von Blitzen, UV-Strahlen der Sonne und eventuell Vulkanen relativ rasch komplizierte Kohlenstoffverbindungen bilden konnten, unter anderem Aminosäuren und Bausteine der Ribonukleinsäuren. Diese sind als Proteinbestandteile die entscheidenden biochemischen Träger des irdischen Lebens. In der solchermaßen angereicherten „Ursuppe" in Meeresausläufern und Pfützen am Ufer mögen die ersten Lebensformen entstanden sein – Systeme also, die einen rudimentären Stoffwechsel betreiben konnten und sich vermehrten, aber auch weiter veränderten. Das ist jedenfalls die vorherrschende Überzeugung, auch wenn es mittlerweile verschiedene alternative Theorien gibt, die den Lebensursprung in Zusammenhang bringen wollen etwa mit untermeerischen heißen Quellen (hydrothermalen Schloten), wie sie heute noch bei Bruchzonen auf dem Grund des Pazifiks vorkommen, mit Krusten aus Pyritkristallen (Eisendisulfid) an Gesteinen oder gar mit Tonmineralien als Träger vererbbarer Informationen, die erst später gleichsam durch eine „genetische Wachablösung" ersetzt wurden.

Ingredienzien für die Ursuppe?

Vor ungefähr vier Milliarden Jahren war unsere Erde ein unwirtlicher Ort. Und doch entstanden damals die ersten Lebensformen. Manche der dafür notwendigen Moleküle kamen möglicherweise mit Meteoriten aus dem Weltraum.

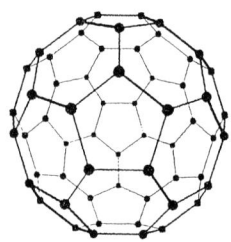

Molekülstruktur eines Fullerens.

Obwohl solche reduzierenden Atmosphären noch heute im Sonnensystem existieren – etwa bei Jupiter, Saturn und dessen Mond Titan, wo auch verschiedene der genannten Kohlenstoffverbindungen nachgewiesen wurden –, kamen in letzter Zeit Zweifel auf, ob auch die Urerde eine derartige Atmosphäre besaß. Aufgrund von Gesteinsuntersuchungen und verschiedenen theoretischen Überlegungen, die die Erdentstehung betreffen, neigen einige Wissenschaftler nun eher zu der Hypothese, daß die ursprüngliche irdische Gashülle vorwiegend aus Kohlendioxid und Stickstoff bestand. Dann aber wären die Bedingungen für die Synthese der präbiotischen Verbindungen weitaus ungünstiger gewesen. Doch in letzter Zeit gibt es auch zunehmend Hinweise, daß die Ursuppe, wie besonders Christopher F. Chyba und Carl Sagan betonen, durch Ingredienzien aus dem All angereichert worden ist.

Dafür spricht zum einen, daß sowohl in den interplanetaren Staubteilchen, die man in letzter Zeit auffangen und untersuchen konnte, als auch in Kometen große Mengen an Kohlenstoffverbindungen vorkommen (zehn bis zwanzig Prozent der Masse). Zum anderen wurden in Meteoriten auf der Erde ebenfalls zahlreiche organische Moleküle gefunden, insbesondere Aminosäuren. Daß diese tatsächlich im Weltraum entstehen können und keinesfalls bloß Verunreinigungen sind, wurde 1994 eindrucksvoll bestätigt, als eine Forschergruppe der Universität von Illinois um Lewis Snyder mit den Radioteleskopen des Berkeley-Illinois-Maryland-Array in Nordkalifornien das Vorhandensein von Glycin in der Gas- und Staubwolke Sagittarius B2 nachwies. Glycin, das anhand seiner Spektrallinien identifiziert werden konnte, ist mit zehn Atomen die einfachste Aminosäure. Sagittarius B2 befindet sich in der Nähe des galaktischen Zentrums und gilt als eine zukünftige Geburtsstätte neuer Sterne. In solchen Wolken bleiben auch größere Moleküle intakt, weil die Staubteilchen sie von der kosmischen Strahlung abschirmen, die sie sonst rasch wieder zerlegen könnte. Dennoch gibt es momentan keine Möglichkeit, um zu entscheiden, ob und in welchem Ausmaß Bau-

Fußbälle im Weltraumstaub

Ein Teil des Weltraumstaubs, der auf die Erde gelangt, besteht aus Materie, die reich an Kohlenstoffen ist. Erst kürzlich ergaben Sammlungen von bis zu 0,05 Millimeter großen Partikeln in 20 Kilometern Höhe mit einem Forschungsflugzeug der amerikanischen Weltraumbehörde NASA eindeutig die Präsenz polyzyklischer aromatischer Kohlenwasserstoffverbindungen, wie sie auch beim Halleyschen Kometen gefunden wurden. Auf der Oberfläche des LDEF-Satelliten konnten sogar die erst in den letzten Jahren bekanntgewordenen **Fullerene** nachgewiesen werden. Das sind beinahe kugelförmige „Fußball"-Moleküle aus 60 und 70 Kohlenstoffatomen. Sie stammen entweder direkt aus Chondriten oder sind erst beim Einschlag aus anderen Kohlenstoffverbindungen darin entstanden. Auch im Allende-Meteoriten, der keine Schockspuren aufweist, und im Sudbury-Krater in Kanada sind solche Fullerene nachgewiesen worden.

steine aus dem Weltraum für die Entstehung des Lebens auf der Erde beigetragen haben. In einem größeren Maßstab betrachtet, sind wir ohnehin alle Kinder des Weltalls.

Einige Wissenschaftler haben diese Aussage
allerdings sehr viel wörtlicher genommen. Schon

Befruchtung aus dem All?

Anfang des 20. Jahrhunderts formulierte der berühmte Chemiker Svante
Arrhenius (und vor ihm bereits William Thomson alias Lord Kelvin) die
Panspermiehypothese, die in den siebziger und achtziger Jahren von den
Astrophysikern und Mathematikern Fred Hoyle und Chandra Wickramasinghe sowie dem Molekulargenetiker Francis Crick wieder aufgegriffen wurde. Demnach stammen nicht nur wichtige biochemische Bau-
steine, sondern sogar die ersten Lebenskeime aus dem Weltall und sind
beispielsweise von Kometen zur Erde gebracht worden. Hoyle und
Wickramasinghe spekulierten sogar, daß das Leben im Inneren von Kometenkernen entstanden ist, geschützt von der kosmischen Strahlung.
Für die notwendige Wärmezufuhr könnten radioaktive Zerfälle gesorgt
haben. Sie behaupteten in einem modernen Aufguß mittelalterlicher
Ängste sogar, daß Bakterien und Viren noch immer aus dem All auf die
Erde gelangten und dort Krankheiten auslösten.

Tatsächlich fanden zwei amerikanische Wissenschaftler, George
Claus und Bartholomew Nagy, seltsame „organisierte Elemente" – so
ihre Bezeichnung – in zwei kohligen Chondriten, die 1864 bei der französischen Ortschaft Orgeuil und 1938 bei Ivuna in Tansania vom Himmel gefallen sind. Diese Strukturen wurden daraufhin verschiedentlich
als fossile Mikroorganismen interpretiert. Auch der Paläontologe Hans
D. Pflug aus Gießen entdeckte Ende der siebziger Jahre mikrobenartige
Gebilde in einem kohligen Chondrit, nämlich dem Murchison-Meteoriten, der besonders aufgrund seines Gehalts von über siebzig verschiedenen Aminosäuren Berühmtheit erlangt hatte. Handelt es sich hierbei
wirklich um versteinerte Lebensformen aus dem Weltraum? Oder, wie
die meisten Experten skeptisch zu bedenken gaben, nur um Verunreinigungen oder mineralische Bildungen?

Daß Bakterien Weltraumbedingungen überleben können, zeigten
Untersuchungen der Surveyor-3-Sonde, die 1967 auf dem Mond landete.
Ihre Kamera war 1969 von Astronauten der Apollo-12-Mission gebor-
gen und wieder zur Erde gebracht worden. Dabei zeigte sich, daß in
einer Schaumstoffisolierung blinde Passagiere steckten, Sporen von
Streptococcus mitii, die trotz der extremen Temperaturschwankungen

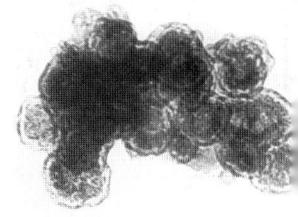

Solche ungewöhnlichen
Strukturen im Murchi-
son-Meteoriten geben
Rätsel auf. Handelt es
sich womöglich um die
fossilen Überreste einer
außerirdischen Lebens-
form?

197

auf dem Mond (−160 bis 130 Grad) und des Vakuums noch lebensfähig waren. Dennoch sind die Indizien für Lebenskeime aus dem Weltall, die gewissermaßen die jungfräuliche Urerde befruchtet haben, bislang nicht überzeugend genug. Außerdem würden sie das Problem des Lebensursprungs nicht lösen, sondern nur verlagern.

Lebensfreundliche Einschläge?

Für wissenschaftliche Kontroversen hat 1994 eine kühne Spekulation von Jeff Bada und Charles Bigham (Scripps-Institut für Ozeanographie) und Stanley Miller (nun an der Universität von Kalifornien, San Diego) gesorgt. Entgegen der von den meisten Experten geteilten Auffassung vermuteten sie, daß die Urerde vor 3,6 bis 4 Milliarden Jahren von einem lebensfeindlichen, rund 300 Meter dicken Eispanzer umgeben war. Erst darunter sei das Wasser aufgrund der Erdwärme flüssig gewesen. Als Grund für diese These führten sie die allgemein geteilte Auffassung an, daß die Sonne damals 20 bis 30 Prozent schwächer schien als heute (das ergibt sich aus dem Standardmodell der Sternentwicklung). Der helle Eispanzer hätte darüber hinaus so viel von der einfallenden Wärme reflektiert, daß er sogar erst geschmolzen wäre, wenn unser Zentralgestirn 30 Prozent intensiver als heute gestrahlt hätte. Dagegen spricht allerdings, daß Kohlendioxid, das unter anderem aus Vulkanen entwichen ist, als Treibhausgas für eine stärkere Erwärmung gesorgt hätte.

Angenommen aber, die unkonventionelle These von Bada, Bigham und Miller besäße eine gewisse Stichhaltigkeit. Dann wären die Bedingungen für eine Entstehung des Lebens extrem ungünstig – es sei denn, der Himmel hatte ein „Einsehen". Und zwar in einer ziemlich rohen Art und Weise: nur die Einschläge großer Planetesimale hätten das Eis nämlich zum Schmelzen bringen können. Außerdem hätten dann freiwerdende Treibhausgase das Klima stabilisiert und die später so tödlich wirkenden Treffer erst die Bedingungen für den Lebensreigen geschaffen.

Es wäre also zu einseitig, die Planetoiden und Kometen nur als kosmische Gefahrenherde anzusehen, zumal ihr Jahrhunderte währendes Image als Unheilsbringer wieder aufpoliert wurde – wenn auch „nur" wegen möglicher Kollisionen. Planetoiden und Kometen haben auf verschiedene Art maßgeblich zur Entstehung und Weiterentwicklung des Lebens auf der Erde beigetragen – als Evolutionsbeschleuniger, vielleicht als biochemische Rohstofflieferanten und möglicherweise sogar als Eisbrecher. Sie könnten aber auch für die Menschheit in naher Zukunft von Nutzen sein.

Epilog

Weltraumschätze und Asteroidenarchen

Für unser Selbst- und Weltverständnis haben Meteoriten einige Bedeutung. Als Boten einer anderen Zeit können sie wichtige Aufschlüsse über die Entwicklung des Sonnensystems geben. Als seltene, aber um so einschneidendere Ereignisse sind sie wesentliche Randbedingungen für die Entwicklung des Lebens.

Planetoiden sind aber auch als wichtige Rohstoffquellen anzusehen. Einerseits enthalten sie Wasser, Sauerstoff und verschiedene Kohlenwasserstoffe, die zukünftige Weltraumkolonisatoren dringend benötigen würden. Es ließen sich so auch Raumstationen versorgen, ohne daß die immensen finanziellen Aufwendungen für einen Rohstofftransport von der Erde anfielen (rund 40 000 Mark Startkosten pro Kilogramm). Sogar Treibstoff aus flüssigem Kohlenmonoxid und Sauerstoff könnte man aus dem Rohmaterial erzeugen. Andererseits sind Planetoiden selbst Schätze, die auszubeuten sich lohnen würde. Jeffry S. Kargel vom Geologischen Vermessungsamt in Flagstaff hat ausgerechnet, daß in einem ein Kilometer großen Erdbahnkreuzer ein paar hunderttausend Tonnen Platin enthalten sind. Der Weltmarktpreis dafür beläuft sich heute auf mehrere Billionen Mark und würde auch dann, wenn man das meiste Edelmetall des Kleinplaneten zur Erde gebracht hätte und dadurch das Angebot steigen würde, immer noch ein paar hundert Milliarden Mark betragen.

Hinzu kommt, daß sich die NEOs vorzüglich als Übungsziele für die schon lange geplante, aber hauptsächlich aus finanziellen Gründen immer wieder verschobene bemannte Expedition zum Mars eignen. Darauf hat beispielsweise Tom Jones vom Astronautenbüro der NASA aufmerksam gemacht. Ein Flug zu einem erdnahen Planetoiden würde weniger Energie benötigen als eine Reise zum Mond; trotzdem wäre man 500 bis 1000 Tage unterwegs, so lang wie zum Roten Planeten, und könnte daher Langzeitflüge optimal vorbereiten.

Schließlich ist es möglich, Planetoiden auszuhöhlen und zu Raumschiffen umzubauen. Mit Photonen- oder Antimaterietriebwerken versehen, die heute freilich erst in der Planungsphase stecken, ließen sie sich zu gewaltigen Transportvehikeln für mehrere Raumfahrergenerationen umfunktionieren, die zu anderen Sternen fliegen könnten. Was jetzt noch die Menschheit bedroht, vermag in Zukunft daher vielleicht einmal zu ihrem Überleben beizutragen. Denn spätestens wenn sich die

Mit einem als Raumschiff umfunktionierten Planetoiden könnten Menschen zu anderen Sternen fliegen.

Sonne am Ende ihrer Entwicklung aufbläht und die Erde in eine höllische Glutwelt verwandelt, auf der kein Leben mehr möglich ist, werden unsere Nachfahren diesen Planeten verlassen und ein kosmisches Asyl suchen müssen. Mit Asteroidenarchen wäre dies vielleicht einmal durchführbar.

Ausblick

Gegenwärtig übertrifft die Gefahr der Erdbahnkreuzer ihren potentiellen Nutzen aber bei weitem. Schon eine Explosion in der Größenordnung des Tunguska-Ereignisses über einem durchschnittlich besiedelten Gebiet würde 70 000 Menschen das Leben kosten und Schäden in Milliardenhöhe anrichten. Wäre eine größere Stadt betroffen, könnten diese Zahlen auf das Zehn- oder Hundertfache emporschnellen. Wenn der Erdbahnkreuzer 1989 FC unseren Planeten getroffen hätte, anstatt in der doppelten Mondentfernung vorbeizufliegen, hätte sich die Tragödie potenziert. Am Ende des Spektrums steht schließlich die Zukunft der ganzen Menschheit auf dem Spiel, obwohl man leider sagen muß, daß eine viel größere Bedrohung zweifellos von den Menschen selbst ausgeht, die nicht ganz so rasch, aber um so beharrlicher an der Zerstörung des Lebensraums Erde zu arbeiten scheinen. Doch diese Gefahr liegt, genauso wie die Möglichkeit ihrer Beseitigung, in unseren Händen. Objekte aus den dunklen Tiefen des Alls dagegen könnten uns schon morgen vernichten. Keiner der nahen Vorbeiflüge in den letzten Jahren ließ sich voraussehen. Sie erfolgten vollkommen unerwartet. Doch eine rasche Identifikation und Katalogisierung der Erdbahnkreuzer, gegebenenfalls verbunden mit einer rechtzeitigen Warnung, könnte das Risiko beträchtlich vermindern. Dies ist der wichtigste Beitrag, den die Astronomie für die Zukunft der Zivilisation zu leisten vermag. Planetoiden und Kometen auf Kollisionskurs sind die gemeinsamen Feinde aller Menschen. Immer wieder haben sie die Lebensverhältnisse auf der Erde radikal umgepflügt. Unzählige Organismen wurden dadurch im Laufe der Evolution zum Aussterben verurteilt. Wir sind – nach über drei Milliarden Jahren der Ohnmacht – die erste Art auf diesem Planeten, die imstande wäre, sich zu wehren; und dies auch erst seit zwei, drei Dekaden. Deshalb müssen wir uns vorsehen.

Literaturverzeichnis

Die folgende Auswahl beschränkt sich auf neuere, meist allgemeinverständliche und relativ einfach zugängliche Bücher und Aufsätze, die in der Mehrzahl weiterführende Literaturhinweise enthalten. Die mit einem Stern* versehenen Angaben sind für Anfänger nicht empfohlen.

Ahrens, T. J., **Harris**, A. W.: Deflection and fragmentation of near-Earth asteroids. Nature Bd. 360/1992, S. 429–433*

Alvarez, L. W.: Experimental evidence that an asteroid impact led to the extinction of many species 65 million years ago. Proceedings of the National Academy of Sciences Bd. 80/1983, S. 627–642

Alvarez, W., **Asaro**, F.: Die Kreide-Tertiär-Wende: ein Meteoriteneinschlag? Spektrum der Wissenschaft Nr. 12/1990, S. 52–59

Bailey, M. E., **Clube**, S. V. M., **Napier**, W. M.: The Origin of Comets. Pergamon Press, Oxford 1990*

Baxter, J., **Atkins**, T.: Wie eine zweite Sonne. Das Rätsel des sibirischen Meteors. Econ Verlag, Düsseldorf, Wien 1977 [1976]

Börngen, F.: Tautenburger Kleinplaneten. Sterne und Weltraum Nr. 2/1994, S. 102–105

Bühler, R. W.: Meteorite. Birkhäuser Verlag, Basel, Boston, Berlin 1988

Chapmann, C. R., **Morrison**, D.: Impacts on the Earth by asteroids and comets: assessing the hazard. Nature Bd. 367/1994, S. 33–40*

Courtillot, V. E.: Die Kreide-Tertiär-Wende: verheerender Vulkanismus? Spektrum der Wissenschaft Nr. 12/1990, S. 60–69

Dyson, F.: Hidden Worlds. Sky & Telescope Nr. 1/1994, S. 26–30

Eldredge, N.: Wendezeiten des Lebens. Spektrum Akademischer Verlag, Heidelberg, Berlin, Oxford 1994

Engelhardt, W. v.: Phaetons Sturz – ein Naturereignis? Sitzungsberichte der Heidelberger Akademie der Wissenschaften, math.-naturw. Kl. Nr. 2/1979

Erben, H. K.: Ökokatastrophen in der Erdgeschichte. Universitas Nr. 8/1990, S. 776–784

Fechtig, H.: Die Bedeutung der Asteroiden und Kometen für das frühe Sonnensystem. Sterne und Weltraum Nr. 12/1992, S. 770–774

Fischer, D.: Asteroiden im Brennpunkt. Sterne und Weltraum Nr. 6/1993, S. 430–438

Fischer, D., **Heuseler**, H.: Der Jupiter Crash. Birkhäuser Verlag, Basel, Boston, Berlin 1994

Gallant, R. A.: Journey to Tunguska. Sky & Telescope Nr. 6/1994, S. 38–43

Gehrels, T. (Hrsg.): Hazards due to Comets and Asteroids. University of Arizona Press, Tucson 1994*

Goldsmith, D.: Nemesis. Walker & Co, New York 1985

Grieve, R. A. F., **Pesonen**, L. J.: The terrestrial impact cratering record. Tectonophysics Bd. 216/1992, S. 1–30

Hahn, H.-M.: Zwischen den Planeten. Franckh-Kosmos, Stuttgart 1984

Hahn, H.-M.: Ist Pluto kein Planet? Bild der Wissenschaft Nr. 11/1994, S. 112–113

Hecht, J.: Will we catch a falling star? New Scientist Nr. 1785/1991, S. 48–53

Jacob, K.: Doppelschlag gegen Dinos. Bild der Wissenschaft Nr. 3/1995, S. 112–114

Kavasch, J.: Meteoritenkrater Ries. Verlag Ludwig Auer, Donauwörth 1987

Kelly Beatty, J.: Ida & Company. Sky & Telescope Nr. 1/1995, S. 20–23

Lausch, E.: Bomben aus dem All. Geo Nr. 12/1991, S. 16–44

Lemcke, K.: Das Nördlinger Ries: Spur einer kosmischen Katastrophe. Spektrum der Wissenschaft Nr. 1/1981, S. 110–121

Lewis, R. S., **Anders**, E.: Urmaterie in Meteoriten. Spektrum der Wissenschaft Nr. 10/1983, S. 44–53*

Matthews, R. L.: A Rocky Watch for Earthbound Asteroids. Science Bd. 255/1992, S. 1204–1205

Marsden, B. G.: Comet Swift-Tuttle, Does It Threaten Earth? Sky & Telescope Nr. 1/1993, S. 16–19

Melosh, H. J.: Blasting rocks off planets. Nature Bd. 363/1993, S. 498–499*

Meteorite und Meteorkrater. Stuttgarter Beiträge zur Naturkunde. Serie C, Nr. 6/1992, 3. Aufl

Newburn, R. L., **Neugebauer**, M., **Rahe**, J. (Hrsg.): Comets in the Post-Halley Era. Kluwer, Dordrecht, Boston, London 1991, 2 Bde*

Officer, C. B. u. a.: Late Cretaceous and paroxysmal Cretaceous/Tertiary extinctions. Nature Bd. 326/1987, S. 143–149*

Officer, C.: Victims of volcanoes. New Scientist Nr. 1861/1993, S. 34–38

Rampino, M.: Dinosaurs, comets and volcanoes. New Scientist Nr. 1652/1989, S. 54–58

Raup, D. M.: Der schwarze Stern. Rowohlt, Reinbek bei Hamburg 1990

Raup, D. M.: Extinction. Norton, New York 1991

Rétyi, A. v.: Gefahr aus dem All. Franckh-Kosmos, Stuttgart 1992

Russell, D. A.: Der Untergang der Dinosaurier. Spektrum der Wissenschaft Nr. 3/1982, S. 16–24

Sagan, C., **Druyan**, A.: Der Komet. Droemer Knaur, München 1985

Sfountouris, A.: Kometen, Meteore, Meteoriten. Albert Müller Verlag, Rüschlikon-Zürich, Stuttgart, Wien 1986

Stanley, S. M.: Krisen der Evolution. Spektrum Akademischer Verlag, Heidelberg 1987

Swinburne, N.: It came from outer space. New Scientist Nr. 1861/1993, S. 28–32

Taylor, G. J.: Ursprung und Entwicklung des Mondes. Spektrum der Wissenschaft Nr. 9/1994, S. 58–65

Tollmann, A. u. E.: Und die Sintflut gab es doch. Droemer Knaur, München 1993

Weissman, P. R.: Are Periodic Bombardments Real? Sky & Telescope Nr. 3/1990, S. 266–770

Weissman, P. R.: Comets at the Solar System's Edge. Sky & Telescope Nr. 1/1993, S. 26–29

Whipple, F. L.: The Mystery of Comets. Smithsonian Institute Press, Washington, D. C., London 1985

Yeomans, D. K.: Comets. John Wiley & Sons, New York u. a. 1991

Arbeiten des Autors

Das Kürzel NR steht für Naturwissenschaftliche Rundschau.
Starben die Dinosaurier am sauren Regen? NR Nr. 5/1989, S. 201–202
Kollisionen bei Merkurs Entstehung. Sterne und Weltraum Nr. 7–8/1989, S. 416–417
Meteoriten vom Mars. NR Nr. 9/1989, S. 367–368
Odyssee zum Jupiter. NR Nr. 3/1991, S. 114–116
Die Suche nach dem Killer-Krater: Bild der Wissenschaft Nr. 6/1991, S. 128–129
Das Aussterben der Dinosaurier. NR Nr. 11/1991, S. 425–431
Galileo trifft Gaspra. NR Nr. 2/1992, S. 69–71
Der Killer-Krater. NR Nr. 11/1992, S. 448–451
Giottos zweite Kometenmission. NR Nr. 12/1992, S. 489–491
Die Welt als Würfelspiel. Ordnung, Chaos und die Selbstorganisation der Natur. In: Evangelische Akademie Baden (Hrsg.): „Gott würfelt (nicht)!" Evangelischer Presseverband, Karlsruhe 1993, S. 108–162
Planetoid jenseits von Pluto. NR Nr. 3/1993, S. 117–118
Galileo trifft Ida. NR Nr. 3/1994, S. 107–108
Schlechte Chancen für Planet X. NR Nr. 4/1993, S. 138–139

Kometeneinsturz auf Jupiter. NR Nr. 6/1994, S. 236–239
Erster Planetoiden-Mond Ida 2. NR Nr. 8/1994, S. 315–316
Staub aus dem All. NR Nr. 1/1995, S. 32
Aminosäure im Weltraum. NR Nr. 2/1995, S. 72
Absturz auf Jupiter. NR Nr. 3/1995, S. 85–92
Planetoiden-Explosion verursachte Tunguska-Ereignis. NR Nr. 5/1995, S. 199–200
Erdbahnkreuzer im Visier. NR Nr. 5/1995, S. 200–201
Außenseiter im Sonnensystem. NR (im Druck)
Meteoriteneinschläge und der Ursprung des Lebens. NR (im Druck)
Meteoritenspuren vom Tunguska-Ereignis. NR (im Druck)

Bildnachweis

Alle Copyrights bleiben bei den Künstlern, Fotografen und Institutionen.

Register